Florian Kovac

Untersuchung der Auswirkungen einer RFID-gestützten Bauzustandsdokumentation auf die Dokumentationsqualität in der Erprobungsphase

am Beispiel ausgewählter Baureihen eines Automobilunternehmens

WISSENSCHAFTLICHE BERICHTE

Institut für Fördertechnik und Logistiksysteme
am Karlsruher Institut für Technologie (KIT)

BAND 79

Untersuchung der Auswirkungen einer RFID-gestützten Bauzustandsdokumentation auf die Dokumentationsqualität in der Erprobungsphase

am Beispiel ausgewählter Baureihen eines Automobilunternehmens

von
Florian Kovac

Dissertation, Karlsruher Institut für Technologie (KIT)
Fakultät für Maschinenbau, 2013
Referenten: Prof. Dr.-Ing. Kai Furmans, Prof. Dr.-Ing. Sven Matthiesen

Impressum

Karlsruher Institut für Technologie (KIT)
KIT Scientific Publishing
Straße am Forum 2
D-76131 Karlsruhe
www.ksp.kit.edu

KIT – Universität des Landes Baden-Württemberg und
nationales Forschungszentrum in der Helmholtz-Gemeinschaft

KIT Scientific Publishing 2013
Print on Demand

ISSN 0171-2772
ISBN 978-3-7315-0053-7

Untersuchung der Auswirkungen einer RFID-gestützten Bauzustandsdokumentation auf die Dokumentationsqualität in der Erprobungsphase

am Beispiel ausgewählter Baureihen eines Automobilunternehmens

Zur Erlangung des akademischen Grades

Doktor der Ingenieurwissenschaften

von der Fakultät für Maschinenbau
des Karlsruher Instituts für Technologie (KIT)

genehmigte

Dissertation

von

Dipl.-Wi.-Ing. Florian Kovac

aus Nagold

Tag der mündlichen Prüfung: 12. Juni 2013
Hauptreferent: Prof. Dr.-Ing. Kai Furmans
Korreferent: Prof. Dr.-Ing. Sven Matthiesen

Vorwort

Die vorliegende Arbeit entstand als Dissertation im Rahmen meiner Tätigkeit als externer Doktorand im Forschungsprojekt „Gläserner Prototyp" bei der Daimler AG in Böblingen in Zusammenarbeit mit dem Institut für Fördertechnik und Logistiksysteme (IFL) des Karlsruher Instituts für Technologie (KIT).

Mein besonderer Dank gilt meinem Doktorvater Herrn Prof. Dr.-Ing. Kai Furmans für die Übernahme des Hauptreferats und die hervorragende fachliche Betreuung mit vielen gleichermaßen kritischen und konstruktiven Impulsen.

Herrn Prof. Dr.-Ing. Sven Matthiesen danke ich für die Übernahme des Korreferats und die konstruktiven Anregungen sowie Frau Prof. Dr.-Ing. Barbara Deml als Vorsitzende der Prüfungskommission für ihr Interesse an meiner Arbeit.

Für die kompetente Unterstützung und Begleitung meiner Arbeit im Rahmen des Projektes „Gläserner Prototyp" bei der Daimler AG danke ich meinen Betreuern Michael Patocka, Markus Bräutigam und Oliver Czech. Darüber hinaus danke ich dem gesamten Projektteam, das mir immer mit Rat und Tat zur Seite stand, sowie allen am Projekt beteiligten Mitarbeitern der Daimler AG, Mercedes-Benz Research and Development India und den beteiligten Lieferanten für die vertrauensvolle Zusammenarbeit. An dieser Stelle gilt mein Dank Dr.-Ing. Peyman Merat, Dr.-Ing. Roya Ulrich und Axel Klemm für die Ermöglichung dieser Arbeit.

Meinen Kollegen Dr.-Ing Rolf Schröder, Birgit Burmeister, Mathias Porten, Heiko Jung, Stefanie Herrmann und Lennart Bauer danke ich für die vielen wertvollen Beiträge, die gemeinsame Zeit und die angenehme Arbeitsatmosphäre. Ein herzliches Dankeschön gilt zudem allen Studenten, die mich bei der Erstellung meiner Arbeit tatkräftig unterstützt haben.

Zudem bedanke ich mich bei allen Projektpartnern und Mitgliedern des VDA Ad hoc-Arbeitskreises 5509, die auch meine eigene Arbeit durch rege Diskussionen positiv beeinflusst haben.

Mein größter persönlicher Dank gilt meinen Eltern Andrej und Anica Kovac, die mich in allen Lebenslagen stets bedingungslos gefördert und auf meinem Weg immer mit vollen Kräften unterstützt haben.

Karlsruhe, im Juni 2013   Florian Kovac

Kurzfassung

Florian Kovac

Untersuchung der Auswirkungen einer RFID-gestützten Bauzustandsdokumentation auf die Dokumentationsqualität in der Erprobungsphase

Die Automobilindustrie ist bestrebt, Fahrzeuge fehlerfrei auf den Markt zu bringen. Darüber hinaus sollen diese dem Markt über ihre Lebensdauer hinweg mängelfrei erhalten bleiben. Die Erprobung von Versuchsträgern unter Realbedingungen stellt daher einen elementaren Bestandteil der Fahrzeugentwicklung dar. Für eine korrekte und aussagekräftige Auswertung von Ergebnissen aus Testfahrten ist eine stets aktuelle und vollständige Dokumentation der Fahrzeugkonfiguration erforderlich. Sie spielt deshalb eine zentrale Rolle in der Erprobungsphase. Eine Analyse der Dokumentationsqualität ausgewählter Baureihen am Beispiel eines Autmobilunternehmens zeigt, dass eine vollständige Bauzustandsdokumentation mit den heute eingesetzten Dokumentationsmethoden nicht sichergestellt ist.

Der Einsatz der RFID-Technologie zur Kennzeichnung und automatisierten Erfassung von Objekten bringt eine Reihe von Vorteilen mit sich. Im Rahmen dieser Arbeit werden deshalb die Auswirkungen einer RFID-gestützten Bauzustandsdokumentation auf die Dokumentationsqualität in der Erprobungsphase untersucht. Es wird gezeigt, dass unter Berücksichtigung verschiedener Anforderungen mit dem Einsatz dieser Technologie eine im Vergleich zur konventionellen Dokumentationsmethode höhere Qualität der Bauzustandsdokumentation erreicht werden kann.

Abstract

Florian Kovac

Examination of the effects of an RFID-based documentation of state of construction concerning qualitiy of documentation in the prototype phase

Automotive industry is striving for launching vehicles without any failures on the one hand and on the other hand to keep them error-free throughout their complete life cycle. Because of that the testing of prototype vehicles under real conditions is an essential part of the vehicle development. An up-to-date and accurate documentation of the vehicle configuration is an important factor for an effective analysis of test drives. Using the example of specific car lines of an automotive company, it is pointed out that a complete documentation of the state of construction is not guaranteed with currently used methods in the prototype phase.

The RFID technology provides a range of potentials by automatic identification of objects. For this reason in the context of this work the effects of an RFID-based documentation of state of construction concerning qualitiy of documentation in the prototype phase are examined. Taking into account various requirements it is shown that a better quality of the documentation of the state of construction in comparison to conventional documentation methods is possible.

Inhaltsverzeichnis

Abkürzungsverzeichnis

1D	Eindimensional
2D	Zweidimensional
A	Automobilhersteller
abs.	Absolut
Abw.	Abweichung [%]
Auto-ID	Automatische Identifikation
BR	Baureihe
BZD	Bauzustandsdokumentation
CAD	Computer-Aided Design
EDV	Elektronische Datenverarbeitung
eEPK	Erweiterte ereignisgesteuerte Prozesskette
FK	Fragenkomplex
Fzg.	Fahrzeug
HF	Hochfrequenz
I	Ist
ID	Identifikation(-snummer)
KBA	Kraftfahrt-Bundesamt
KI	Keine Integration
konv.	Konventionell
L	Lieferant
LF	Niederfrequenz

LVS   Lagerverwaltungssystem

max.   Maximal

metall.   Metallisch/es

min.   Minimal

PT   Prototyp

rel.   Relativ

RFID   Radiofrequenzidentifikation *(engl.: radio frequency identification)*

S   Soll

Sek.   Sekunde

SHF   Mikrowellenfrequenz

SOP   Start of Production

TI   Teilintegration

UHF   Ultrahochfrequenz

V#   Version/Baulos Nr.

VI   Vollintegration

Abbildungsverzeichnis

Tabellenverzeichnis

1 Ausgangssituation und Hintergrund

1.1 Trends und Strategien in der Automobilindustrie

Nach dem erstmaligen Rückgang der weltwirtschaftlichen Produktion seit über sechs Jahrzehnten im Jahr 2009 haben sich die im Jahr 2010 beobachteten Indikatoren zur Erholung der Weltwirtschaft nach heutigem Kenntnisstand bestätigt (Krempels 2010, S. 14). Mit einem Umsatz von rund 351 Milliarden Euro und mehr als 5,9 Millionen produzierter Fahrzeuge im Jahr 2011 macht die Automobilindustrie ca. 20 % des Gesamtumsatzes der deutschen Industrie aus. Als größter Wirtschaftszweig Deutschlands steht die Branche dennoch vor großen Herausforderungen. Den Verlauf der Umsatzentwicklung der letzten zwölf Jahre bis 2011 zeigt Abbildung 1.1.

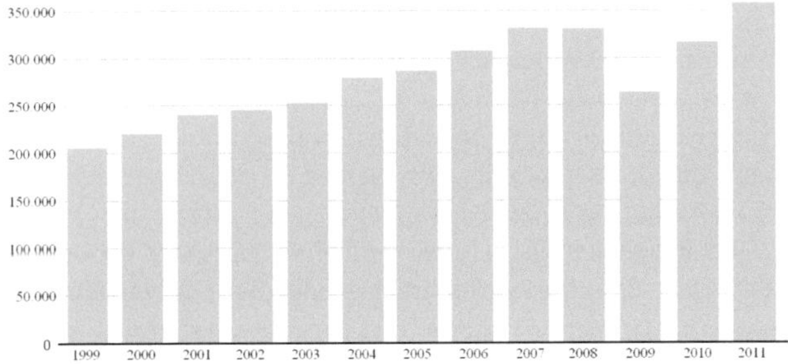

Abbildung 1.1: Umsatzentwicklung der deutschen Automobilindustrie (Mio. €) (Mehler 2012, S. 14)

Durch die fortschreitende Globalisierung werden nicht nur weltweite Beschaffungs- und Absatzmärkte eröffnet; vielmehr wird gleichzeitig auch die Konkurrenzsituation kontinuierlich verschärft. Dies liegt nicht zuletzt am steigenden Interesse der Kunden an Fahrzeugen aus dem asiatischen Raum (Mößmer et al. 2007, S. 3-15). Insbesondere in den europäischen und nordamerikanischen Märkten ist mit einer Stagnation des Marktvolumens zu rechnen. Aus diesem Grund werden kaum erschlossene Märkte und Produktnischen immer wichtiger und attraktiver für die deutschen Automobilhersteller, die sich zudem inmitten einer Veränderung der technischen Anforderungen befinden. Diskussionen um den Klimawandel, endliche Ressourcen und die Veränderung des Konsumentenverhaltens tragen dazu bei. Die Verhaltensänderung drückt sich insbesondere darin aus, dass Fahrzeuge nicht mehr nur als Gebrauchs- oder Prestigeobjekt betrachtet, sondern zum Ausdruck des persönlichen Lebensstils werden (Ebel et al. 2003, S. 4). Somit geht – neben der Verschiebung der globalen Randbedingungen und kontinuierlichen Umweltdiskussionen – der Wandel in der Automobilindustrie mit der Individualisierung der Kundenwünsche einher (Mattes et al. 2003, S. 18). Dieser Umstand führt letztlich zu einer Neuerfindung des Automobils (Krempels 2010, S. 17).

Die Folge dieser Entwicklung ist ein Wechsel vom Verkäufer- zum Käufermarkt, was sich auch in der Anzahl der erteilten Typgenehmigungen für serienmäßig herzustellende Fahrzeuge und Fahrzeugteile beim Kraftfahrt-Bundesamt (KBA) der letzten Jahre widerspiegelt. Im Jahr 2008 sind diese auf einen Rekordwert gestiegen, der sich innerhalb der letzten 15 Jahre auf 17.385 verdoppelt hat. Mit 15.338 Typgenehmigungen hält sich die Anzahl auch im Jahr 2011 auf einem konstant hohen Niveau (Kraftfahrt-Bundesamt 2011, S. 49).

Im Rahmen dieser Betrachtung zeigt sich der Wachstumstrend der Produktvielfalt auch in der steigenden Anzahl von Modellreihen und Derivaten einzelner Automobilhersteller. Konnten Kunden vor etwa 30 Jahren nur zwischen den klassischen Segmenten Limousine und Kombi entscheiden, so können sie heute zwischen zahlreichen weiteren Derivaten auswählen. Nachdem z. B. die Daimler AG in den frühen 80er-Jahren lediglich vier Mercedes-Benz Modellreihen produzierte, konnten die Kunden des Unternehmens im Jahr 2003 bereits zwischen elf Modellreihen auswählen. Im selben Zeitraum stieg zudem die Anzahl der angebotenen Derivate der C-Klasse von anfänglich einer Modellvariante (Karosserie- und Motorvarianten eingeschlossen) auf sieben (Bichler 2004, S. 102). Derzeit bietet Mercedes-Benz 16 verschiedene Modellreihen mit teilweise bis zu vier Karosserie- und darunter weiteren 20 Motorvarianten an. Abbildung 1.2 veranschaulicht diese Entwicklung. Sie kategorisiert die einzelnen Modellreihen wie E-, SL- oder GLK-Klasse und ordnet diesen die verfügbaren Karosserievarianten zu. Die beiden Linien verdeutlichen zusammenfassend den Anstieg der Anzahl an Modellreihen und deren Derivate. In diesem Zusammenhang stiegen auch bei der BMW AG innerhalb von zehn Jahren die Modellreihen so weit an, dass insgesamt 350 Modellvarianten verfügbar waren. Zusammen mit bis zu 500 konfigurierbaren Sonderausstattungen ergibt dies 10^{31} Varianten pro Modellreihe (Dannenberg 2005, S. 38). Um diese Variantenvielfalt zu bewältigen, bestehen produzierte Fahrzeuge heute aus bis zu 20.000 Einzelteilen (Boppert 2008, S. 1).

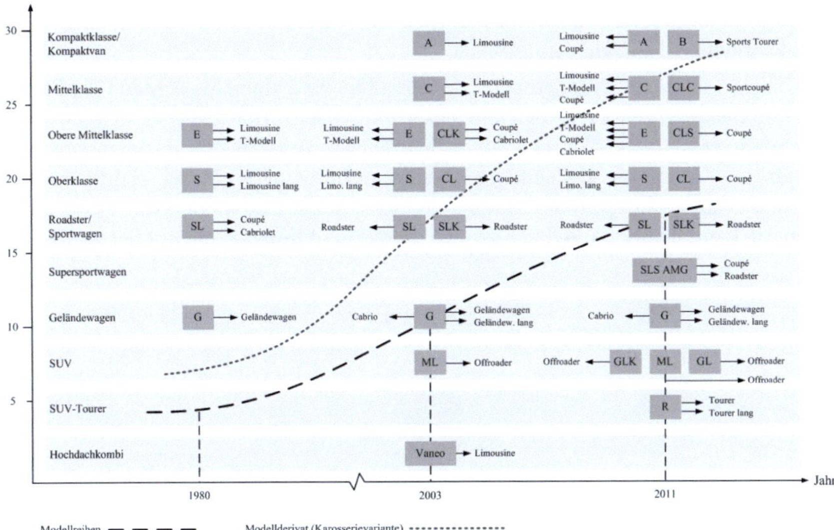

Abbildung 1.2: Mercedes-Benz PKW: Zunahme der Modellreihen und Derivate (Hofner und Schrader 2005; Rooks 2009; Mercedes-Benz PKW 2011)

Das Bestreben, den Kundenwünschen bestmöglich nachzukommen, geht mit der Individualisierung des Marktes einher und bringt eine Reihe von Trends mit sich. Diese Situation führt zu einem Anstieg der Komplexität und zu höheren Kosten in der Fahrzeugentwicklung (Bartels 2009, S. 118). Mit einem breiten Unternehmensportfolio werden Hersteller gleichzeitig gezwungen, möglichst schnell auf Änderungen der Kundenbedürfnisse zu reagieren. Deshalb sind sie bestrebt, die Zeit zwischen einer Produktidee und deren Serienreife zu minimieren. Während dieser als Time-to-Market bezeichnete Zeitraum in den 80er-Jahren noch etwa sechs Jahre betrug, werden heute zweieinhalb Jahre angestrebt (Teckemeier und Bauer 2005, S. 2). Die Kunden haben damit die Möglichkeit, früher zu einem weiterentwickelten Produkt oder aktuelleren Design zu greifen (Dannenberg 2005, S. 35 f.).

Gleichzeitig mit dem frühen Markteintritt geht eine Verkürzung des Produktlebenszyklus einher. In den 70er-Jahren war ein Produktlebenszyklus von bis zu zwölf Jahren die Regel, der sich inzwischen halbiert hat (Rinza und Boppert 2007, S. 20). Expertenschätzungen nach soll er sich auf vier bis sechs Jahre einpendeln (Ihme 2006, S. 10). Diese Verkürzung sowie die steigende Produktvielfalt bewirken bei konstantem Absatz im Markt sinkende Absatzzahlen der einzelnen Produkte. Die für die Entwicklung eines neuen Produktes aufgewendeten Kosten werden damit auf eine kleinere Anzahl verkaufter Fahrzeuge umgewälzt.

Abbildung 1.3 fasst die Veränderung der Automobilentwicklung hinsichtlich der Faktoren Komplexität, Vielfalt, Entwicklungszeit und Lebenszyklusdauer in den letzten Jahrzehnten zusammen. Während der zu betreibende Aufwand stetig steigt, sinken die dafür zur Verfügung stehenden zeitlichen und monetären Mittel. Heute ergibt sich für die Entwicklung in der Automobilindustrie ein Bild aus hohem Zeit- und Kostendruck auf der einen und aus großer Vielfalt und Komplexität auf der anderen Seite.

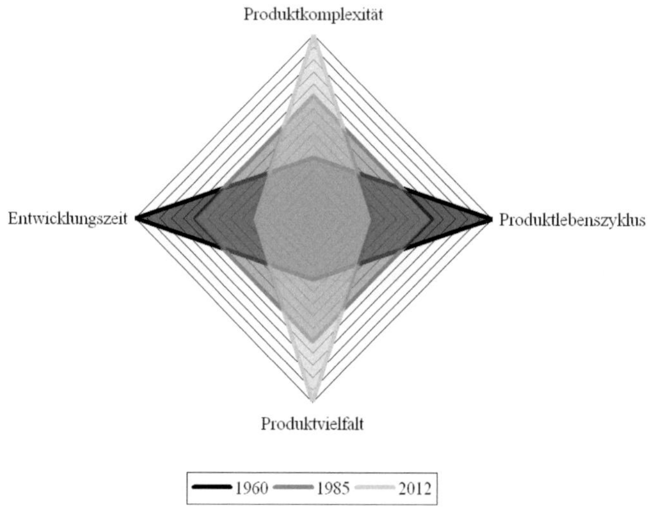

Abbildung 1.3: Veränderung der Automobilindustrie seit 1960. Eigene Darstellung in Anlehnung an (Bichler 2004; Bartels 2009)

Produkte mit steigender Variantenanzahl in immer kürzerer Zeit bei höchster Qualität und zu möglichst niedrigen Kosten auf den Markt zu bringen, ist die Herausforderung für die Automobilindustrie der nächsten Jahre. Um dies zu bewältigen, verlagern Hersteller große Teile der Entwicklung von Fahrzeugteilen an externe Zulieferer (Hab und Wagner 2010, S. 1-9). Dementsprechend steigt die Komplexität im gesamten Entwicklungs- und Logistikprozess der Fahrzeugentwicklung, was sich letztlich auf die Fahrzeugqualität auswirken kann.

Abbildung 1.4 zeigt die Entwicklung von Rückrufaktionen seit 1998 und verdeutlicht die stark gestiegene Anzahl in den Jahren 2010 und 2011.

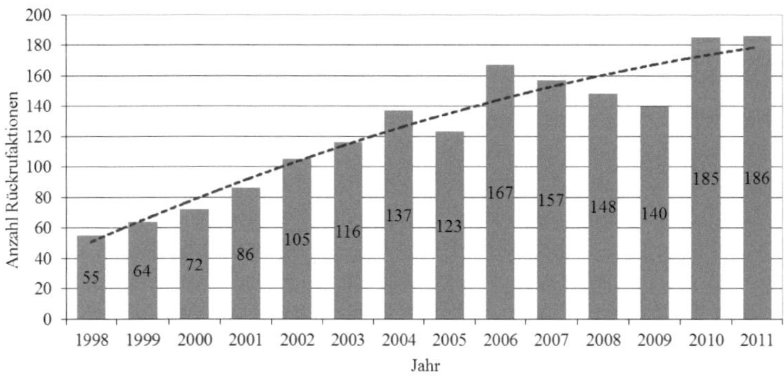

Abbildung 1.4: Anzahl Rückrufaktionen des KBA (Kraftfahrt-Bundesamt 2011)

Bei den betroffenen Fahrzeugen handelt es sich meist um ein bis drei Jahre alte Modelle. Dies lässt weniger auf übermäßige Verschleißerscheinungen betroffener Teile, sondern vielmehr auf einen fehlerhaften Produktentstehungsprozess schließen (Wallentowitz et al. 2009, S. 9). Mit annähernd 70 % sind mechanische Mängel dabei die größte Fehlerursache, gefolgt von Elektronikproblemen in 20 % der Fälle. In diesem Zusammenhang sind insbesondere die Bremsanlage, das Fahrwerk, die Karosserie und Insassenschutzeinrichtungen als Schwachpunkte zu nennen (Kraftfahrt-Bundesamt 2011, S. 60). Die häufigsten Baugruppen von überwachten Rückrufen, an denen besonders gefährliche Mängel aufgetreten sind, zeigt Abbildung 1.5.

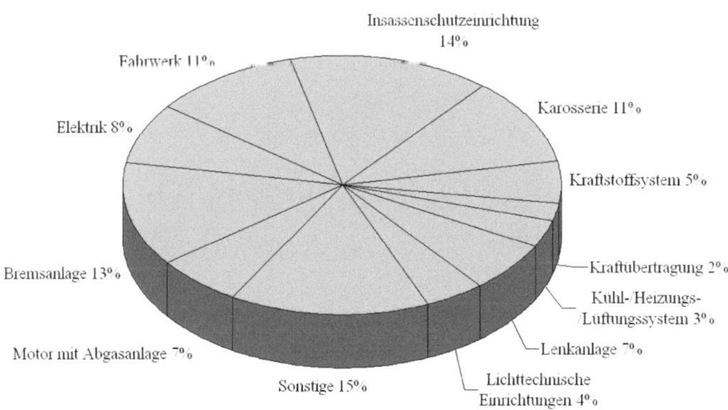

Abbildung 1.5: Baugruppenbezogene Verteilung der Mängel bei überwachten Rückrufen (Kraftfahrt-Bundesamt 2011)

Rückrufaktionen, technische Defekte oder andere Mängel an einem Fahrzeug beeinflussen das Qualitätsempfinden des Kunden für eine Marke und wirken sich somit auf das Kaufverhalten aus (Weßner 2007). Automobilhersteller sind deshalb bestrebt, ein ausgereiftes und damit fehlerfreies Fahrzeug auf den Markt zu bringen. Dies kann die Bindung der Kunden an die eigene Marke sichern (Harms 2003, S. 273-290). Vor dem Hintergrund der steigenden Komplexität durch Einbindung der Lieferanten in den Entwicklungsprozess, der steigenden Variantenvielfalt und dem hohen Marktdruck ist die Entwicklungsphase von Fahrzeugen für die Automobilhersteller ein elementarer Baustein. Sie ist dafür verantwortlich, Fahrzeuge serienreif zu entwickeln und nachträgliche Korrekturmaßnahmen zu vermeiden. Um das Zusammenspiel einzelner Komponenten im Fahrzeug zu gewährleisten, ist eine systematische und intensive Fahrzeugerprobung im Entwicklungsprozess erforderlich. Mit über 36 Millionen Testkilometern mit Prototypenfahrzeugen hat Mercedes-Benz mit der aktuellen E-Klasse eine der umfangreichsten Maßnahmen im Entwicklungsprozess gestartet, um eine höchstmögliche Fahrzeugqualität zu gewährleisten (Daimler AG Forschung und Entwicklung 2010).

Um in der Prototypenphase die Auswirkungen neuer Komponenten auf ein Fahrzeug zu ermitteln, ist die Identifikation der aktuell verbauten Teile und deren Zuordnung zu den Fahrzeugen von elementarer Bedeutung (Wagner 2009, S. 7). Empirische Studien verdeutlichen, dass ca. 40 % aller notwendigen Maßnahmen an einem Fahrzeug innerhalb der Prototypenphase durchgeführt werden (Aßmann 2000). Insbesondere hinsichtlich stetig fortschreitender Konstruktionsoptimierungen, verschiedener Versionsstände sowie kontinuierlicher Verbesserungsmaßnahmen während des Fahrzeugentwicklungsprozesses, stellt die Beibehaltung der aktuellen Bauzustandsdokumentation von Prototypen eine große Herausforderung für die Automobilhersteller dar, um anschließend *„die richtigen Dinge richtig zu tun"* (Risse 2003, S. 89).

1.2 Problemstellung und forschungsleitende Fragestellungen

Im Rahmen dieser Arbeit wird ein Verfahren zur Verfolgung von Fahrzeugteilen beschrieben, das zum Ziel hat, unter Einbeziehung der Radiofrequenzidentifikation (RFID) die Bauzustandsdokumentation von Prototypenfahrzeugen[1] in der Fahrzeugentwicklung sicherzustellen.

---

[1] Im Rahmen dieser Arbeit werden für die Bezeichnung Prototypenfahrzeug die Begriffe Prototyp, Versuchsfahrzeug oder Versuchsträger synonym verwendet.

In der Literatur finden sich zahlreiche Beschreibungen und Fallstudien für RFID-Anwendungen, die sich mit logistischen Problemstellungen im nicht-metallischen Umfeld befassen. Im Gegensatz dazu sind serienreife Anwendungen in Industrie und Wirtschaft für metallische Umgebungen aufgrund technischer Grenzen derzeit nur bedingt oder unter bestimmten Randbedingungen möglich. Auswirkungen und Potentiale, die sich durch den Einsatz der RFID-Technologie für dieses Umfeld ergeben, sind deshalb kaum erforscht.

Diese Arbeit befasst sich mit dem Einsatz der RFID-Technologie zur Kennzeichnung von Fahrzeugteilen in der Prototypenphase. Anhand folgender forschungsleitender Fragestellungen wird die Problemstellung erläutert sowie das Thema näher abgegrenzt. Die zentrale Fragestellung lautet:

Kann durch den Einsatz der RFID-Technologie in der Prototypenphase eine Verbesserung der Bauzustandsdokumentation von Prototypenfahrzeugen erreicht werden?

Aus der ständigen Weiterentwicklung und der damit verbundenen Funktionserprobung von Bauteilen resultiert ein hoher Aufwand zur Dokumentation der aktuellen Fahrzeugkonfiguration von Prototypen. Deshalb ist die Fertigung von Versuchsfahrzeugen sowie die Kenntnis über den aktuellen Bauzustand ein elementarer Bestandteil der Fahrzeugentwicklung. Die Bedeutung und Einordnung der Bauzustandsdokumentation in der Prototypenphase und damit im Produktentstehungsprozess der Automobilindustrie ist Grundlage für weitergehende Überlegungen und Untersuchungen einer RFID-basierten Dokumentationsmethode. Daraus ergibt sich zunächst folgender Fragenkomplex:

Fragenkomplex 1: Prototypenphase und Bauzustandsdokumentation
Welche Bedeutung hat der Produktentstehungsprozess für die Automobilindustrie? Wo ordnet sich die Prototypenphase innerhalb der Fahrzeugentwicklung ein? Was ist eine Bauzustandsdokumentation und warum ist sie erforderlich?

Die RFID-Technologie ermöglicht das berührungslose Lesen und Speichern von Daten ohne Sichtkontakt über Funkwellen. Diese Eigenschaft soll für die Identifikation von verbauten Teilen in einem Fahrzeug genutzt werden. Da ein metallisches Umfeld die Ausbreitung von Funkwellen begrenzt, sind dabei einige Besonderheiten zu beachten. In diesem Zusammenhang sind folgende Fragen zu beantworten:

Fragenkomplex 2: Technische Machbarkeit
Ist der Einsatz von RFID im Fahrzeug zur Dokumentation des Bauzustands technisch möglich? Welche Anforderungen und Voraussetzungen sind beim Einsatz von RFID im metallischen Umfeld von Fahrzeugen zu beachten?

Ein Fahrzeugteil wird abhängig vom Entwicklungsstand und anderer Faktoren zu verschiedenen Zeitpunkten in Versuchsträgern verbaut. Entscheidend für eine korrekte und vollständige Bauzustandsdokumentation ist die Verfügbarkeit von Daten zu allen Teilen sowie die fehlerfreie Durchführung der Dokumentationsprozesse. Durch die Vielzahl der beteiligten Prozesspartner und die große Anzahl an Teilevarianten besteht eine hohe Komplexität bei der Dokumentation der aktuellen Fahrzeugkonfiguration. Um die RFID-Technologie in die Dokumentationsprozesse integrieren und anschließend bewerten zu können, sind zunächst die dafür relevanten Tätigkeiten zu identifizieren:

Fragenkomplex 3: Prozesse und Stellhebel
Welche Prozesse sind Bestandteil der Prototypenphase? Wodurch wird die Bauzustandsdokumentation beeinflusst?

Im Laufe des Lebenszyklus von Versuchsträgern stellen manuelle Tätigkeiten heute die Transparenz von zugehörigen Teiledaten sicher. Sie sind deshalb maßgeblich für die Qualität der Bauzustandsdokumentation verantwortlich:

Fragenkomplex 4: Qualität der konventionellen Methode
Welche Qualität erreicht die Bauzustandsdokumentation mithilfe der eingesetzten Dokumentationsmethoden?

Die Bauzustandsdokumentation wird durch viele Faktoren wie der Verfügbarkeit von Informationen oder der Einhaltung von Prozessvorgaben unter Zeitdruck beeinflusst. Unter Berücksichtigung der technischen Anforderungen soll die RFID-Integration dazu beitragen, die Dokumentationsprozesse zu vereinfachen und eine Verbesserung der Bauzustandsdokumentation herbeizuführen:

Fragenkomplex 5: RFID-gestützte Bauzustandsdokumentation
Welche Potentiale bringt die RFID-Technologie für die Prototypenphase mit sich? Wie kann sie in die Prototypenphase integriert werden? Wie sieht eine RFID-gestützte Bauzustandsdokumentation aus?

Die Nutzung der RFID-Technologie zur Bauzustandsdokumentation innerhalb der Prototypenphase führt zu einer Veränderung der Bauzustandsdokumentation von Versuchsträgern. Um die zentrale Fragestellung beantworten zu können, ist ein Vergleich mit der heute eingesetzten konventionellen Dokumentationsmethode erforderlich.

Fragenkomplex 6: Bewertung der RFID-Integration und Handlungsempfehlungen
Welche Qualität erreicht eine RFID-gestützte Bauzustandsdokumentation in der Prototypenphase? Wie verhält sie sich im Vergleich zur konventionellen Dokumentationsmethode?

1.3 Aufbau der Arbeit

Zu Beginn der Arbeit erfolgt in Kapitel 2 ein Überblick zum Stand der Wissenschaft und Technik. Dabei werden insgesamt drei Themen näher beleuchtet, die für den weiteren Verlauf der Arbeit als Grundlage dienen. Der erste Teil veranschaulicht den Produktentstehungsprozess in der Automobilindustrie und ordnet darin die Prototypenphase ein. Gleichzeitig werden die kritischen Faktoren und mögliche Konzepte zu deren Bewältigung beschrieben. Im zweiten Teil wird anhand von Beispielen aus der Praxis die Bedeutung der Dokumentation, insbesondere der Bauzustandsdokumentation sowie deren Herausforderungen, dargestellt. Der dritte Teil geht zum einen auf die allgemeinen Grundlagen der RFID-Technologie ein und verdeutlicht zum anderen die Herausforderungen beim Einsatz dieser Technik im metallischen Umfeld.

In Kapitel 3 werden im Rahmen einer Prozessanalyse am Beispiel eines Automobilherstellers zunächst die einzelnen Vorgänge in der Prototypenphase der Fahrzeugentwicklung analysiert. Die Stellhebel zur Steuerung der Qualität der Bauzustandsdokumentation ergeben sich anschließend aus der Ausarbeitung der dafür relevanten Prozesse. Sie dienen als Grundlage für Überlegungen zum Einsatz der RFID-Technologie.

Am Beispiel des im Rahmen dieser Arbeit betrachteten Automobilherstellers folgt in Kapitel 4 eine Evaluierung der konventionellen Bauzustandsdokumentation. Die Dokumentationsvorgänge beruhen auf den in Kapitel 3 vorgestellten Prozessen. Die festgelegten Rahmenbedingungen und Anforderungen zur Durchführung der für die Evaluierung erforderlichen Versuchsreihe gelten auch für die spätere Bewertung der RFID-gestützten Bauzustandsdokumentation. Deshalb ermöglichen die hier erhaltenen Ergebnisse einen direkten Vergleich mit den Ergebnissen der RFID-gestützten Dokumentationsmethode.

Kapitel 5 beschreibt zunächst die Potentiale und Voraussetzungen für den Einsatz der RFID-Technologie in der Prototypenphase, um eine hohe Qualität der Bauzustandsdokumentation von Versuchsträgern sicherzustellen. Daneben werden verschiedene Formen einer Lieferantenintegration zur Kennzeichnung von Bauteilen vorgestellt. Auf Grundlage der ermittelten Kernprozesse in Kapitel 3 wird abschließend eine Möglichkeit der RFID-gestützten Prototypenphase aufgezeigt.

Analog zu Kapitel 4 erfolgt in Kapitel 6 die Bewertung der RFID-gestützten Bauzustandsdokumentation. Deren Qualität wird anhand von Versuchsreihen an den zuvor ausgewählten Fahrzeugen bestimmt. Die innerhalb der Prototypenphase durchgeführten Dokumentationsvorgänge beruhen auf den in Kapitel 5 vorgestellten Prozessen. Rückschlüsse auf die Herausforderungen einer RFID-gestützten Bauzustandsdokumentation ermöglicht die anschließende Ursachenanalyse aufgetretener Fehler. Durch einen Vergleich mit den Ergebnissen der konventionellen Dokumentationsmethode lässt sich darüber hinaus die eingangs gestellte zentrale Fragestellung beantworten.

Den methodischen Aufbau der Arbeit sowie die schematische Darstellung der Vorgehensweise zur Beantwortung der Fragenkomplexe (FK) zeigt Abbildung 1.6.

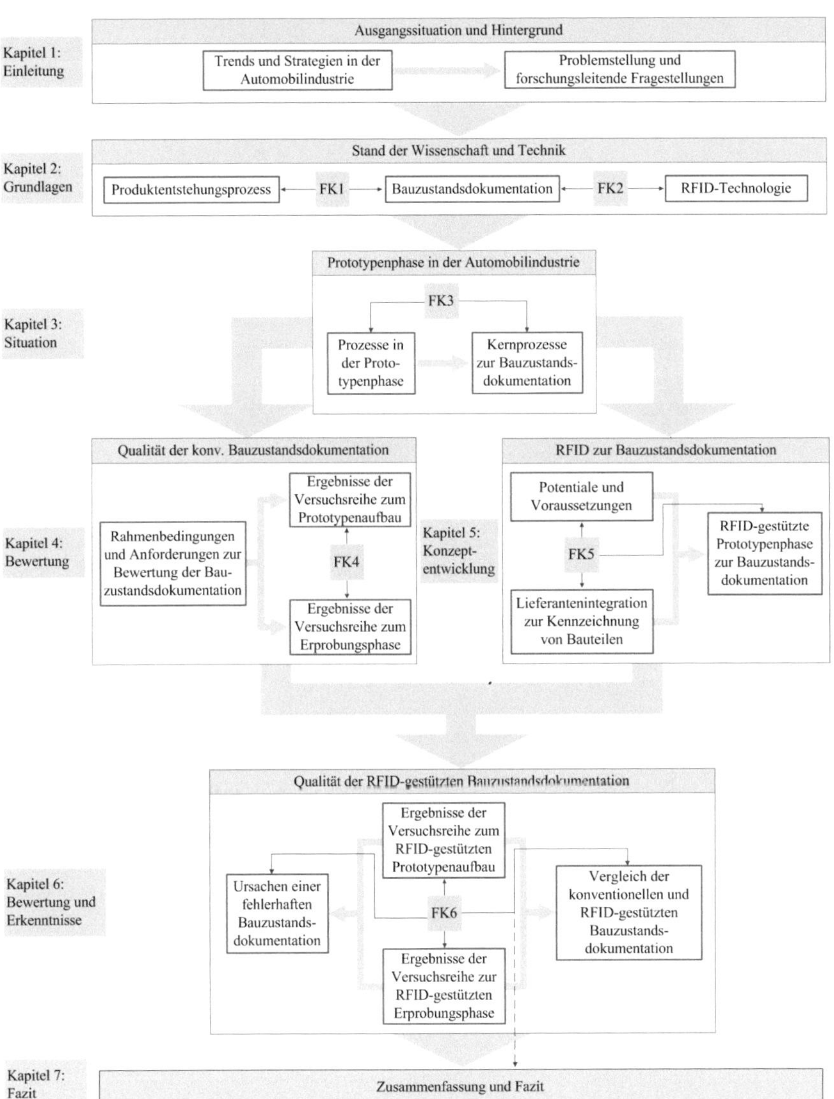

Abbildung 1.6: Vorgehensweise und methodischer Aufbau der Arbeit

2 Stand der Wissenschaft und Technik

Dieses Kapitel vermittelt zunächst Grundlagen zur Produktentstehung in der Automobilindustrie und ordnet die Prototypenphase darin ein. Anschließend verdeutlicht ein Überblick mit Beispielen aus der Praxis die Bedeutung der Bauzustandsdokumentation, für die im Rahmen der Arbeit der Einsatz der RFID-Technologie überprüft wird. Die dafür erforderlichen Grundlagen, insbesondere zur Kennzeichnung von Fahrzeugteilen mit RFID-Transpondern und deren Einsatz im metallischen Umfeld, schließen das Kapitel ab.

2.1 Produktentstehungsprozess in der Automobilindustrie

Für den Produktentstehungsprozess existieren in der Literatur und der Praxis innerhalb der Automobilindustrie unterschiedliche Modelle, die sich hinsichtlich ihrer Teilprozesse und der unternehmensspezifischen Anforderungen unterscheiden. Trotz der verschiedenen Bezeichnungen einzelner Schritte stimmen die Prozesse unter den Automobilherstellern weitgehend überein (Schwarze 2003, S. 80). Als Treiber des Produktentstehungsprozesses wird in den folgenden Abschnitten zunächst der Produktlebenszyklus vorgestellt, anschließend werden die einzelnen Phasen der Produktentstehung näher beschrieben.

2.1.1 Produktlebenszyklus

Die Neuentwicklung von Produkten in der Automobilindustrie wird durch verschiedene Ereignisse und Bedürfnisse angetrieben (vgl. dazu Abschnitt 1.1). Neben ständigen Herausforderungen wie der Konkurrenzsituation, der Integration neuer Technologien oder politischen Entscheidungen ist auch der Produktlebenszyklus von Fahrzeugen ein Innovationstreiber (Voigt 2008, S. 388-391). Dieser besagt, dass der Markt Produkte nur für eine bestimmte Zeit akzeptiert, bevor sie von technologisch weiterentwickelten Produkten verdrängt werden (Kuder 2005, S. 13-15). Abbildung 2.1 stellt

links den idealisierten Produktlebenszyklus und rechts den in der Automobilindustrie
gängigen Lebenszyklus für ein Mittelklassemodell dar.

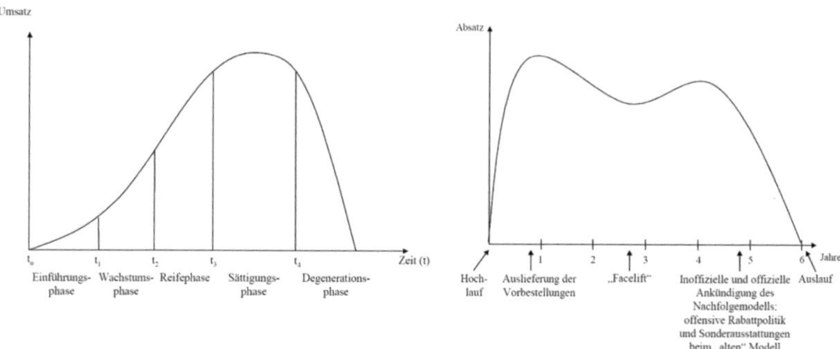

Abbildung 2.1: Produktlebenszyklus allgemein (links) und Produktlebenszyklus in
der Automobilindustrie (rechts) (Voigt 2008, S. 389-390)

In der letzten Phase des allgemeinen Produktlebenszyklus fällt im Zuge der Degene-
ration die Kurve steil ab. In der Automobilindustrie hingegen findet zu Beginn dieser
Phase eine Überarbeitung eines Fahrzeugmodells statt (Facelift), wodurch die Absatzzahlen ein zweites Hoch durchlaufen. Durch solche Produktverbesserungen oder
Maßnahmen des Marketings ist der Lebenszyklus zwar verlängerbar, jedoch bleibt er
weiterhin begrenzt. Dies führt dazu, dass ein Hersteller zur frühzeitigen Entwicklung
eines Nachfolgeproduktes gezwungen wird, sofern er sich nicht aus dem entsprechenden Marktsegment zurückziehen möchte (Voigt 2008, S. 389-390). Demzufolge
hat sich in der Automobilindustrie ein Prozess zur Produktentstehung etabliert, der
im Einzelnen leicht variiert. Grundsätzlich weist er allerdings über die gesamte Branche eine ähnliche Vorgehensweise auf (Voigt 2008, S. 420)(Bartels 2009, S. 119).

2.1.2 Phasen und Abläufe im Produktentstehungsprozess

In der Automobilindustrie betrachtet der Produktentstehungsprozess neben der Realisierung von Produkten sowohl die Fertigung, die gesamte Lieferkette von der Beschaffung bis hin zur Eingangslogistik als auch den Vertrieb (Bartels 2009, S. 120). Auf
Basis von Übereinstimmungen einzelner Prozessschritte über alle Hersteller hinweg
zeigt Abbildung 2.2 ein idealisiertes Bild des Produktentstehungsprozesses von Fahrzeugen. Eine sequentielle Abfolge der einzelnen Phasen ist in der Praxis nicht gegeben, wird aber aufgrund der einfacheren Darstellung hier in dieser Form abgebildet.

Einzelne Tätigkeiten werden teilweise parallel ausgeführt. Darüber hinaus kann es in den verschiedenen Entwicklungsstufen zu Entscheidungen kommen, die ein erneutes Durchlaufen vorhergehender Tätigkeiten erfordern (Sörensen 2006, S. 19).

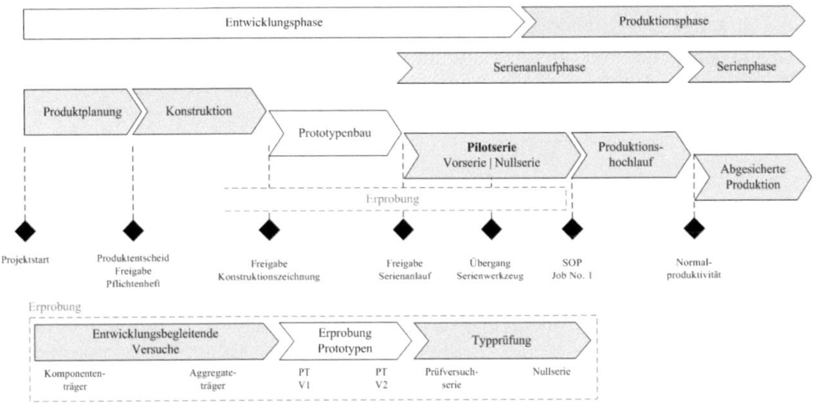

Abbildung 2.2: Produktentstehungsprozess in der Automobilindustrie in Anlehnung an (Bartels 2009; Bischoff 2007; Teckemeier und Bauer 2005; Baumgarten und Risse 2001)

Die für den weiteren Verlauf der Arbeit relevanten und entscheidenden Teilprozesse der Entwicklungsphase sind in der Abbildung hell hinterlegt. Grundsätzlich lassen sich trotz unternehmensspezifischer Ausprägung vier generelle Phasen definieren: Nach Durchführung der Produktplanung und der Konstruktion folgt mit dem Prototypenaufbau die dritte Phase, in der ein voll funktionsfähiges Produkt ohne die in der Serienfertigung eingesetzten Werkzeuge und Anlagen hergestellt wird (Voigt 2008, S. 419). Als Nächstes werden in der Pilotserie die Ergebnisse aus dem Prototypenaufbau in die Produktion überführt (Bartels 2009, S. 120). Auf die anschließende Produktionsphase und die nachfolgenden Prozesse wie die Instandhaltung im After Sales wird aufgrund der in Abschnitt 1.2 definierten Problemstellung nicht näher eingegangen. Die nächsten Abschnitte stellen die Besonderheiten der vier Teilprozesse der Entwicklungsphase vor.

Produktplanung

Zu Beginn der Produktentstehung steht die Produktplanung. Es wird ein Produktkonzept entwickelt, das das zu entwickelnde Produkt detailliert genug beschreibt.

Dadurch können bei der späteren Realisierung klare Aussagen über die Erfüllung einer zuvor definierten Anforderung gemacht werden. Das Ergebnis dieser Phase ist ein Lastenheft, das die wichtigsten Produktanforderungen enthält (Voigt 2008, S. 417). Anhand des Lastenheftes wird über die technische und wirtschaftliche Machbarkeit eines Fahrzeugs entschieden. Bei positiver Entscheidung erfolgt der Übergang in die Konstruktionsphase, was für den Gesamtprozess den *„Point of no Return"* darstellt. Diese Phase löst den Prozess der Serienentwicklung mit allen zugehörigen Kosten und Risiken aus (Weber 2009, S. 35).

Konstruktion

Während die Vorgänge der Produktplanung zunächst von wenigen Entwicklern bearbeitet werden, wird die Verantwortung in der Konstruktionsphase an mehrere komponentenbezogene Teams übergeben (Weber 2009, S. 34). Diese Komponenten werden kategorisiert auch als Module bezeichnet und sind in Abbildung 2.3 dargestellt. In der Phase der Konstruktion erfolgt zunächst die Erstellung des Pflichtenheftes. Hierzu werden die im Lastenheft erfassten Anforderungen an das Produkt in technische Spezifikationen umgesetzt. Das Ergebnis ist eine umfassende Dokumentation, anhand derer das Produkt von der theoretischen Darstellung in die Realität transformiert wird (Baumgarten und Risse 2001, S. 152).

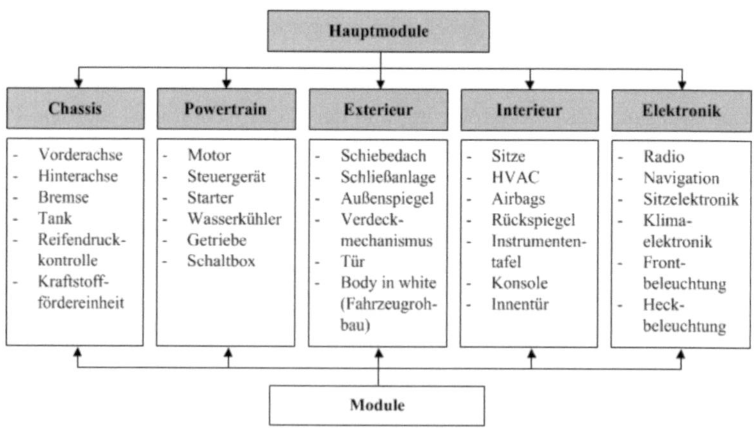

Abbildung 2.3: Modulbaukasten in Anlehnung an (Hüttenrauch und Baum 2008, S. 136)

Prototypenaufbau und Erprobung

Im Anschluss an die Konstruktion folgt die Prototypenphase, die im Rahmen dieser Arbeit den Prototypenaufbau und die Erprobung der dort aufgebauten Versuchsträger einschließt. Sie dient zur Überprüfung der zuvor definierten Eigenschaften an fertigen Fahrzeugen (Bartels 2009, S. 120). Diese werden in einer manufakturähnlichen Umgebung aufgebaut und für umfangreiche experimentelle Versuche genutzt. Der Aufbau erfolgt hauptsächlich durch manuelle und nicht automatisierte Tätigkeiten am Fahrzeug. Hierzu gehören Schweißarbeiten, Vermessungen von Prototypenteilen vor ihrem Einbau oder die Hochzeit des vormontierten Antriebstrangs und der Karosserie mit serienähnlichem Werkzeug. Das Ziel ist, möglichst realistische Testergebnisse zu erhalten, weshalb Erprobungsfahrten nicht auf abgegrenzte Testflächen beschränkt werden können. Bedingt durch Marketinganforderungen und die Konkurrenzsituation stellt die Tarnung der Fahrzeuge nach deren Aufbau ein besonderes Merkmal dar (Weber 2009, S. 37). Die Erprobung von Prototypen läuft bereits nach Fertigstellung des ersten Fahrzeugs begleitend zum Aufbau ab (vgl. Abbildung 2.2). Sie liefert Aussagen über die entwicklungsrelevanten Komponenten oder zum gesamten Fahrzeug unter realen Beanspruchungen (Bartels 2009, S. 120). Die Aufgaben und Ziele der Erprobungsphase sind in Anlehnung an Westkämper (Westkämper 2006, S. 128-129)

- die Erprobung von Fahrzeugen unter Real- und Extrembelastungen,
- die Langzeiterprobung zur Ermittlung von Zuverlässigkeits- und Verschleißwerten,
- die Ermittlung realer Leistungs- und Verbrauchswerte
- sowie die Validierung neuer Fertigungstechniken.

In der Prototypenphase stellen Automobilhersteller typischerweise zwei Gruppen von Prototypen her (Weber 2009, S. 36). Die erste Gruppe (PT V1 in Abbildung 2.2) dient zur Evaluierung der Konstruktion und zum Erkennen notwendiger Änderungen infolge von Tests an Komponenten und Aggregaten im Fahrzeugverbund. Mögliche Anpassungen aus den Versuchen fließen dann in die zweite Gruppe ein (PT V2). Je nach Fahrzeugprojekt werden dafür bis zu 200 Versuchsträger aufgebaut (Lockledge et al. 2002, S. 833-841), wofür Kosten von bis zu eineinhalb Millionen Euro für den Aufbau eines Prototypen anfallen (Limtanyakul 2009, S. 1). Bereits vor dem Aufbau von Prototypen eines neuen Modells werden in vorhergehenden Phasen Fahrzeuge für entwicklungsbegleitende Versuche gefertigt. Bei den ersten Versuchsfahrzeugen handelt es sich um sogenannte Komponententräger. Die neu zu entwickelnden Komponenten werden in Fahrzeuge aus der vorhergehenden Modellreihe eingebaut und getestet. Die nächste Stufe stellen Aggregateträger dar, die bereits auf der neu entwickelten Plattform aufbauen, aber noch Komponenten aus der vorhergehenden Modellreihe enthalten (Bartels 2009, S. 121).

Für den Aufbau von Versuchsfahrzeugen werden überwiegend Prototypenteile eingesetzt, deren Fertigung in begrenzten Chargen durch den Automobilhersteller oder einen Lieferanten erfolgt. Die Bauteile können unterschiedliche Entwicklungsstände annehmen. Aufgrund der engen Verbindung zwischen der Erprobung von Prototypen und der Entwicklung und Konstruktion von Komponenten entstehen innerhalb des Entwicklungsprozesses sogenannte Entwicklungssschleifen (Schulte-Frankenfeld et al. 2007, S. 13-28). Neue Anforderungen aus der Erprobung werden umgesetzt und die entsprechende Komponente wiederum an einem Versuchsfahrzeug verifiziert. Daraus ergeben sich im Laufe der Entwicklungsphase zahlreiche Änderungen an bereits aufgebauten Fahrzeugen, die infolge von Umbaumaßnahmen vollzogen werden. Die Prototypenphase endet mit der Freigabe des zu entwickelnden Fahrzeugs und dessen Bauteilen für den Serienanlauf.

Serienanlaufphase

Die Serienanlaufphase teilt sich in die Pilotserie und den anschließenden Produktionshochlauf auf. Innerhalb der Pilotserie erfolgt zunächst in einer Vorserie die Fertigung einer großen Anzahl an Fahrzeugen unter seriennahen Bedingungen. Im Gegensatz zur Prototypenphase werden die zur Fertigung der neuen Produkte zugehörigen Produktionsprozesse und -anlagen bereits eingesetzt und getestet. Die Vorserie dient dazu, die Implementierung der Produktionsprozesse in die Organisation zu starten (Ostertag 2008, S. 62). In der darauffolgenden Nullserie werden sämtliche Komponenten einschließlich der Zulieferteile bereits mit Serienwerkzeugen hergestellt. Ziel ist ein abschließender Test der Produktionsprozesse und der Fertigung des Produktes unter realen Bedingungen (Voigt 2008, S. 433).

Nach Abschluss der Pilotserie erfolgt die Freigabe der Serienproduktion, wodurch die als Produktionshochlauf oder Ramp-Up bezeichnete Phase ausgelöst wird. In der Automobilindustrie wird der Produktionsstart als *„Start of Production"* (SOP) und das erste kundenfähige Fahrzeug als *„Job No. 1"* bezeichnet. Die innerhalb der Serienanlaufphase aufgebauten Fahrzeuge dienen zur Typprüfung im Rahmen der Erprobung. Der Anlauf eines neuen Produktes geht mit dem Produktionsauslauf des Vorgängerproduktes einher. Weitere Inhalte zur Serienanlaufphase können in der Literatur (Ostertag 2008; Voigt 2008; Fitzek 2006; Baumgarten und Risse 2001) nachgelesen werden.

2.1.3 Konzepte zur Bewältigung kritischer Faktoren in der Fahrzeugentwicklung

Aus den Trends und dem immer kürzer werdenden Produktlebenszyklus in der Automobilindustrie ergeben sich kritische Faktoren, die sich auf die Fahrzeugentwicklung auswirken. Eine große Herausforderung ist neben der steigenden Produktkomplexität auch die immer kürzer werdende Entwicklungszeit von Fahrzeugen (vgl. Abbildung 1.3, S. 4). Letztlich wirken sich die Faktoren auf die Kosten der Fahrzeugentwicklung aus. Um Prozesse oder Arbeitsschritte einzusparen oder zu beschleunigen, werden in der Literatur und Praxis verschiedene Ansätze verfolgt.

Rechnergestützte Konstruktion

Eine Möglichkeit besteht in der stetigen Weiterentwicklung der rechnergestützten Konstruktion (CAD). Sie verwirklicht neben der digitalen Entwicklung von Komponenten auch das simulationsgestützte Testen von einzelnen Bauteilen und deren Zusammenspiel in einem Fahrzeug (Straub und Riedel 2006, S. 192-193). Durch den Einsatz von CAD kann zwar nicht vollständig auf den Bau von Prototypen verzichtet werden, jedoch lässt sich die in den frühen Phasen des klassischen Design-Build-Test-Kreislaufs erforderliche Zeit deutlich reduzieren (Sörensen 2006, S. 23-24).

Simultaneous Engineering

Ein weiteres Konzept zur Senkung der Entwicklungszeit ist der Ansatz des Simultaneous Engineering, bei dem einzelne Phasen der Entwicklung parallelisiert werden (Westkämper 2006, S. 137). Unabhängige Prozesse werden gleichzeitig durchgeführt und abhängige Vorgänge sollen soweit wie möglich überlappen, um die Gesamtdauer unter die Summe der Einzeldauern zu senken. Im Falle des Produktentstehungsprozesses könnte z. B. die Produktplanung mit der Konstruktion überlappen oder der Prototypenaufbau bereits während der Konstruktionsphase beginnen (Risse 2003, S. 121). Die Parallelisierung führt jedoch auch zu einer Steigerung des Koordinations- und Kommunikationsaufwands (Corsten 1998, S. 130). Eine Reduktion der benötigten Ressourcen ist durch diesen Ansatz folglich nicht möglich.

Plattform- und Gleichteilestrategie

Neben der digitalen und prozessualen Optimierung wird in der Praxis auch vermehrt die Plattform- und Gleichteilestrategie verfolgt. Die Plattformstrategie beruht auf der gemeinsamen Entwicklung und Herstellung von Fahrzeugteilen für mehrere unterschiedliche Modelle (Ebel et al. 2005, S. 76-79). Durch die Verwendung von bereits entwickelten Komponenten und Bauteilen aus Vorgängerfahrzeugen kann sowohl die Komplexität gesenkt als auch die Entwicklungszeit bei Neuentwicklungen verringert werden (Klug 2010, S. 60-61).

Effiziente Planung der Fahrzeugerprobung

Aufgrund der Beschaffung und Bereitstellung von Fahrzeugteilen und der anschließenden Erprobungsphase stellt auch der Aufbau von Prototypen einen Engpass im Entwicklungsprozess dar (Baumgarten und Risse 2001, S. 153). Montagetermine von Prototypen richten sich nach den Beschaffungsterminen der zu verbauenden Teile, die kontinuierlich weiterentwickelt werden. Einer der Hauptkostenfaktoren in der Fahrzeugentwicklung ist die Herstellung von Prototypen, weshalb Automobilhersteller stets versuchen, die Anzahl an aufzubauenden Fahrzeugen zu minimieren (Weber 2009, S. 37). Aus diesem Grund werden Ausstattungsvarianten ausführlich geplant, um das Spektrum der zu testenden Varianten mit einer möglichst geringen Anzahl an Fahrzeugen abzudecken. Zudem wird die begrenzte Anzahl an Versuchsfahrzeugen anhand eines strikten Zeitplans verschiedenen Abteilungen zu Testzwecken zur Verfügung gestellt. Entwickler sind deshalb bestrebt, notwendige Änderungen möglichst schnell zu erkennen und umzusetzen. Der Aufwand und die Kosten für Änderungen steigen mit fortschreitender Entwicklungsdauer an. Gemäß der sogenannten Zehner-Regel „*Rule of Ten*" verzehnfachen sich die durch eine Änderung oder einen Fehler hervorgerufenen Kosten mit jeder Phase des Entwicklungsprozesses (Ehrlenspiel 2009, S. 140). Während sich eine Änderung in einer frühen Phase der Entwicklung z. B. durch die Anpassung einer CAD-Zeichnung äußert, so muss bei einer späteren Änderung eventuell ein Prototypenbauteil neu gefertigt und in weiteren Versuchsfahrten mit Prototypen getestet werden. Die dafür erforderliche Anpassung von Werkzeugen bei der Fertigung von Bauteilen ist dabei nur ein Kostentreiber. Durch den Anstieg der Komplexität und der Variantenvielfalt sind auch die wechselseitigen Abhängigkeiten zwischen den einzelnen verbauten Komponenten zu beachten. Änderungen müssen deshalb zeitnah und mit allen betroffenen Abteilungen abgestimmt werden. Voraussetzung für schnelle Änderungen ist die Verfügbarkeit von entwicklungsrelevanten Informationen im Entwicklungsprozess (Baumgarten und Risse 2001, S. 153-154).

2.2 Grundlagen der Bauzustandsdokumentation

Der iterative Prozess in der Fahrzeugentwicklung ist für die stetige Weiterentwicklung der Fahrzeugkomponenten und deren Auswirkung auf das Gesamtfahrzeug unerlässlich. Es besteht ein kontinuierlicher Bedarf der Bauteil- und Funktionserprobung. Aus den Ergebnissen resultieren Teileänderungen, wodurch sich dynamische Umbauprozesse von Versuchsfahrzeugen ergeben. Die Folge sind zahlreiche Vorgänge zur Dokumentation der jeweils aktuellen Fahrzeugkonfiguration. Eine unzureichende Durchführung der Dokumentation führt daher zu einer steigenden Intransparenz der Bauzustandsdokumentation im Laufe des Lebenszyklus von Prototypen. Um die notwendige Transparenz zu schaffen und sicherzustellen, ist neben der Verfolgung von Fahrzeugteilen auch die lückenlose Dokumentation der Prototypen erforderlich (Wagner 2009, S. 93). Die folgenden Abschnitte gehen auf die Begrifflichkeiten und Aufgaben der Dokumentation in der Praxis, insbesondere in der Automobilindustrie, näher ein.

2.2.1 Bedeutung der Dokumentation in der Praxis

Der Begriff Dokumentation beschreibt laut Duden die *„Zusammenstellung, Ordnung und Nutzbarmachung von Dokumenten,...und Materialien jeder Art"* zur weiteren Verwendung mit dem Ziel, die dokumentierten Objekte gezielt auffindbar zu machen. Der Informationsgehalt über ein Objekt soll mithilfe der Dokumentation systematisch verwertet werden. Eine hohe Dokumentationsqualität wird durch die Anforderungen Übersichtlichkeit, Durchsichtigkeit[1], Zeitgerechtigkeit, Vollständigkeit und Richtigkeit erfüllt und ist in vielen Anwendungsgebieten ein wichtiger Bestandteil (Heinrich und Lehner 2005, S. 185). Die nächsten Absätze beschreiben Potentiale, Herausforderungen und Probleme einer Dokumentation in Anlehnung an das Projektmanagement, die Softwareentwicklung sowie den Maschinen- und Anlagenbau. Die Beispiele zeigen, dass eine vollständige und fehlerfreie Dokumentation als wichtiges Qualitätsmerkmal über verschiedene Anwendungsgebiete hinweg das gleiche Motiv besitzt und mit nahezu identischen Herausforderungen zu kämpfen hat. Die Kernaussagen können deshalb auch auf andere Anwendungsgebiete übertragen werden.

Dokumentation im Projektmanagement

Im Projektmanagement dehnt sich der Begriff Dokumentation von der Information bis hin zur Kommunikation aus und unterstützt – als Bestandteil der Qualitätssicherung auf Grundlage bestehender Erfahrungen und Ereignisse – die Nachvollziehbarkeit bei allen an einem Projekt beteiligten Personen (Hobel und Schütte 2006, S. 94-95). Dies betrifft insbesondere Angaben zu den Voraussetzungen, Anforderungen oder

---

[1]Im weiteren Verlauf der Arbeit wird der Begriff Transparenz synonym verwendet (Duden 2011).

Besonderheiten innerhalb eines Projektes (Sgier 2002, S. 17). Die Folge einer mangelnden Dokumentation sind demnach Unsicherheiten, die zu Fehlern im Projekt führen können.

Dokumentation in der Softwareentwicklung

In der Softwareentwicklung ist im Rahmen des Qualitätsmanagements ohne eine Dokumentation eine Beurteilung der Erfüllung von Prozess- und Produktanforderungen nicht möglich (Wallmüller 2001, S. 150). Dennoch wird sie häufig als Verzögerung des Arbeitsfortschritts angesehen. Nach Wallmüller liegen die Ursachen für eine schlechte Dokumentationsqualität unter anderem

- an der strengen Einhaltung von Terminen, um Applikationen zum Laufen zu bringen,
- an fehlenden geeigneten Werkzeugen zur einfachen Dokumentation, weshalb sich diese bei Software-Änderungen verschlechtert (Lang 2004, S. 47)
- oder an einem fehlenden Bewusstsein für die Wichtigkeit der Dokumentation aufgrund mangelnder Schulung bzw. Ausbildung.

Dokumentation im Maschinen- und Anlagenbau

Im Maschinen- und Anlagenbau wird die Dokumentationspflicht oftmals aufgrund von Zeitdruck vernachlässigt. Sie wird auch hier von den an der Entwicklung beteiligten Personen als Behinderung von anderen Arbeitsaufgaben angesehen (Hackel 2010, S. 188). Einen weiteren Grund für eine mangelnde Dokumentation in der Praxis stellt häufig auch der damit verbundene hohe Kostenaufwand dar. Da jedoch Fehler zu Zeitverlust und Folgekosten führen, zahlt sich eine vollständige und korrekte Dokumentation nach einer Vorlaufzeit wirtschaftlich aus (Gaus 2005, S. 339).

2.2.2 Bauzustandsdokumentation in der Praxis

Der folgende Abschnitt erläutert im Speziellen die Dokumentation von Bauzuständen, der immer dann vorliegt, wenn ein physisches Objekt aus verschiedenen Teilobjekten aufgebaut wird. Insbesondere für das Baugewerbe ist die Bauzustandsdokumentation von großer Bedeutung. Sie beschreibt den Zustand eines Objektes bezüglich seiner Eigenschaften. Die Dokumentation erfolgt vor, während und nach der Durchführung von Baumaßnahmen. Für weitere Inhalte wird auf Haas (Haas 2010) und Wittmann (Wittmann 1993) verwiesen. Die Bedeutung der Bauzustandsdokumentation wird im Folgenden anhand des Flugzeugbaus und der Automobilindustrie weiter erläutert. Die Beispiele zeigen, dass die Bauzustandsdokumentation eine sichere Ausführung von Prozessen auf der Grundlage richtiger Daten über alle Phasen des Produktlebenszyklus hinweg ermöglicht.

Bauzustandsdokumentation im Flugzeugbau

Mit näherem Bezug zur Automobilindustrie findet eine Bauzustandsdokumentation auch innerhalb des Flugzeugbaus statt. Die luftfahrttechnische Entwicklung umfasst zu einem wesentlichen Teil die Dokumentationserstellung. Sie befasst sich neben Herstellungs-, Betriebs-, Instandhaltungsvorgaben und Nachweisen auch mit der Dokumentation von Bauzuständen. Zur Gewährleistung eines hohen Sicherheitsniveaus müssen im Flugzeugbau alle relevanten entwicklungsbetrieblichen Aktivitäten kontinuierlich und eindeutig dokumentiert werden (Hinsch 2010, S. 18). Darüber hinaus ist die Abgabe von Dokumenten zur Bauzustandsdokumentation an den Kunden bei der Flugzeugübergabe erforderlich. Sie umfassen neben der Auflistung der verbauten Teile auch sämtliche Bauabweichungen (Hinsch 2010, S. 187). Dies erfordert eine kontinuierliche Erfassung von eingebauten Teilen und Modifikationen in Flugzeugen (Rieckmann 2001, S. 902). Über ein zentrales Informationssystem können anschließend alle produktrelevanten Daten sowie Informationen zu Zulieferteilen bereitgestellt und damit der Auslieferungszustand von Flugzeugen ermittelt werden.

Bauzustandsdokumentation in der Automobilindustrie

Aufgrund der Vielzahl an Einzelteilen in einem Fahrzeug ist eine vollständige und kontinuierliche Bauzustandsdokumentation auch in der Automobilindustrie zur Sicherstellung der Qualität erforderlich. Die daraus resultierende Transparenz der Fahrzeugkonfiguration ist für die verschiedenen Entwicklungs- und Produktionsprozesse über alle Wertschöpfungsphasen hinweg aus wirtschaftlichen und qualitätsbeeinflussenden Gründen entscheidend (Wagner 2009, S. 93). Die Bauzustandsdokumentation bringt für jede Teilphase im Produktlebenszyklus unterschiedliche Aufgaben und Potentiale mit sich. Es kann zwischen den Phasen Fahrzeugentwicklung, Produktion und dem anschließenden Fahrzeugservice im After-Sales unterschieden werden. Die vorliegende Arbeit befasst sich jedoch ausschließlich mit den Prozessen der Prototypenphase innerhalb der Fahrzeugentwicklung.

Der iterative Entwicklungsprozess in der Prototypenphase führt zu zahlreichen Umbaumaßnahmen von Versuchsträgern, wodurch ein hoher Dokumentationsaufwand entsteht. Die parallele Nutzung von Fahrzeugen durch verschiedene Abteilungen zur Senkung der Kosten sowie die hohe Zahl an Erprobungsfahrten an weltweit verteilten Standorten führen im Laufe der Prototypenphase zu einer zunehmenden Intransparenz über den aktuellen Bauzustand. Eine vollständige und korrekte Bauzustands-dokumentation ist für die Fahrzeugentwicklung jedoch fundamental, da die Eigen-schaften eines Fahrzeugs hauptsächlich auf die Funktion verbauter Komponenten und deren Zusammenspiel zurückzuführen sind. Lücken oder Fehler in der Bauzu-standsdokumentation können die Bewertung und Aussagekraft der im Rahmen von Testfahrten ermittelten Kennwerte wesentlich beeinflussen (Wagner 2009, S. 93).

2.3 Grundlagen der Radiofrequenzidentifikation

Die Radiofrequenzidentifikation gehört zu den automatischen Identifikationsverfah-ren (Auto-ID). Sie bilden die Schnittstelle zwischen Informationssystemen und der realen Welt mit der Aufgabe und dem Ziel, Informationen zu Personen, Tieren, Gü-tern oder Waren bereitzustellen (Finkenzeller 2008, S. 1). Auto-ID-Systeme erfassen zunächst bestimmte Merkmale physischer Objekte und ordnen diesen abhängig von der Merkmalsausprägung eine Bedeutung zu (Strassner 2005, S. 54). Dabei vermei-den sie Medienbrüche zwischen Dingen aus der realen und deren Abbildung in einer virtuellen Welt, die zu Langsamkeit, Intransparenz und Fehleranfälligkeit in einer di-gitalen Informationskette führen können (Fleisch und Kickuth 2003, S. 29-30). Dies betrifft z. B. die mehrfache Erfassung von Aufträgen in verschiedenen Informations-systemen innerhalb einer Wertschöpfungskette. In diesem Zusammenhang hat der Einsatz von Auto-ID-Systemen unterschiedliche Wirkungen, die vom jeweiligen Ein-satzgebiet abhängen.

Zusammengefasst bestehen die zentralen Elemente von Auto-ID-Technologien aus der zeitnahen Bereitstellung von Informationen zu Objekten und der Kopplung von Waren- und Informationsströmen (Jansen und Schmidt 2002, S. 50-53). Daraus können sich vereinfachte und gleichzeitig qualitativ hochwertigere Arbeitsabläufe ergeben (Kern 1999, S. 72).

2.3.1 Auto-ID-Systeme

In Anlehnung an Finkenzeller (Finkenzeller 2008, S. 2) und Müller (Müller et al. 2007, S. 3) zeigt Abbildung 2.4 eine zusammenfassende Übersicht über die wichtigsten Auto-ID-Verfahren.

Nach Abbildung 2.4 werden die Auto-ID-Technologien in fünf Kategorien eingeteilt. Die Anfänge der automatischen Identifikation liegen über 50 Jahre zurück, wobei sich zwei wesentliche Technologien hervorgehoben haben. Innerhalb dieser Arbeit wird deshalb nicht auf alle Technologien und physikalischen Grundprinzipien der Auto-ID-Technologien eingegangen. Für den weiteren Verlauf sind die Grundlagen

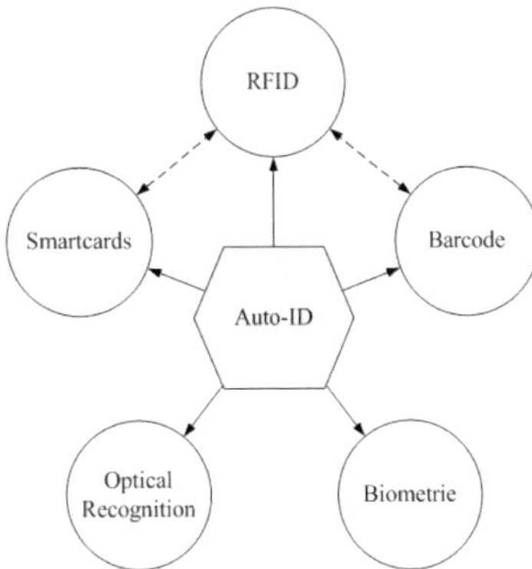

Abbildung 2.4: Übersicht über die wichtigsten Auto-ID-Verfahren

der bis heute weit verbreiteten Barcode-Technologie und die in den letzten Jahren immer mehr zum Einsatz kommende RFID-Technologie von Bedeutung (Bartneck et al. 2008, S. 14). Letztere stellt nach dem Barcode die *„nächste evolutionäre Stufe der automatischen Identifikation dar"* (Strassner et al. 2005, S. 177). In der praktischen Anwendung vereint die RFID-Technologie zunehmend die Identifikationsmöglichkeiten von Barcodes mit Funktionalitäten von Smartcards (Müller et al. 2007, S. 5), was die gestrichelten Pfeile in der Abbildung andeuten.

2.3.2 Barcode-Technologie

Die Barcode-Technologie ist das derzeit am weitesten verbreitete Auto-ID-Verfahren zur Kennzeichnung von Objekten und deren automatischen Identifikation. Durch eine hohe Zuverlässigkeit bei der Datenauslesung sowie eine internationale Standardisierung und kostengünstige Herstellung hat sich die Technologie weltweit bewährt. Sie erreicht heute einen Marktanteil von 85 % und wird insbesondere zur Verfolgung von Waren eingesetzt (Schöch und Hillbrand 2006, S. 92). Beim Barcode kann zwischen dem klassischen eindimensionalen Strichcode (1D-Code) und dem zweidimensionalen Matrixcode (2D-Code) unterschieden werden (Pflaum 2001, S. 169).

Den eindimensionalen Barcode bilden parallel angeordnete Striche und Trennlücken. Zum Abtasten des maschinenlesbaren Barcodes wird ein Laserstrahl aus einem Barcode-Scanner über die Oberfläche geführt. Dabei wird die Sequenz aus breiten und schmalen Strichen und den Trennlücken durch Reflexion in ein binäres Signal

Abbildung 2.5: Klassischer Strich- und 2D-Matrixcode

transformiert. Die Interpretation der Daten ist sowohl numerisch als auch alphanumerisch möglich (Stahlknecht und Hasenkamp 2005, S. 146). Numerische Zeichen können etwa die doppelte Datendichte erreichen (Pflaum 2001, S. 170). Die Speicherkapazität von Informationen ist durch die Platzverhältnisse auf dem Etikett[2] und die Lesefeldbreite der Barcode-Scanner begrenzt. Bei den zweidimensionalen Matrixcodes verteilen sich helle und dunkle Elemente (meist Qaudrate) nach einem speziellen Schema und ohne Richtungsabhängigkeit. Durch die vertikale und horizontale Codierung können aufgrund der höheren Informationsdichte größere Datenmengen gespeichert werden. Das Auslesen[3] dieser 2D-Codes ist ausschließlich mit einem Kamerasystem oder einem speziellen Matrix-Scanner möglich. Abgesehen von der höheren Speicherkapazität hat der Matrixcode die gleichen Eigenschaften wie der eindimensionale Barcode (Pflaum 2001, S. 171).

Alle Barcodes können mit Standarddruckern gedruckt und bei Bedarf mit Klarschrift erweitert werden. Die beim Scannen der Barcodes resultierenden Informationen werden anschließend einem elektronischen Datenverarbeitungssystem (EDV-System) zur weiteren Verarbeitung zur Verfügung gestellt.

2.3.3 RFID-Technologie

Das Anwendungsfeld der RFID-Technologie vergrößert sich zunehmend aufgrund der ständigen Weiterentwicklung. Das Einsatzgebiet dieses Auto-ID-Verfahrens umfasste früher insbesondere die Tieridentifikation, Wegfahrsperren oder die Zugangskontrolle. Über die reine Aufgabe der Identifikation hinaus wird RFID heute in vielen weiteren Anwendungsgebieten wie der industriellen Fertigung, dem Einzelhandel oder auf Flughäfen zum Tracking und Tracing[4] eingesetzt. Begründet wird dies neben der gestiegenen Speicherkapazität, der komplexen Infrastruktur und Antikollisions-

---

[2]Die Bezeichnung Label wird im Rahmen dieser Arbeit synonym mit Etikett oder Klebeetikett verwendet.

[3]Die Begriffe Auslesen oder Lesen in Bezug auf Barcodes oder die im weiteren Verlauf vorgestellte RFID-Technologie werden im Rahmen dieser Arbeit synonym mit dem Begriff Scannen verwendet.

[4]Sendungsverfolgung.

algorithmen auch mit dem Austausch von großen Datenpaketen zwischen Datenträger und Lesegerät, unter denen die Kommunikation stattfindet (Arnold und Furmans 2009, S. 359). Durch diesen Fortschritt konnte die Technik so in den letzten Jahren neue Märkte erschließen und sich in vielen Bereichen etablieren (Shepard 2005, S. 42-49).

Beim RFID-Verfahren erfolgt der Datenaustausch unter Verwendung magnetischer oder elektromagnetischer Felder (Finkenzeller 2008, S. 6) und bezeichnet damit ein Verfahren, um Daten berührungslos auf dem Informationsträger zu speichern oder zu lesen (Schmidt 2006, S. 32). In der Literatur existiert keine einheitliche Definition für die RFID-Komponenten. Nach Finkenzeller (Finkenzeller 2008, S. 7) besteht ein RFID-System zum einen

- aus dem Transponder[5], der an den zu identifizierenden Objekten angebracht wird und zum anderen

- aus dem Erfassungs- oder Lesegerät, das je nach Ausführung und eingesetzter Technologie nur als Lese- oder als Kombination aus Schreib- und Leseeinheit besteht.[6]

Nach VDI (Verein Deutscher Ingenieure 2006, S. 4) besteht ein RFID-System zudem aus einer physikalischen Schnittstelle und einer Auswerteeinheit wie z. B. einer Datenbank. In Anlehnung an Lampe (Lampe et al. 2005) fasst Abbildung 2.6 die Komponenten und die prinzipielle Funktionsweise eines RFID-Systems schematisch zusammen. Das Lesegerät ist über eine Schnittstelle mit der Auswerteeinheit verbunden. Dort werden die von einer Applikation auf dem Rechner erhaltenen Kommandos und Daten verarbeitet und anschließend Antwortdaten zurückgesendet. Der Datenfluss beinhaltet z. B. Identifikationsnummern, die im Lesebereich des Lesegeräts gelesen oder beschrieben werden. Die Übertragung der Daten erfolgt durch das Lesegerät über ein elektromagnetisches Feld.

Im Folgenden wird auf die Besonderheiten der Hardwarekomponenten Transponder und Lesegerät sowie die verwendeten Frequenzen näher eingegangen. Die Auswahl der im Rahmen dieser Arbeit eingesetzten Komponenten nahm wesentlichen Einfluss auf die Ergebnisse.

---

[5]Der Begriff Transponder setzt sich aus den englischen Begriffen *„Transmitter"* (Sender) und *„Responder"* (Empfänger) zusammen. Der Begriff *„Tag"* wird im Rahmen dieser Arbeit synonym dafür verwendet.

[6]Im Rahmen dieser Arbeit wird das Erfassungsgerät immer als Lesegerät bezeichnet, unabhängig davon, ob damit Daten nur gelesen oder auch geschrieben werden.

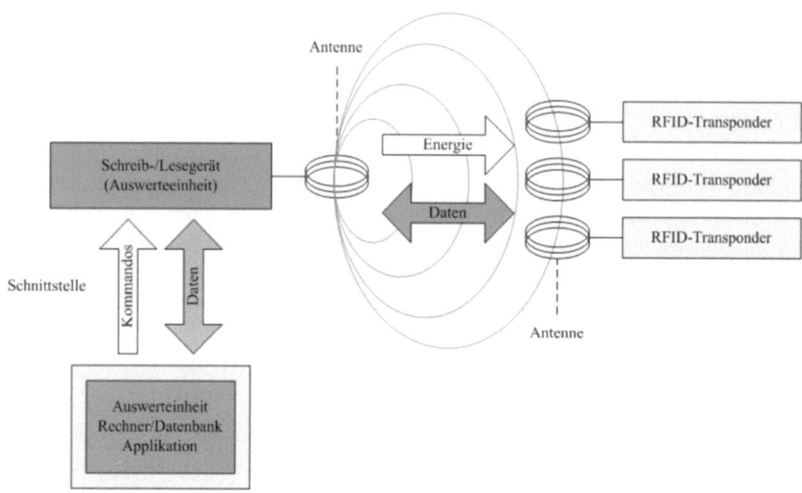

Abbildung 2.6: Komponenten und Funktionsweise eines RFID-Systems

RFID-Transponder

Aufgrund vielfältiger Einsatzgebiete und unterschiedlicher Technologien kann ein Transponder eine Vielzahl von Bauformen annehmen (Lampe et al. 2005, S. 71). Abbildung 2.7 zeigt den prinzipiellen Aufbau nach Finkenzeller (Finkenzeller 2008, S. 9). Demnach besteht ein Transponder aus einem Koppelelement und einem elektronischen Mikrochip, der neben der Steuerung aller Datenverarbeitungs- und Übertragungsprozesse auch zur Informationsspeicherung dient und den eigentlichen Datenträger darstellt. Eine Klassifizierung der RFID-Transponder erfolgt durch die Merkmale Energieversorgung, Speicherzugriff und Speicherkapazität.[7]

Ein grundlegendes Merkmal von RFID-Systemen folgt aus der Unterscheidung zwischen einer passiven, aktiven oder semi-aktiven Energieversorgung von Transpondern (Finkenzeller 2008, S. 13). Passive Transponder erhalten die zur Gewährleistung der Funktion erforderliche Energie vom Lesegerät. Aktive Transponder besitzen zur Aktivierung des Mikrochips und zur Datenübertragung eine angebundene Energieversorgung wie z. B. eine Batterie (Franke und Dangelmaier 2006, S. 26). Dies er-

---

[7]In der Literatur werden Transponder zusätzlich durch den Lese- und Schreibabstand klassifiziert. Dieses Attribut ist jedoch unmittelbar an die Energieversorgung geknüpft und wird deshalb im Rahmen dieser Arbeit nicht als eigenes Merkmal angesehen.

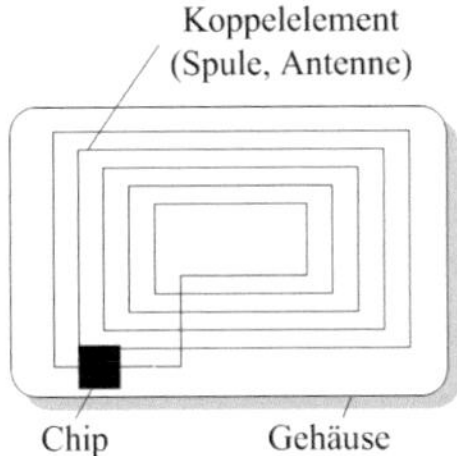

Abbildung 2.7: Prinzipieller Aufbau eines RFID-Transponders

möglicht im Gegensatz zu passiven Transpondern nahezu beliebige Reichweiten. Dabei sind die begrenzte Lebensdauer sowie die höheren Kosten zu beachten (Vilkov 2007, S. 42). Semi-aktive Transponder sind eine Kombination aus passiven und aktiven Transpondern, bei denen eine Batterie ausschließlich den Erhalt des Datenspeichers unterstützt (Finkenzeller 2008, S. 24). Anhand des Speicherzugriffs kann zwischen zwei Arten von Transpondern unterschieden werden. Die Read-Only-Version, die herstellerseitig mit einem einzigartigen und nicht veränderbaren Identifikationsmerkmal beschrieben ist, kann ausschließlich gelesen werden. Bei Read-Write-Versionen hingegen ist ein Austauschen oder Überschreiben von gespeicherten Informationen möglich (Schmidt 2006, S. 33-34). Die Speicherkapazität von Transpondern reicht von einem Bit bis zu mehreren Kilobytes. Je nach Anwendungsgebiet und der erforderlichen Datenmenge ist unter Berücksichtigung einer höheren Datenübertragungszeit bei der Read-Write-Lösung die passende Art auszuwählen (Kern 2006, S. 61-63).

Schreib- und Lesegerät

Das Schreib- und Lesegerät ist neben dem Transponder die zweite Hardwarekomponente eines RFID-Systems. Über eine installierte Software übernimmt es die Steuerung der Antennen und die Übertragung der empfangenen Daten zur Weiterverarbeitung in angebundenen IT-Systemen (Gillert und Hansen 2007, S. 151). Die heute verfügbaren Lesegeräte werden entweder als mobile[8] oder fest installierte Geräte konfiguriert. Sie beinhalten ein Hochfrequenzmodul (Sender und Empfänger), eine Kontrolleinheit sowie eine Antenne als Koppelelement zum Transponder (Finkenzeller 2008, S. 7).

---

[8]Mobile RFID-Schreib- und Lesegeräte werden auch als Handheld bezeichnet.

Bei mobilen Lesegeräten sind Rechner und Antenne in einem Gehäuse integriert und stellen damit das RFID-Gesamtsystem dar. Stationäre Geräte hingegen besitzen mindestens eine von der Recheneinheit räumlich getrennte Antenne. Für eine Gateanordnung ist der Zusammenschluss mindestens zweier Antennen erforderlich (Kern 2006, S. 88). Bei den heute eingesetzten RFID-Systemen handelt es sich meist um stationäre Lesegeräte mit einer Schnittstelle zu externen Antennen. Abbildung 2.8 zeigt Beispiele für stationäre und mobile Varianten, die im Rahmen dieser Arbeit zum Einsatz kamen.

Abbildung 2.8: Varianten für Schreib-/Lesegeräte. Stationär: Intermec-Lesegerät und externe Antenne (links), deister Tischgerät als Lesegerät mit integrierter Antenne (Mitte). Mobil: Motorola Handheld als Lesegerät mit gekoppelter Antenne (rechts). Quelle: Intermec, deister, Motorola

Frequenzen

Ein weiteres elementares Unterscheidungsmerkmal ist die vom RFID-System genutzte Frequenz. Die Leistungsmerkmale passiver RFID-Systeme hängen insbesondere von der verwendeten Sendefrequenz ab, die einen entscheidenden Einfluss auf die Leistungsfähigkeit der Technologie hat (Strassner 2005, S. 59). In Anlehnung an Strassner und Gillert gibt Tabelle 2.1 einen Überblick über typische Frequenzen und zugehörige Merkmale passiver RFID-Systeme.

Aktive Transponder werden meist in geschlossenen logistischen Systemen eingesetzt, in denen eine Wiederverwendung möglich ist. Der Einsatz passiver Transponder hingegen kann auch in offenen Systemen, z. B. zur Produktkennzeichnung, sinnvoll sein (Strassner 2005, S. 59). Zur Durchführung von Versuchsreihen im Rahmen dieser Arbeit wurden aufgrund deren Eigenschaften passive Transponder im UHF-Bereich ausgewählt.

Tabelle 2.1: Überblick typischer Frequenzen passiver RFID-Systeme nach (Strassner 2005, S. 59) und (Gillert und Hansen 2007, S. 100)

	Niederfrequenz LF	Hochfrequenz HF	Ultrahoch-frequenz UHF	Mikrowellen-frequenz SHF
Frequenz-bereich	< 135 kHz	3-30 MHz	200 MHz - 2 GHz	> 2 GHz
Typische Frequenz	125 kHz	13,56 MHz	EU: 868 MHz USA: 915 MHz	EU: 2,45 GHz USA: 5,48 GHz
Reichweite (max.)	1,5 m	1,2 m	EU: 4 m USA: 7 m	bis ca. 100 m (1000 m im Test)
Pulk (Tags/Sek.)	von wenigen Systemen unterstützt	< ca. 70	< ca. 70	< ca. 50
metall. Umfeld	Unterschiedliche Thesen in der Literatur ermöglichen an dieser Stelle keine eindeutigen Aussagen, weshalb auf Abschnitt 2.4 verwiesen wird.			
Einsatz-gebiet	Wegfahrsperre, Tieridentifikation	Zutrittskontrolle	Paletten und Kartons	Maut, Container-Tracking

2.3.4 Barcode- und RFID-Systeme im Vergleich

Trotz geringerer Kosten und der hohen Standardisierung der Barcode-Systeme bemühen sich viele Unternehmen, die weit verbreiteten Barcode-Systeme durch die RFID-Technologie zu ersetzen. Der größte Unterschied der beiden Systeme liegt in der Art der Datenübertragung. Während die Übertragung bei Barcodes optoelektronisch erfolgt, werden bei RFID-Systemen die Daten elektromagnetisch übermittelt, was für bestimmte Anwendungsgebiete Vorteile bietet (Arnold et al. 2008, S. 816). Tabelle 2.2 stellt die beiden Systeme anhand von Kriterien, die sich aus möglichen Anforderungen ableiten, gegenüber.

Den Vorteilen der Standardisierung und den Kosten von Barcode-Systemen stehen relativ geringe Datenkapazitäten gegenüber. Darüber hinaus sind Barcode-Labels durch Feuchtigkeit, Schmutz oder andere Einflüsse zerstörbar. Dieses Risiko wird durch die Anbringung der Codes an der Außenseite von Objekten für den erforderlichen Sichtkontakt beim Lesen erheblich gesteigert (Weigert 2006, S. 29).

Der Einsatz von RFID-Systemen ermöglicht hohe Lese- und Schreibgeschwindigkeiten sowie ein mehrfaches oder auch nachträgliches Beschreiben zusätzlicher Informationen auf den Transpondern, was durch die höhere Speicherkapazität begünstigt wird. Dies lässt sich beim Einsatz von Barcodes nur mithilfe einer zentralen Datenhaltung lösen (Klug 2010, S. 245). Darüber hinaus ermöglichen RFID-Systeme die Pul-

Tabelle 2.2: Barcode- und RFID-Technologie im Vergleich (Strassner 2005, S. 55)

	Barcode	RFID
Datenkapazität pro Label	bis zu 2.335 alphanumerische Zeichen	bis zu 33.000 alphanumerische Zeichen
Lesbarkeit durch Personen	meist zusätzliche Klarschrift	nicht möglich, nur über zusätzliche Klarschrift
Pulkerfassung	nicht möglich	möglich
Labelposition bei Erfassung	direkter Sichtkontakt	positionsunabhängig
Umgebungseinflüsse	Schmutz, Feuchtigkeit	Metall, Flüssigkeiten
Fälschbarkeit	leicht möglich	schwierig
Kosten	kostengünstig	relativ teuer

kerfassung von Objekten ohne direkten Sichtkontakt mit einer hohen Lesereichweite, was für viele Anwendungsgebiete von Vorteil ist.

Die Transponder sind je nach Bauform hitzebeständig und mechanisch belastbar. Ihre Funktionalität wird jedoch durch eine metallische Umgebung oder Flüssigkeiten stark beeinflusst.[9] Ein Nachteil der RFID-Technologie sind die für die Implementierung des gesamten Systems anfallenden hohen Kosten. Diesen kann allerdings die lange Lebensdauer, die Möglichkeit der Wiederverwendung sowie der anwendungsspezifische monetäre Nutzen gegenübergestellt werden.

Nach Wagner besteht beim Einsatz von RFID das Potential, langfristig die Lücke zwischen der physischen und der informationstechnischen Welt zu schließen und Intransparenz in Prozessen zu beseitigen (Wagner 2009, S. 23). Aufgrund verschiedener Anwendungen und unterschiedlicher Anforderungen an Auto-ID-Systeme ist aber davon auszugehen, dass trotz der zahlreichen Funktionen bzw. Vorteile von RFID-Systemen die Barcode-Technologie nicht vollständig ersetzt wird (Obrist 2006, S. 36).

---

[9]Der Einfluss von Metall und Flüssigkeiten variiert je nach Produkt.

2.4 RFID-Einsatz zur Identifikation metallischer Objekte

„Ein Großteil der eigenschafts- und funktionsbestimmenden sowie sicherheitsrelevanten Bauteile im Fahrzeug besteht aus Metall" (Wagner 2009, S. 119), weshalb die folgenden Abschnitte zunächst Grundlagen zum Einsatz von RFID im metallischen Umfeld vermitteln.

2.4.1 Kennzeichnung metallischer Objekte

In der Literatur gibt es verschiedene Aussagen zum Einsatz von RFID im metallischen Umfeld. Während Metall nach Hilty (Hilty et al. 2004, S. 29) die Ultrahoch- und Mikrowellenfrequenz weniger beeinträchtigt als die Nieder- oder Hochfrequenzbereiche, so steigt nach Gillert (Gillert und Hansen 2007, S. 100) oder Vilkov (Vilkov 2007, S. 41) der negative Einfluss mit steigender Frequenz. Allen Thesen gemeinsam ist jedoch die Erkenntnis, dass sich Metall negativ auf die Datenübertragung innerhalb von RFID-Systemen auswirkt. Dennoch können eingesetzte Abstandshalter zwischen Transponder und Metallobjekt eine Störung vermeiden (Sander und Stieler 2007, S. 7-8). Nach Wagner nimmt der Einfluss des Metalls auf die Leistungsfähigkeit eines Transponders im RFID-System mit zunehmendem Abstand zum metallischen Objekt ab, was in Abbildung 2.9 für den UHF-Bereich veranschaulicht wird (Wagner 2009, S. 125-128). Die Erfassung von Transpondern ist ab einem Abstand von vier Millimetern zum metallischen Untergrund möglich. Bereits bei zehn Millimetern ist sie mit Transpondern auf idealem Untergrund (Kunststoff) vergleichbar. Als Abstandsmaterial können Schaumstoffpolster oder Luft (als Schnittstelle in einem Hartplastik-Transponder) verwendet werden. Die Unterschiede dieser Materialien sind auf Eigenschaften wie Hitzebeständigkeit, chemische oder mechanische Belastbarkeit zurückzuführen.

Je nach Einsatzgebiet, Anforderungen an die Materialien sowie der erforderlichen Lese- oder Schreibreichweite sind passende Transponder auszuwählen. Abbildung 2.10 (links) zeigt einen Transponder der Firma TBN zur direkten Anbringung auf metallischen Oberflächen, der für die im Rahmen dieser Arbeit durchgeführten Versuchsreihen eingesetzt wurde. Neben dem Hartplastik wird bei diesem Transponder auch Luft als Schnittstelle genutzt, um den mobilen Datenträger auf metallischem Untergrund beschreiben oder lesen zu können. Abbildung 2.10 (rechts) skizziert die einzelnen Komponenten. Nach Wagner erzielen Hartplastik-Transponder mit Luftschnittstelle auf metallischen Objekten mit bis zu sieben Metern die besten Ergebnisse (Wagner 2009, S. 132-135). Nicht auf ein spezielles Anwendungsgebiet optimierte

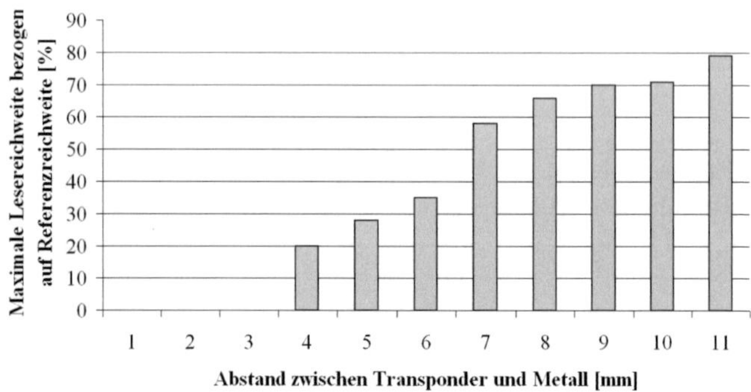

Abbildung 2.9: Lesereichweite eines Transponders in Abhängigkeit vom Abstand zum metallischen Objekt im UHF-Bereich (Wagner 2009, S. 126)

RFID-Standardkomponenten erreichen bereits hohe Erkennungsraten. Eine individuelle Anpassung von RFID-Systemen kann die Raten auf bis zu 100 % steigern (Cocca und Schoch 2005, S. 206).

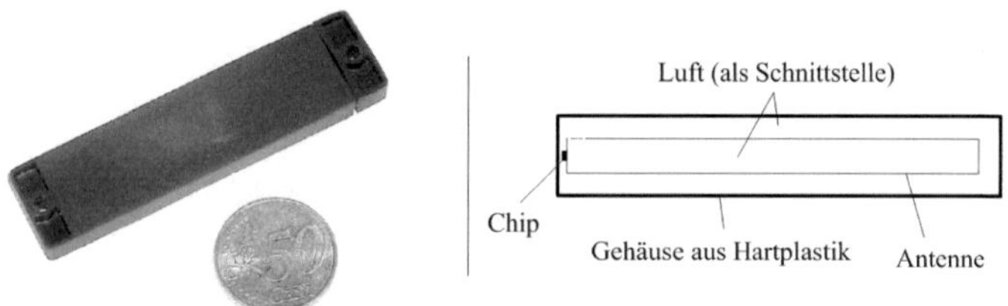

Abbildung 2.10: Hartplastik-Transponder (On-Metal-Tag) (TBN 2011) (links) mit skizzierter Seitenansicht und Luftschnittstelle (rechts)

2.4.2 Einfluss von Metall auf Funksysteme

Eine wichtige Eigenschaft von Funksystemen ist die Reflexion elektromagnetischer Wellen, die von einer Sendeantenne in den umgebenden Raum abgestrahlt wird und dabei auf unterschiedliche Objekte trifft. Im Gegensatz zu nicht leitfähigen Objekten (Dielektrika) kommt es bei leitfähigen Stoffen wie Metall zu einer Totalreflexion an der Oberfläche des Objektes (Kelm et al. 2009, S. 241). Abbildung 2.11 zeigt ein Momentanbild stehender elektromagnetischer Wellen infolge einer Reflexion der von links einfallenden Welle an einem Metall. Die Intensität der reflektierten Welle ist zwar geringer als die der einfallenden Welle, sie wird aber absolut betrachtet fast vollständig reflektiert (Herten 2005, S. 357).

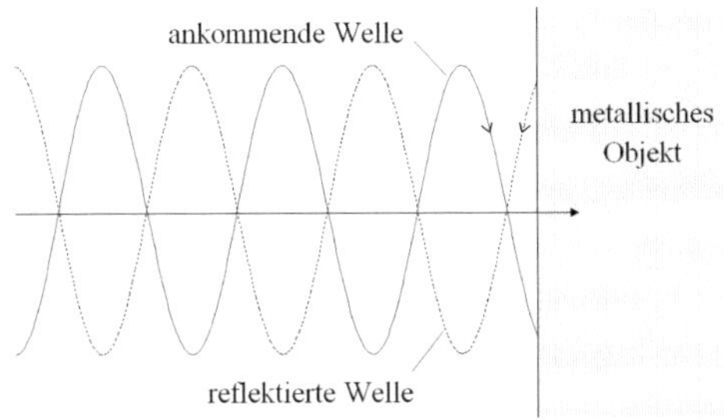

Abbildung 2.11: Einfall einer elektromagnetischen Welle auf ein metallisches Objekt (Georg 1997, S. 133)

Die Reflexionseigenschaft führt dazu, dass Transponder innerhalb eines RFID-Systems nicht mehr erfasst werden können, wenn sie vollständig von leitfähigen Objekten umschlossen sind. In der Literatur wird dies als Abschirmung bezeichnet. Neben den Reflexionseigenschaften von RFID-Systemen im metallischen Umfeld treten auch die Effekte Wirbelstrombildung und Abschattung auf. Eine ausführliche Beschreibung findet sich in der Literatur (Kaden 2006; Detlefsen und Siart 2009).

2.4.3 Identifikation von Objekten im metallischen Umfeld

In der Literatur finden sich zahlreiche Lösungen für RFID-Anwendungen im nichtmetallischen Umfeld. RFID zur Kennzeichnung und zum Lesen von Metallobjekten in einer engen Umgebung, z. B. von verbauten Fahrzeugteilen, kommt heute jedoch kaum oder gar nicht zum Einsatz. Die Ursache liegt an den physikalischen Grenzen und den Herausforderungen, metallische Teile auf engem Raum zu erfassen. Nach Wagner ergeben sich drei Auswirkungen, die beim Einsatz von RFID zur Identifikation von Objekten im metallischen Umfeld beachtet werden müssen:

- Bauteilfreiheitsgrad
- Schwankendes Lesefeld
- Abschirmung und Abschattung

Innerhalb eines RFID-Systems gibt der Bauteilfreiheitsgrad Aufschluss über den erforderlichen Abstand zwischen metallischen Objekten in direkter Umgebung. Um Systemverstimmungen zu verhindern, ist ein Mindestabstand von sechs Millimetern empfehlenswert, was in Abbildung 2.12 skizziert wird (Wagner 2009, S. 150-151). Je nach Einsatz marktüblicher Transponder und den darauf abgestimmten Lesesystemen müssen diese jedoch nicht zwingend eingehalten werden.

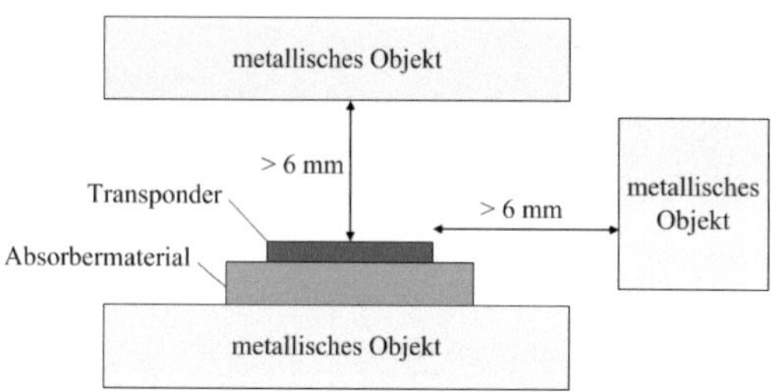

Abbildung 2.12: Mindestabstand des mobilen Datenträgers zu anderen metallischen Objekten (Wagner 2009, S. 151)

Die durch den Einfluss von Metall auf Funksysteme auftretenden Effekte führen zu einem schwankenden Lesefeld. Je nach verwendetem RFID-System kann es zu starken Verringerungen der Reichweite oder unerwünschten Überreichweiten kommen (Finkenzeller 2008, S. 113). Während des Lesevorgangs kann eine Bewegung der Antenne die Reflexion und die daraus entstehenden Leselöcher verändern (Wagner 2009, S. 151). Da in der Literatur keine generellen Aussagen zur Vorgehensweise für dieses Szenario zu finden sind, ist eine individuelle Anpassung der RFID-Systeme auf das Anwendungsgebiet unvermeidlich.

Eine enge Umgebung mit vielen metallischen Objekten führt zu zahlreichen Abschirmungs- und Abschattungseffekten. Dennoch können dadurch neue Wellenfronten durch Reflexion entstehen, was die Erfassung von versteckten Bauteilen ermöglicht. Aufgrund fehlender theoretischer Überlegungen in der Literatur kann eine Bewertung nur anhand einer praktischen Evaluierung durchgeführt werden.

3 Die Prototypenphase in der Automobilindustrie

Untersuchungsgegenstand dieser Arbeit ist die Integration der RFID-Technologie in die Prototypenphase der Fahrzeugentwicklung mit dem Ziel, Auswirkungen auf die Bauzustandsdokumentation zu ermitteln. In der Literatur gibt es keine eindeutige und für die weitere Untersuchung hinreichend detaillierte Prozessbeschreibung zur Prototypenphase der Automobilindustrie. Die folgenden Abschnitte charakterisieren das aktuelle Umfeld am Beispiel eines Automobilherstellers, woraus sich die für eine Bauzustandsdokumentation relevanten Kernprozesse ableiten lassen.

3.1 Aufnahme und Darstellung von Prozessen

Die Optimierung von Prozessen geht häufig mit der Einführung neuer Technologien und den dadurch veränderten Arbeitsvorgängen einher. Voraussetzung für die Steuerung von Prozessen ist die Beschreibung der zu betrachtenden Abläufe (Vogler 2006, S. 155-159). Dieser Abschnitt beschreibt die im Rahmen dieser Arbeit zugrunde liegende Methodik zur Erfassung und Modellierung von Prozessabläufen im Umfeld der Fahrzeugentwicklung für die weitergehende Untersuchung des RFID-Einsatzes.

3.1.1 Methodik zur Erfassung von Prozessabläufen

„Unter Prozessanalyse und -beschreibung wird die Aufnahme und Dokumentation eines Ist-Prozesses verstanden", der die Grundlage für die Identifikation von Verbesserungsvorschlägen oder -ansätzen bildet (Becker 2008, S. 117). Für die Prozessaufnahme ist zunächst eine Auswahl potentieller Informationsquellen mit anschließender Datenerhebung und Modellierung der Prozesskette erforderlich. Sie lässt sich in zwei Teilbereiche einteilen: quantitative und qualitative Erfassung. Daraus lassen sich die Ziele, Tätigkeiten und der Informationsbedarf ableiten (Krallmann et al. 2002, S. 63). Die verschiedenen Verfahren zur Erfassung von Prozessen zeigt Abbildung 3.1.

Die Primärerhebung liefert Informationen ausschließlich für den Erhebungszweck. Im Gegensatz dazu greift die Methode der Sekundärerhebung auf bereits vorhandene

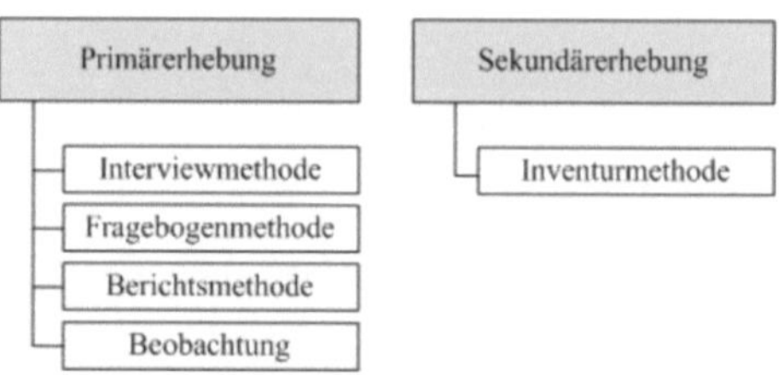

Abbildung 3.1: Methoden der Prozessaufnahme (Krallmann et al. 2002, S. 64)

Daten zurück. Um individuelle Schwachstellen auszugleichen, kann für die Prozesserfassung eine Kombination der verschiedenen Methoden gewählt werden (Krallmann et al. 2002, S. 65). Für die vollständige Erfassung der Prototypenphase im Rahmen dieser Arbeit kamen die Inventurmethode, die Beobachtung und die Interviewmethode zum Einsatz. Bei Verwendung der Inventurmethode aus der Sekundärerhebung wurden bereits vorhandene Unterlagen aus den Entwicklungsbereichen des Automobilherstellers ausgewertet und daraus die relevanten Prozesse abgeleitet. Eine ergänzende und über einen bestimmten Zeitraum andauernde Beobachtung verschiedener Projekte in der Fahrzeugentwicklung erlaubte einen tieferen Einblick in die Prozesslandschaft. Die anschließende Interviewmethode mit gezielten Fragestellungen an involvierte Entwicklungsabteilungen zu den Tätigkeiten in der Prototypenphase schloss die Prozessaufnahme ab. Im Anschluss an die Datenerhebung folgt an dieser Stelle die Darstellung und Analyse der Prozessabläufe.

3.1.2 Prozessmodellierung nach Methode der eEPK

Verschiedene Modellierungsarten geben den Unternehmen die Möglichkeit, Prozessabläufe unterschiedlich darzustellen. Ein Modell stellt ein vereinfachtes Abbild eines realen Systems oder Problems dar (Arnold et al. 2008, S. 36). Je nach dem Umfang von Prozessen sowie dem Nutzen einer präzisen Darstellung können Teilprozesse gebildet und anschließend in den jeweiligen Ebenen mit unterschiedlichen Prozessabbildungen veranschaulicht werden (Becker 2008, S. 120). Im Rahmen dieser Arbeit werden Prozesse gemäß ihrer zeitlich logischen Reihenfolge als Prozesskette visualisiert. Stark aggregierte Prozessdarstellungen werden durch das in der Literatur etablierte Prozesssymbol (Pfeil) dargestellt, wie es z. B. in Abbildung 2.2 (S. 15) verwendet wurde.

Die Sprache zur Entwicklung eines Modells sollte auch für den Nutzerkreis geeignet sein (Hogrebe und Lange 2010, S. 1). Für die weitere Ausarbeitung kommt deshalb die

Methode der *„erweiterten ereignisgesteuerten Prozesskette"* (eEPK) zum Einsatz. Sie erlaubt eine detaillierte Prozessdarstellung und eignet sich zum Aufdecken von Schwächen und Verbesserungspotentialen in standardisierten Abläufen. Insbesondere vereinfacht die eEPK das Erkennen von Medienbrüchen, bei denen dieselbe Information nacheinander auf verschiedene Informationsträger gebracht wird (Staud 2006, S. 243). Sie basiert auf den Grundelementen Ereignis, Funktion, Verknüpfung und Operator und wird ergänzt um Darstellungsmöglichkeiten sowohl für Organisationseinheiten als auch für Informationsobjekte. Dies ermöglicht neben der Darstellung des Kontrollflusses auch die Kennzeichnung des Datenflusses und der Übergänge zwischen einzelnen Organisationseinheiten (Staud 2006, S. 80). Abbildung 3.2 veranschaulicht die Bestandteile der eEPK anhand eines Beispiels, das alle genannten Objekte enthält.

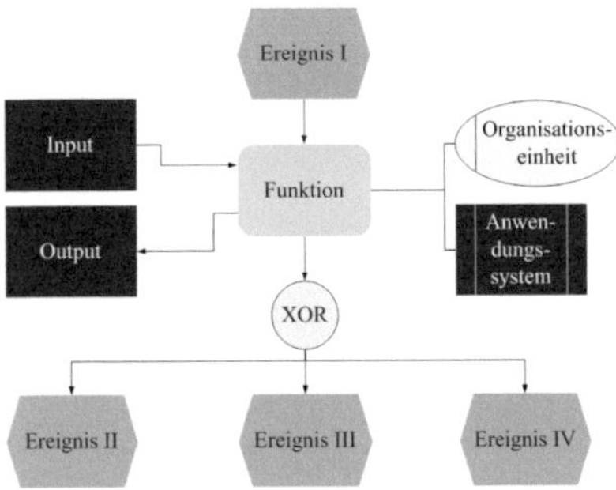

Abbildung 3.2: Beispiel einer eEPK (Abts und Mülder 2009, S. 380)

Ereignis I bewirkt die Ausführung einer Funktion durch eine Organisationseinheit unter Zuhilfenahme eines Inputs und Anwendungssystems mit anschließender Entstehung eines Outputs. Infolgedessen löst die Funktion eines der nachfolgenden Ereignisse II, III oder IV aus, was durch das Objekt Exklusiv-Oder (XOR) dargestellt wird. Für eine detailliertere Erläuterung zur Vorgehensweise bei der Modellierung der eEPK wird auf Seidlmeier (Seidlmeier 2010) verwiesen.

3.2 Prototypenphase in der Fahrzeugentwicklung

Im Rahmen dieser Arbeit wurden zur Integration der RFID-Technologie die Prozesse der Prototypenphase erfasst und analysiert. Der Untersuchungsgegenstand beschränkte sich dabei auf Tätigkeiten, die für den Materialfluss von Bauteilen und die Bauzustandsdokumentation von Versuchsträgern relevant waren. Trotz der unternehmensspezifischen Ausprägung stimmen die erfassten Prozesse auch mit anderen Automobilherstellern in vielen Teilen überein (vgl. Abschnitt 2.1). Im Folgenden wird die in Abbildung 2.2 (S. 15) dargestellte Prototypenphase am Beispiel des gewählten Automobilherstellers weiter aufgeschlüsselt.

3.2.1 Überblick und logistische Herausforderung

Nach Ermittlung der Prozesse anhand der in Abschnitt 3.1.2 beschriebenen Methoden werden die wichtigsten Schritte der Prototypenphase in sechs Teilprozesse eingeteilt, die Abbildung 3.3 grafisch darstellt:

1. Bedarfsermittlung von Ressourcen
2. Bestellung von Prototypenteilen
3. Bauteilproduktion mit anschließender Kennzeichnung
4. Anlieferung, Lagerung und Bereitstellung der Prototypenteile
5. Prototypenaufbau
6. Erprobung von Prototypenfahrzeugen

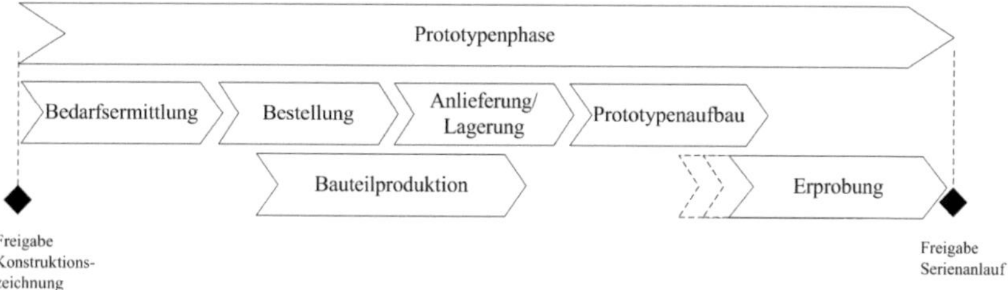

Abbildung 3.3: Prozesse der Prototypenphase

Die Verfügbarkeit von Bauteilen mit den zugehörigen Teiledaten ist aufgrund der Vielzahl beteiligter Lieferanten für Automobilhersteller mit großen logistischen Herausforderungen verbunden. Die Seven-Rights-Definition nach Plowman besagt: Die Logistik sichert die Verfügbarkeit des richtigen Gutes in der richtigen Menge, im richtigen Zustand, am richtigen Ort, zur richtigen Zeit, für den richtigen Kunden und zu den richtigen Kosten ab (Plowman 1962, S. 2). Auf die Prototypenphase übertragen bedeutet dies insbesondere die Bereitstellung des richtigen Bauteils zum vorgesehenen Fahrzeug. Aufgrund unterschiedlicher Entwicklungsstufen können sich diese trotz identischer Optik voneinander unterscheiden. Die Teiledaten sind demnach von elementarer Bedeutung und müssen vollständig durch den gesamten Prozess übertragen werden. Der Informationsfluss ist somit eng mit den Bauteilen oder allgemein mit physischen Objekten verbunden (Arnold et al. 2008, S. 218).

Die Prozessaufnahme innerhalb dieser Arbeit fokussiert den Materialfluss, der zwischen der Materialbereitstellung und Materialverwendung stattfindet. Im Rahmen der betrachteten Prototypenphase erfahren die Bauteile keine qualitative, sondern eine räumlich-zeitliche Veränderung, auch bezeichnet als Transformationsprozess (Pfohl 2010, S. 4). Zu den logistischen Prozessen gehören *„alle Transport- und Lagerungsprozesse sowie das zugehörige Be- und Entladen, Ein- und Auslagern und das Kommissionieren"* (Arnold et al. 2008, S. 3). Die nächsten Abschnitte gehen auf einzelne Bausteine der Prototypenphase ein. Die Abbildungen zeigen die beschriebenen Prozesse am Beispiel des betrachteten Automobilherstellers. Ergänzende Angaben oder zusätzliche Teilschritte sind für den weiteren Verlauf der Arbeit nicht relevant.

3.2.2 Bedarfsermittlung von Ressourcen

Zu Beginn der Prototypenphase eines neuen Fahrzeugprojektes erfolgt zunächst die Ermittlung und Festlegung der notwendigen Maßnahmen und Ressourcen zur Sicherstellung der Erprobung. Diese setzen sich aus der Terminierung von Versuchsfahrten sowie der Planung weiterer entwicklungsbegleitender Tests an Versuchsträgern zusammen. Gleichzeitig ist die dafür erforderliche Anzahl an Fahrzeugen zu ermitteln. Aufgrund der Vielzahl an Varianten, auch innerhalb einer Modellreihe, sind möglichst alle Kombinationen von Fahrzeugkonfigurationen unter Realbedingungen oder auf Prüfständen zu testen.

Die Ermittlung des Bedarfs an Ressourcen und Maßnahmen für die Erprobung wird im Rahmen dieser Arbeit anhand von vier Teilschritten beschrieben. Nach Beschluss einer neuen Baureihe erfolgt im ersten Schritt die Planung von Versuchsfahrten, woraus sich die Anzahl erforderlicher Prototypen ergibt. Im zweiten Schritt folgt im Rahmen der Montageplanung die Festlegung eines Zeitplans für den späteren Aufbau der Versuchsfahrzeuge in der Prototypenmanufaktur. Der dritte Schritt beinhaltet die Festlegung von Sachnummern für neue Teilearten im Produktdokumentationssystem. Bauteile werden entweder neu entwickelt oder stammen aus anderen oder vorhergehenden Baureihen. Der dritte Schritt kann mit den ersten beiden überlappen oder aber bei Verwendung von bereits vorhandenen Bauteilen entfallen. Dennoch wird er zur besseren Übersicht an dieser Stelle eingeordnet. Im letzten Schritt wird unter Berücksichtigung der Anzahl aufzubauender Fahrzeuge der Teilebedarf für die gesamte Prototypenphase ermittelt. Abbildung 3.4 veranschaulicht die Vorgehensweise bei der Planung anstehender Versuche und der Ermittlung dafür erforderlicher Ressourcen.

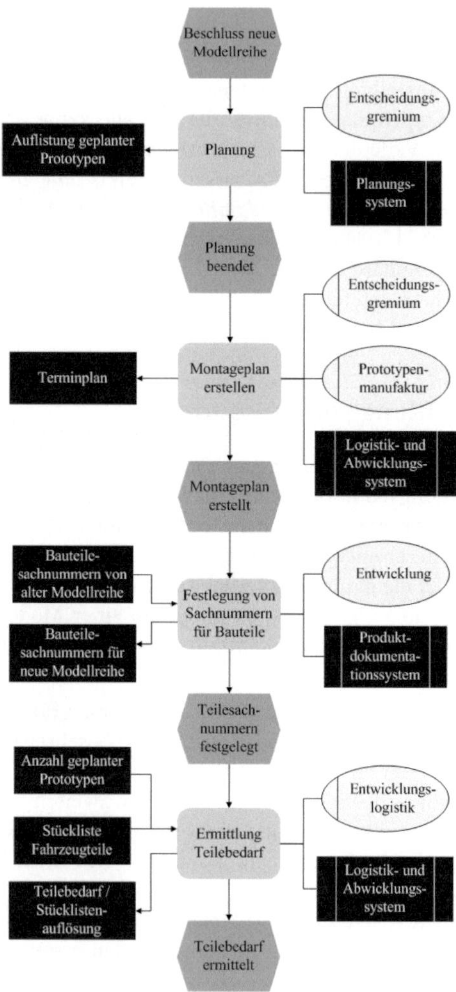

Abbildung 3.4: Bedarfsermittlung

3.2.3 Bestellung von Prototypenteilen

Der Anteil von Zulieferern und Dienstleistern an der gesamten Wertschöpfung in der Automobilindustrie lag im Jahr 2005 bei ca. 75 % und soll laut Prognosen auf 82 % im Jahr 2015 ansteigen (Reuters 2010; MBTech 2012). Deshalb gewinnen Beschaffungs-, Bestell- und damit zusammenhängende Logistikprozesse eine immer größere Bedeutung. Die Bauteile werden bereits in der Prototypenphase von den entsprechenden Zulieferern bezogen. Im Rahmen der Arbeit legt der Bestellprozess den Grundstein für eine korrekte Bauzustandsdokumentation, da im späteren Verlauf anhand der hier generierten Teiledaten die Dokumentationsqualität gemessen wird. Der Bestellprozess wird anhand von drei Schritten erklärt.

Sobald ein Beschaffungsimpuls aus der vorhergehenden Planungsphase an die Entwicklungsbereiche weitergegeben wird, erfolgt die Vorbereitung und Festlegung der zu bestellenden Bauteile. Dazu werden die entsprechenden Teiledaten in einem Prototypendokumentationssystem[1] angelegt, indem der aktuelle Entwicklungsstand und weitere Informationen der Sachnummer eines Bauteils zugeordnet werden. An dieser Stelle erfolgt die Serialisierung der Bauteile zur eindeutigen Identifikation mit einer Prototypen-ID.[2] Eine Serialisierung schließt das Vertauschen oder Verwechseln von Bauteilen aufgrund identischer Optik aus. Anschließend erfolgt ein detaillierter Informationsaustausch mit allen an einer Bestellung beteiligten Organisationseinheiten. Am Beispiel von Abbildung 3.5 wird der Bestellumfang zum Auslösen der Bestellung an die Logistik übergeben. Gleichzeitig stimmen sich die Entwicklungsbereiche mit den Lieferanten bezüglich der Anforderungen an die Bauteile und deren Serialisierung ab. Die zuvor festgelegten Teiledaten werden zusammen mit der Prototypen-ID an den Lieferanten weitergegeben. Im letzten Schritt dieser Phase werden die Bauteile beim Lieferanten bestellt.[3] Abbildung 3.5 veranschaulicht den Bestellprozess sowie die Erzeugung und Weitergabe der für die Identifikation von Bauteilen erforderlichen Maßnahmen.

---

[1]Das Produktdokumentationssystem ist als Datenbank für Sachnummern zu verstehen. Das Prototypendokumentationssystem hingegen enthält die Bauzustandsdokumentation von Fahrzeugen sowie Informationen zu einzelnen serialisierten Bauteilen dieser Teilearten.

[2]Der Serialisierungsprozess für Bauteile unterschiedet sich zwischen Automobilherstellern und kommt nicht immer zum Einsatz. Eine Serialisierung kann auch vom Lieferanten ausgehen.

[3]Die Bestellung durch andere Bereiche wie z. B. den Einkauf sowie die zugehörigen Prozessen sind in dieser Arbeit nicht relevant. Die Logistik ist beim Großteil aller Beschaffungsmaßnahmen involviert und steht deshalb stellvertretend für alle Bereiche als Auslöser einer Bestellung.

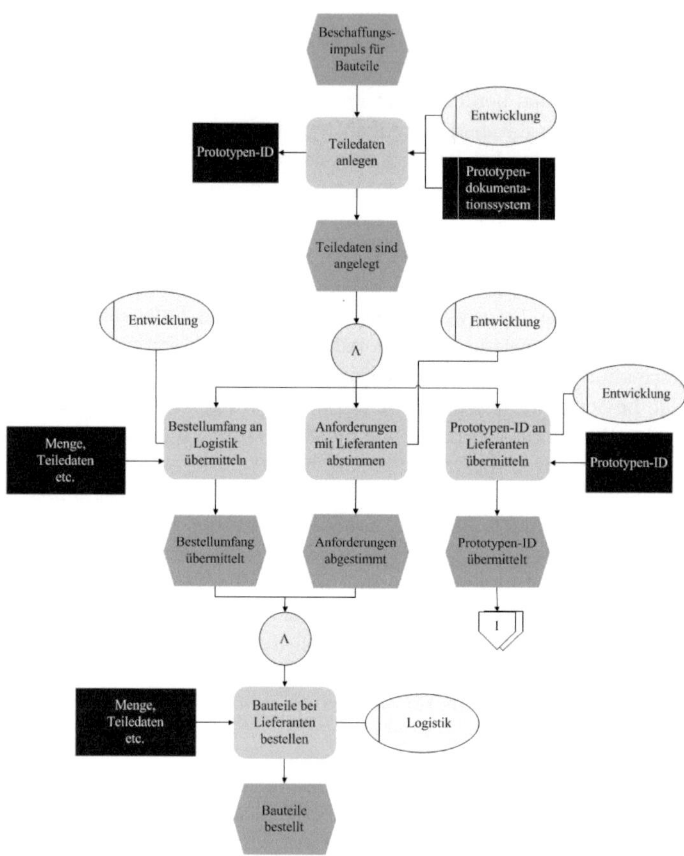

Abbildung 3.5: Bestellprozess

3.2.4 Produktion und Kennzeichnung von Prototypenteilen

Auf den Bestelleingang beim Lieferanten folgt die Bauteilproduktion.[4] Prototypenteile werden analog zum Fahrzeugaufbau meist ebenfalls in kleinen Manufakturen manuell aufgebaut. In dieser Phase erfolgt die für eine Bauzustandsdokumentation erforderliche Kennzeichnung von Bauteilen mit den zuvor festgelegten und vom Automobilhersteller übermittelten Teiledaten. Sie dient zur Identifikation der Teile im gesamten Materialflussprozess. Das Anbringen der Kennzeichnung an Bauteilen erfolgt in der Regel am Ende des Produktionsprozesses vor dem Warenausgang. Abbildung 3.6 (a) zeigt den Ablauf in Form der eEPK.

Zur Teilekennzeichnung werden heute hauptsächlich Klebeetiketten (Label) eingesetzt, auf denen in Klarschrift oder in Form von Barcodes die Teiledaten vermerkt sind. Abbildung 3.6 (b) veranschaulicht im oberen Bild ein Bauteil mit einem Klebeetikett. Neben der Etikettierung erhalten die Bauteile einen Warenanhänger, auf denen Barcodes die in Klarschrift aufgedruckten Informationen verschlüsseln. Der für Serienprozesse in der Automobilindustrie eingesetzte Warenanhänger ist standardisiert nach VDA (Verband der Automobilindustrie e.V. 1996). Darauf vermerken Zulieferer die für den Wareneingang und andere Prozesse erforderlichen Informationen bzw. Teiledaten. Für die Prototypenphase ist nach heutigem Stand keine Standardisierung über den VDA verfügbar, weshalb Vorgaben herstellerspezifisch erfolgen. Der Warenanhänger begleitet ein Bauteil ab dem Zeitpunkt der Kennzeichnung bis hin zum Einbau in ein Fahrzeug, um damit die Bauzustandsdokumentation sicherzustellen. Abbildung 3.6 (b) zeigt im unteren Bild einen Warenanhänger nach Herstellerspezifikation aus der Prototypenphase.

---

[4]Im Rahmen dieser Arbeit werden sowohl externe Zulieferer als auch interne Produktionsabteilungen eines Automobilherstellers als Lieferanten bezeichnet. Der Informationsfluss von Teiledaten in den vorhergehenden Prozessen gilt für beide Alternativen.

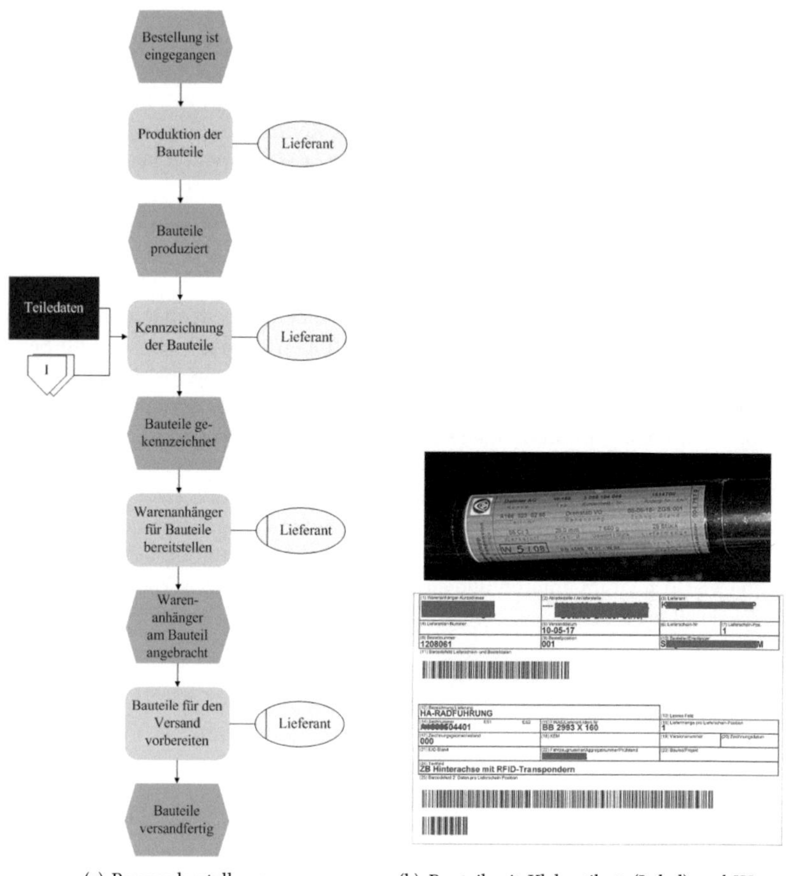

(a) Prozessdarstellung

(b) Bauteil mit Klebeetikett (Label) und Warenanhänger nach Herstellerspezifikation

Abbildung 3.6: Bauteilproduktion und Kennzeichnung

3.2.5 Anlieferung, Lagerung und Bereitstellung

Die Prozesse der Anlieferung, Lagerung und Bereitstellung von Prototypenteilen werden zur besseren Übersicht und Abgrenzung des Material- und Informationsflusses in drei Abschnitte eingeteilt:

1. Materialfluss im Lagerprozess[5]

2. Datenerfassung im Lagerprozess

3. Bereitstellung für den Prototypenaufbau und -umbau

Materialfluss der Prototypenteile im Lagerprozess

Nach Transport und Anlieferung von Bauteilen ist am Wareneingang des Automobilwerks zunächst die Annahme der Lieferung erforderlich.[6] Sie gelangt anschließend aufgrund der Geheimhaltung meist über die innerbetriebliche Logistik an das entsprechende Entwicklungslager[7]. Je nach Unternehmen reicht die Anzahl von teilespezifischen Lagern bis in den mittleren zweistelligen Bereich. Die Bauteile werden dort entsprechend eingelagert oder im Rahmen der Vormontage zu einem Modul zusammengefügt wie z. B. die Vormontage einer Achse. Die verschiedenen Möglichkeiten sind Abbildung 3.7 (a) zu entnehmen, die den vollständigen Ablauf zeigt. Die Kommissionierung von Bauteilen oder Modulen erfolgt fahrzeugspezifisch und abhängig von den Fahrzeugvarianten.

Datenerfassung der Prototypenteile im Lagerprozess

Die Datenerfassung zur Einlagerung schlüsselt das Ereignis *„Eingelagert in Entwicklungslager"* aus Abbildung 3.7 (a) weiter auf. Die Warenannahme im zentralen Wareneingang[8] und die zugehörigen Prozesse werden im Rahmen der Arbeit aufgrund der Zielstellung nicht weiter betrachtet. Nach Ankunft im Entwicklungslager werden die Bauteile anhand von Lieferscheinen oder über Warenanhänger im Lagerverwaltungssystem[9] (LVS) erfasst. Abbildung 3.7 (b) zeigt die Erfassung der Teiledaten über Warenanhänger, die in der Regel mit Barcode-Scannern eingelesen werden. Bei unterschiedlichen Bauteilen innerhalb einer Charge ist eine teilespezifische Erfassung aufgrund der Verwechslungsgefahr immer erforderlich.

---

[5]Die nächsten beiden Punkte ergänzen die hier beschriebenen Vorgänge.

[6]Der Wareneingang bildet die Schnittstelle zwischen der außer- und innerbetrieblichen Materiallogistik (Klug 2010, S. 204).

[7]Als Entwicklungslager werden im Rahmen dieser Arbeit die Lagerstätten von Prototypenbauteilen bezeichnet. Sie befinden sich in der Regel in abgesperrten Entwicklungsbereichen.

[8]Der zentrale Wareneingang bildet hier die Abladestelle für Serien- und Entwicklungsteile.

[9]Das LVS ist mit weiteren Systemen, z. B. dem Prototypendokumentationssystem, verbunden.

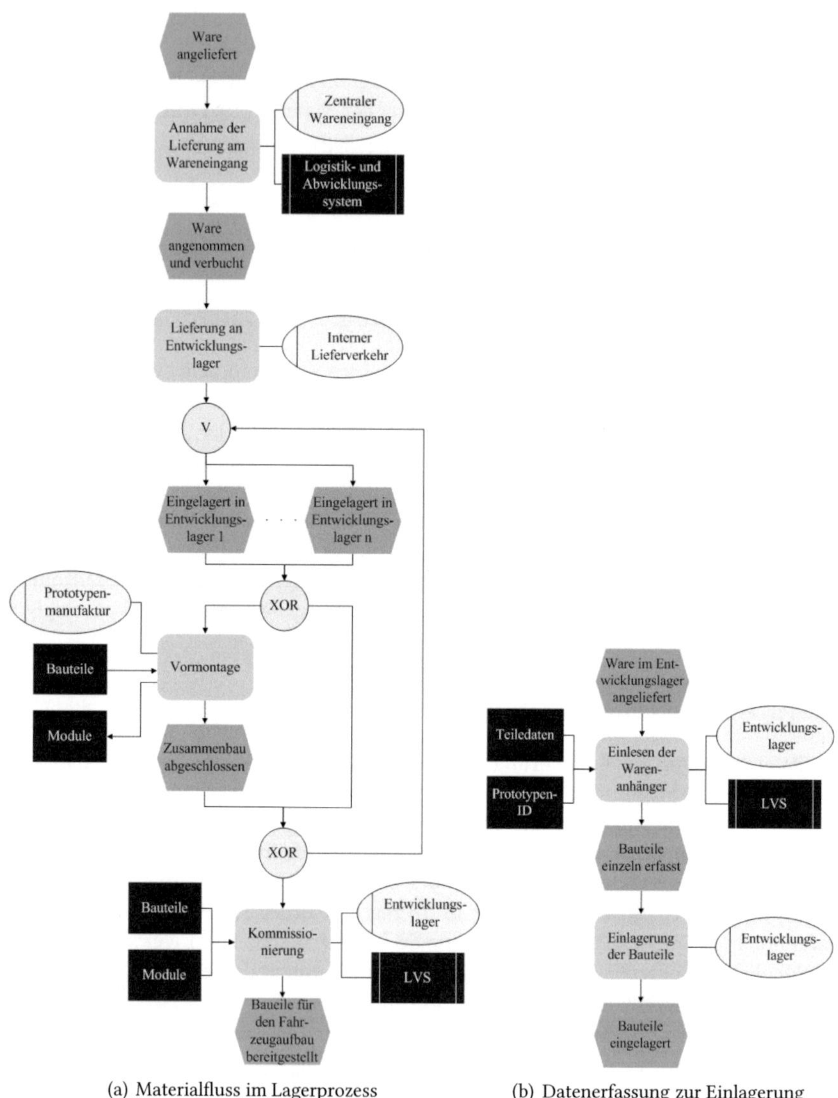

(a) Materialfluss im Lagerprozess   (b) Datenerfassung zur Einlagerung

Abbildung 3.7: Materialfluss und Einlagerung von Prototypenteilen

Bereitstellung der Prototypenteile für den Prototypenaufbau und -umbau

An dieser Stelle werden die Vorgänge um die Funktion *„Kommissionierung"* und das anschließende Ereignis *„Bauteile für den Fahrzeugaufbau bereitgestellt"* aus Abbildung 3.7 näher beleuchtet. Vor dem Start des Prototypenaufbaus erhält das Lager einen Abrufimpuls zur Bereitstellung der erforderlichen Teile. Gleiches gilt für den Umbau von Fahrzeugen, bei dem der Abrufimpuls von der umbauenden Prototypenwerkstatt ausgelöst wird. Zur Auslagerung und Kommissionierung ist eine Identifikation der Bauteile über die Teiledaten oder stellvertretend über die Prototypen-ID erforderlich. Anschließend gelangen die Teile in ein zentrales Entwicklungslager, in dem sie in Gitterboxen fahrzeugspezifisch kommissioniert und damit für den Prototypenaufbau bereitgestellt werden.[10] Nach Abschluss der Bereitstellung erfolgt der Transport der Gitterboxen mit den sortierten Bauteilen in die Prototypenmanufaktur zum Aufbau der Fahrzeuge. Die Vorgänge werden in Abbildung 3.8 in Form der eEPK dargestellt.

3.2.6 Prototypenaufbau und Bauzustandsdokumentation

Die erste Bauzustandsdokumentation von Versuchsträgern erfolgt in der Phase des Prototypenaufbaus. Unter Beachtung der Aufbaureihenfolge der Fahrzeuge werden die vorher sortierten Bauteile den Gitterboxen einzeln entnommen und im vorgesehenen Versuchsträger eingebaut. Alle dokumentationspflichtigen Teile sind mit einem Warenanhänger ausgestattet. Diese sind direkt am Bauteil angebracht oder dem Transportbehälter beigelegt und werden nach dem Einbau mit einem Barcode-Scanner eingescannt. Die Teiledaten werden an das Prototypendokumentationssystem übermittelt und dem entsprechenden Fahrzeug zugeordnet. Besitzen Bauteile keinen Warenanhänger, können sie nicht prozesskonform über das Scannen des Barcodes dokumentiert werden. Der Aufbau und die Dokumentation der Prototypen erfolgen durch Mitarbeiter der Prototypenmanufaktur. Abbildung 3.9 veranschaulicht die Vorgehensweise beim Prototypenaufbau.

---

[10]Die Abläufe können sich hier zwischen den Automobilherstellern deutlich unterscheiden.

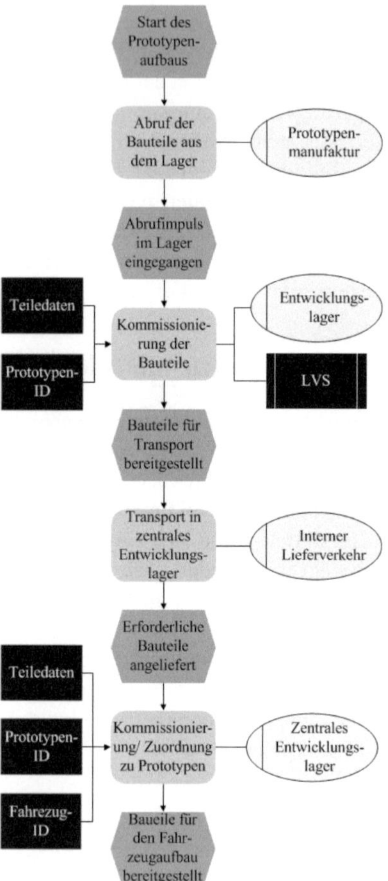

Abbildung 3.8: Bereitstellung der Prototypenteile

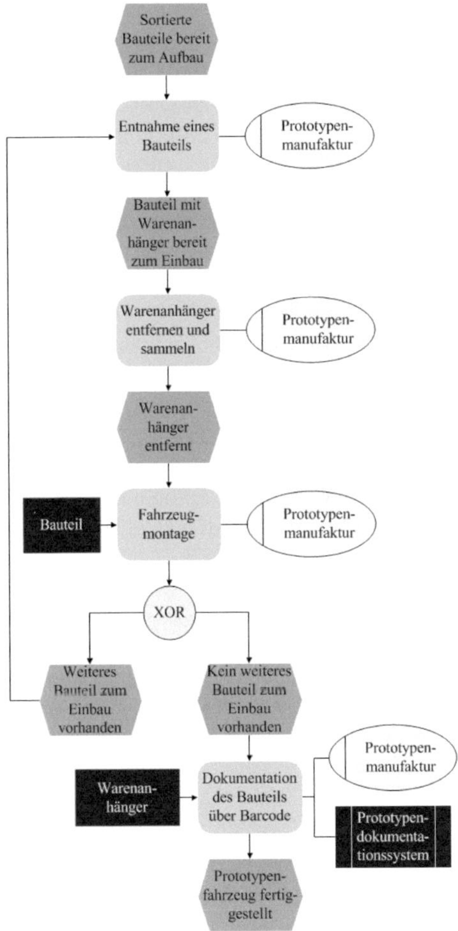

Abbildung 3.9: Aufbau von Prototypen und Bauzustandsdokumentation

3.2.7 Erprobung von Prototypenfahrzeugen

Die Erprobungsphase hat aufgrund zahlreicher Umbaumaßnahmen an Fahrzeugen während oder nach Versuchsfahrten großen Einfluss auf die Qualität der Bauzustandsdokumentation. Der häufige Tausch von Bauteilen steigert das Risiko der Intransparenz, hervorgerufen durch eine unvollständige oder fehlerhafte Dokumentation. Erhöht wird dieses Risiko durch die gleichzeitige Nutzung der Fahrzeuge von mehreren Entwicklungsabteilungen. Die Durchführung der Bauzustandsdokumentation erfolgt analog zum Aufbau von Fahrzeugen anhand der Warenanhänger. Zu beachten ist hierbei, dass das ersetzte Bauteil im Prototypendokumentationssystem als ausgebautes Teil dokumentiert wird. Die Erprobung von Fahrzeugen erfolgt hauptsächlich durch Testfahrten außerhalb des Werks in Regionen mit extremen Witterungsbedingungen, die die Fahrzeugfunktionen beeinflussen. Deshalb wird innerhalb der Erprobungsphase zwischen externen und internen Umbaumaßnahmen unterschieden. Bei Änderungen von Bauteilen aufgrund von Ergebnissen aus der Erprobung ist ein erneutes Durchlaufen des Bestellprozesses nicht ausgeschlossen.

Umbaumaßnahmen außerhalb des Automobilwerks

Abbildung 3.10 (a) zeigt die grundlegenden Schritte bei der Durchführung von Umbaumaßnahmen und deren Dokumentation außerhalb des Werks. Das Ereignis *„Umbaumaßnahme erforderlich"* leitet den Umbau ein. Dabei erfolgt der Ausbau des alten und der Einbau des neuen Bauteils in ein Fahrzeug. Die neuen Teile werden vor Beginn der Erprobungsfahrt aus dem Entwicklungslager entnommen und mitgeführt. Die Auslagerung erfolgt analog zur Bereitstellung der Bauteile für den Prototypenaufbau mit dem Unterschied, dass die die Bauteile nicht im zentralen Entwicklungslager gesammelt werden. Sofern außerhalb des Werks keine Verbindung zum Dokumentationssystem besteht, werden Umbaumaßnahmen anhand von Notizen dokumentiert. Diese werden nach Rückkehr der Fahrzeuge im System nachgetragen und so der Bauzustand aktualisiert, was Abbildung 3.10 (b) darstellt. Die Durchführung der Erprobung mit den zugehörigen Umbau- und Dokumentationsmaßnahmen erfolgt durch Mitarbeiter aus der Fahrzeugentwicklung und der Prototypenwerkstatt.

Umbaumaßnahmen innerhalb des Automobilwerks

Abbildung 3.11 veranschaulicht die Umbau- und Dokumentationsmaßnahmen innerhalb des Werks. Sobald ein Umbau fällig ist, wird das entsprechende Fahrzeug und die umzubauenden Bauteile anhand der Fahrzeug- und Prototypen-ID eingeplant. Sofern keine Prototypen-IDs vorhanden sind, erfolgt die Einplanung anhand der Teiledaten. Die Bereitstellung von Bauteilen erfolgt analog zur Auslagerung in Abbildung

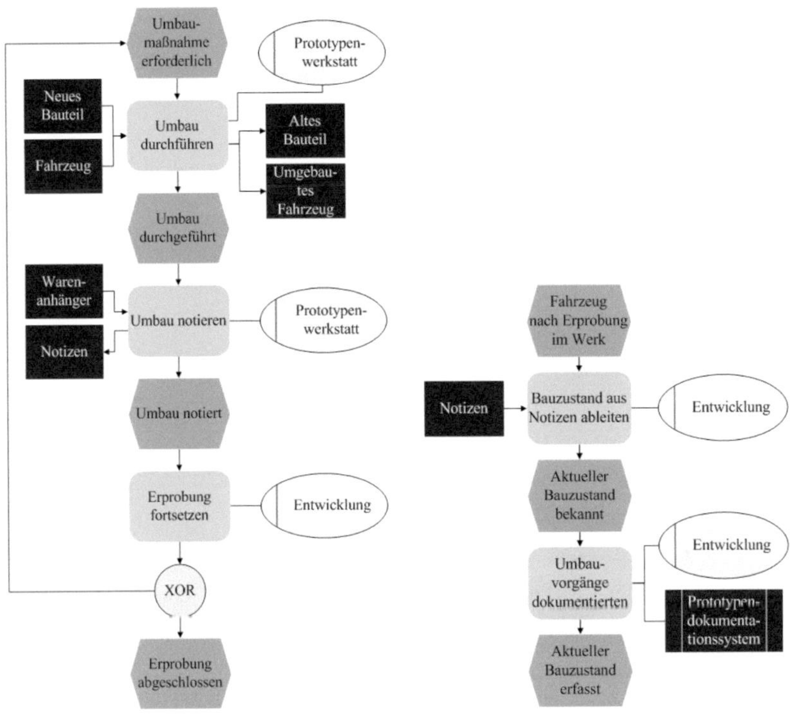

(a) Umbau außerhalb des Werks

(b) Dokumentation im Werk nach externem Umbau

Abbildung 3.10: Umbaumaßnahmen außerhalb des Automobilwerks

3.8, jedoch ohne den Transport in das zentrale Entwicklungslager. Beim Umbau von Fahrzeugen werden die bereits erprobten Teile mit neuen getauscht. Anschließend wird die Bauzustandsdokumentation auch hier anhand der Warenanhänger durch das Einscannen der Barcodes vollzogen. Der Umbau von Versuchsträgern im Rahmen der Entwicklung erfolgt in einer Prototypenwerkstatt im Werk.

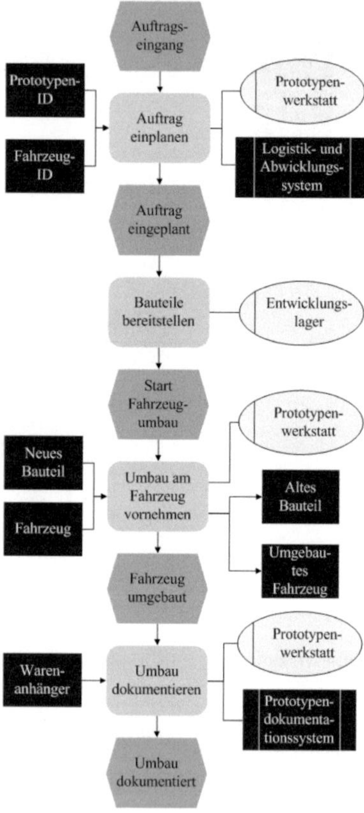

Abbildung 3.11: Umbau im Werk

3.3 Kernprozesse zur Bauzustandsdokumentation

Die RFID-Integration zur Steuerung der Qualität der Bauzustandsdokumentation erfordert zunächst eine Definition der dafür relevanten Prozesse aus Abschnitt 3.2. Sie werden im Folgenden als Kernprozesse bezeichnet und umfassen die wichtigsten Tätigkeiten, deren fehlerhafte oder unvollständige Ausführung negativen Einfluss auf die Bauzustandsdokumentation nehmen kann. Diese Tätigkeiten sind daher als Stellhebel zur Steuerung der Bauzustandsdokumentation zu verstehen.

3.3.1 Voraussetzungen zur Bauzustandsdokumentation von Fahrzeugen

Die Sicherstellung der einwandfreien Bauzustandsdokumentation von Versuchsträgern setzt eine fehlerfreie Weitergabe der Teiledaten über die gesamte Prozesskette bis hin zur Eingabe in das Prototypendokumentationssystem voraus. Losgelöst von den in Abschnitt 3.2 beschriebenen Prozessen lassen sich drei elementare Schritte definieren, die dafür grundsätzlich erforderlich sind. Sie gelten unabhängig von der eingesetzten Dokumentationsmethode[11] und den herstellerspezifischen Arbeitsschritten. Abbildung 3.12 beschreibt diese schematisch.

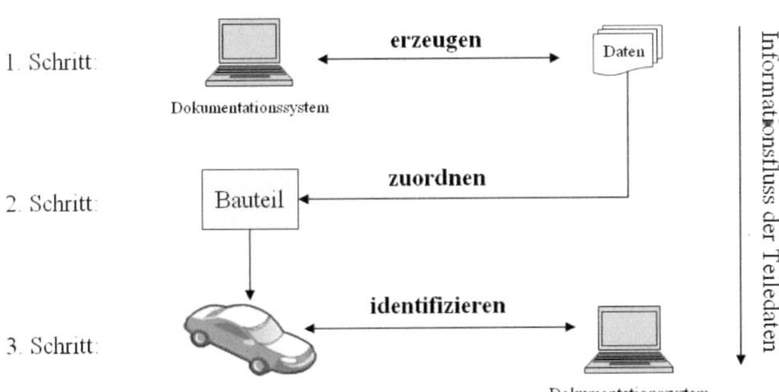

Abbildung 3.12: Informationsfluss der Teiledaten am Beispiel eines Bauteils

---

[11]Im Rahmen dieser Arbeit wird zwischen der konventionellen (Einsatz von Barcodes) und der RFID-gestützten Dokumentationsmethode unterschieden.

Für die Weitergabe von Informationen müssen zunächst im ersten Schritt die Teiledaten für ein Bauteil *erzeugt* werden. Anschließend ist eine *Zuordnung* der definierten Daten zum entsprechenden Bauteil vorzunehmen, die im weiteren Verlauf eine *Identifikation*, z. B. zu Dokumentationszwecken, ermöglicht. Die Abbildung verdeutlicht das Entstehen von Medienbrüchen durch die Weitergabe der Daten über verschiedene Medien. Dabei steigt die Gefahr, dass Informationen verloren gehen oder aber falsch oder unvollständig übertragen werden (Feldbrügge und Brecht-Hadraschek 2008, S. 45). Eine vollständige und korrekte Bauzustandsdokumentation ist folglich auf die fehlerfreie Ausführung dieser Schritte zurückzuführen, die im Folgenden zur Identifikation der Kernprozesse dienen.

3.3.2 Identifikation der Kernprozesse

Anhand der vorhergehenden Überlegung werden im Folgenden die Kernprozesse der in Abschnitt 3.2 definierten Prototypenphase identifiziert. Für den weiteren Verlauf der Arbeit wird demnach angenommen, dass die für die Bauzustandsdokumentation relevanten Teiledaten zu Beginn der Prototypenphase festgelegt, den Bauteilen zugeordnet und über alle Prozesse bis hin zum Einbau in ein Fahrzeug weitergegeben und nicht mehr verändert werden.

Kernprozesse zur Datenerzeugung

Die Datenerzeugung zu Beginn der Prototypenphase umfasst die Festlegung von Teiledaten, die für die Teile-, Modul- oder Fahrzeugidentifikation erforderlich sind. Sie beschreiben Bauteile und sind Voraussetzung für den Erhalt von Prozessinformationen zum Materialfluss. Während die Daten einmalig vor oder während der Teileproduktion festgelegt werden, verändern sich Prozessinformationen im Prozessverlauf. Sie geben Auskunft über den Status von Prozessen oder Objekten, der sich z. B. für Bauteile vom Zeitpunkt der Auslieferung durch Lieferanten bis hin zum Einbau in ein Fahrzeug verändert. Tabelle 3.1 zeigt die für die Erzeugung von Teiledaten relevanten Tätigkeiten aus den zuvor beschriebenen Prozessen.

Tabelle 3.1: Kernprozesse zur Datenerzeugung

Abb.	Prozess	Prozessbeschreibung (Tätigkeit)
3.4	Bedarfsermittlung	1. Festlegen einer Teilesachnummer
3.5	Bestellung	2. Festlegen der Teiledaten u.a. der Prototypen-ID

Das Erzeugen der ersten Teiledaten erfolgt spätestens bei dem im Rahmen dieser Arbeit bezeichneten Prozess der Bedarfsermittlung. Jede Teileart erhält zunächst eine Sachnummer, auf deren Basis die nächsten Schritte ausgelöst werden. Spätestens innerhalb des Bestellprozesses werden den erforderlichen Bauteilen einer Teileart weitere Daten, z. B. der Entwicklungs- oder Qualitätsstand, zugeteilt. Zudem besteht die Möglichkeit der Vergabe einer einmaligen Prototypen-ID zur eindeutigen Identifikation eines einzelnen Bauteils. Sie ist im Prototypendokumentationssystem mit den teilespezifischen Daten verknüpft.

Kernprozesse zur Datenzuordnung

Die Datenzuordnung umfasst die Kennzeichnung von Bauteilen mit den dafür vorgesehenen und zuvor erzeugten Teiledaten. Bauteile einer Teileart unterscheiden sich in der Regel nicht in ihrer Optik, können aber dennoch unterschiedliche Eigenschaften oder Funktionalitäten aufweisen. Deshalb ist die Zuordnung von Teiledaten im Rahmen der Kennzeichnung für eine eindeutige Identifikation und die darauffolgende Bauzustandsdokumentation zwingend erforderlich. Fehler bei der Kennzeichnung von Bauteilen, z. B. in Form von vertauschten Warenanhängern, wirken sich negativ auf die Qualität der Bauzustandsdokumentation aus. Tabelle 3.2 zeigt die Tätigkeiten der in Abschnitt 3.2 beschriebenen Prozesse im Rahmen der Datenzuordnung.

Tabelle 3.2: Kernprozesse zur Datenzuordnung

Abb.	Prozess	Prozessbeschreibung (Tätigkeit)	
3.6	Bauteilproduktion und Kennzeichnung	1.	Kennzeichnung des Bauteils mit einem Label
		2.	Erstellung und Zuordnung des Warenanhängers mit den Teiledaten zu einem Bauteil

Kernprozesse zur Identifikation von Bauteilen

Die Verfügbarkeit von Teiledaten ist Voraussetzung für die Durchführung vieler Prozesse und sichert den Material- und Informationsfluss bis hin zur Bauzustandsdokumentation ab. Für die Identifikation der Bauteile ist das korrekte Ablesen der Teiledaten von der Bauteilkennzeichnung erforderlich. Im Rahmen der hier vorgestellten Prozesse werden die notwendigen Informationen über das Klebeetikett am Bauteil oder den Warenanhänger zur Verfügung gestellt. Das Lesen der Daten erfolgt entweder manuell durch Mitarbeiter oder mit Unterstützung von Barcode-Scannern. Tabelle 3.3 fast die Tätigkeiten aus Abschnitt 3.2 zusammen, die eine Identifikation von Bauteilen erfordern.

Tabelle 3.3: Kernprozesse zur Identifikation von Bauteilen

Abb.	Prozess	Prozessbeschreibung (Tätigkeit)	
3.7 (b)	Datentenerfassung und Einlagerung	1.	Lesen der Teiledaten angelieferter Bauteile über Warenanhänger zur Warenannahme im Entwicklungslager
		2.	Lesen der Teiledaten über Warenanhänger oder Label zur Einlagerung
3.8	Bereitstellung der Prototypenteile	3.	Lesen der Teiledaten über Warenanhänger oder Label zur Kommissionierung und Auslagerung von Bauteilen aus den Entwicklungslagern
		4.	Lesen der Teiledaten angelieferter Bauteile über Warenanhänger zur Warenannahme im zentralen Entwicklungslager über Warenanhänger oder Label
		5.	Lesen der Teiledaten über Warenanhänger oder Label zur Kommissionierung und Auslagerung von Bauteilen aus dem zentralen Entwicklungslager
3.9	Prototypenaufbau und Bauzustandsdokumentation	6.	Lesen der Teiledaten über Warenanhänger oder Label bei Entnahme von Bauteilen zum Einbau in ein Fahrzeug
		7.	Lesen der Teiledaten zur Dokumentation von verbauten Bauteilen durch Scannen der Barcodes auf den Warenanhängern
3.10	Umbau außerhalb des Automobilwerks	8.	Lesen der neuen Teiledaten über Warenanhänger oder Label zum Einbau von neuen Bauteile in ein Fahrzeug und Dokumentation anhand von Notizen
		9.	Lesen der alten Teiledaten über Label nach Ausbau von alten Bauteilen aus dem Fahrzeug und Dokumentation anhand von Notizen
3.11	Umbau innerhalb des Automobilwerks	10.	Lesen der alten Teiledaten über Label nach Ausbau von alten Bauteilen aus dem Fahrzeug zur Dokumentation im Prototypendokumentationssystem
		11.	Lesen der Teiledaten zur Dokumentation umgebauter Bauteile durch Scannen der Barcodes auf den Warenanhängern

4 Qualität der konventionellen Bauzustandsdokumentation

Dieses Kapitel bestimmt die Qualität der konventionellen Bauzustandsdokumentation anhand von Versuchsreihen am Beispiel selektierter Baureihen in einem ausgewählten Automobilunternehmen. Über die in Abschnitt 3.3 definierten Kernprozesse kann innerhalb der Prototypenphase die Bauzustandsdokumentation gesteuert werden. Demnach hängt eine hohe Dokumentationsqualität von der Konsequenz und Genauigkeit der Durchführung dieser Prozesse ab. Ziel ist eine vollständige und korrekte Bauzustandsdokumentation über die gesamte Prototypenphase hinweg.

4.1 Dokumentationsgüte und Abweichung

Die Bestimmung der Dokumentationsqualität erfolgt durch die Berechnung der Dokumentationsgüte von Versuchsträgern. Sie gibt an, wie viele dokumentationspflichtige Bauteile richtig dokumentiert sind und definiert sich wie folgt:

$$Dokumentationsgüte = \frac{richtig\ dokumentierte\ Bauteile}{dokumentationspflichtige\ Bauteile}\ [\%]$$

Daraus lässt sich die Abweichung ableiten, die die prozentuale Differenz der dokumentationspflichtigen Bauteile zu einer vollständigen Bauzustandsdokumentation angibt:

$$Abweichung = 100 - Dokumentationsgüte\ [\%]$$

Je höher die Dokumentationsgüte bzw. je geringer die Abweichung, desto höher die Dokumentationsqualität. Das Ziel ist das Erreichen einer 100%igen Bauzustandsdokumentation, was einer vollständigen Transparenz der verbauten Teile in einem Fahrzeug entspricht.

4.2 Rahmenbedingungen und Anforderungen

Die Bestimmung der Dokumentationsqualität in der Prototypenphase erfolgt anhand von Ergebnissen aus der Beobachtung konkreter Fahrzeugprojekte bei einem Automobilhersteller. Vor der eigentlichen Evaluierung der Qualität der Bauzustandsdokumentation wurden zunächst die Rahmenbedingungen und Anforderungen festgelegt:

1. Betrachtungsgegenstand der Untersuchung
2. Anzahl der untersuchten Fahrzeuge
3. Anzahl der untersuchten Teilearten
4. Dauer der Beobachtung

4.2.1 Betrachtungsgegenstand der Untersuchung

Der Betrachtungsgegenstand umfasste die Prototypenphase, in der die Versuchsfahrzeuge aufgebaut und erprobt wurden (vgl. Abbildung 2.2, S. 15). Eine Überprüfung der Bauzustandsdokumentation über einen längeren Zeitraum gab Aufschluss über die Veränderung der Dokumentationsgüte der Fahrzeuge. Abbildung 4.1 veranschaulicht die Prozesskette, die den Materialfluss der betrachteten Prototypenteile schematisch aufzeigt. Gleichzeitig verdeutlichen die Fragestellungen den für die Prototypenphase erforderlichen Informationsfluss.

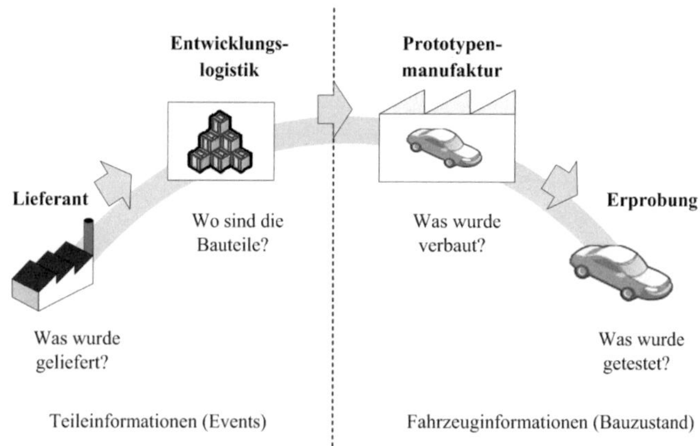

Abbildung 4.1: Prozesskette innerhalb der Prototypenphase

Die Darstellung vereinfacht die in Kapitel 3 beschriebenen Prozesse. Ein Prototypenbauteil gelangt vom Lieferanten über die Entwicklungslogistik zum Fahrzeugaufbau in die Prototypenmanufaktur. Anschließend werden sämtliche Bauteile und deren Zusammenspiel an Versuchsträgern innerhalb der Erprobungsphase getestet. Im Rahmen der Evaluierung erfolgte keine Unterscheidung zwischen internen und externen Lieferanten.[1] Zur Untersuchung der Bauzustandsdokumentation sind insbesondere die Fahrzeuginformationen (Bauzustand) relevant, weshalb die in Abbildung 4.1 rechts dargestellten Schritte zur Überprüfung herangezogen wurden.

4.2.2 Anzahl der untersuchten Fahrzeuge

Eine repräsentative Aussage zur Qualität der Bauzustandsdokumentation erfordert die Auswertung einer ausreichenden Menge an Fahrzeugen. Im Rahmen der Evaluierung wurden deshalb drei Prototypenphasen mit unterschiedlichen Fahrzeugprojekten und Prozesspartnern ausgewertet, deren Kernprozesse sich nicht unterschieden. Die Untersuchung der Bauzustandsdokumentation erfolgte zum einen für die Aufbauphase im Rahmen der Erstdokumentation und zum anderen für die Erprobungsphase im Rahmen der Umbaudokumentation. Die Anzahl betrachteter Fahrzeuge einer Baureihe zeigt Tabelle 4.1.

Tabelle 4.1: Anzahl der betrachteten Versuchsträger

	Aufbau	Erprobung
Baureihe A	13	6
Baureihe B	18	5
Baureihe C	87	20

4.2.3 Anzahl der untersuchten Teilearten

Neben den zu betrachtenden Fahrzeugen ist auch eine ausreichende Menge unterschiedlicher Teilearten erforderlich. Tabelle 4.2 zeigt in der linken Spalte die maximale (max.) Anzahl der ausgewählten Teilearten pro Baureihe (BR). Die Erprobung verschiedener Fahrzeugkonfigurationen setzt unterschiedliche Motorisierungen und Ausstattungsvarianten von Versuchsträgern voraus. Dies verdeutlicht die rechte Spalte der Tabelle anhand des Intervalls und der durchschnittlichen Anzahl

---

[1]Die für eine vollständige Bauzustandsdokumentation relevanten Tätigkeiten unterscheiden sich nicht für die beiden Möglichkeiten nicht.

der eingebauten Teilearten pro Fahrzeug (Fzg.) für jede Baureihe. Da sich die einzelnen Ausstattungen gegenseitig ausschließen, wurde für keinen Versuchsträger der maximale Wert erreicht.

Tabelle 4.2: Anzahl der Teilearten pro Baureihe und Fahrzeug

	max. (BR)	Ø	Intervall (Fzg.)
Baureihe A	42	38	32 - 40
Baureihe B	37	33	27 - 35
Baureihe C	63	44	34 - 52

4.2.4 Dauer der Beobachtung

Die Beobachtung erstreckte sich auf mehrere Monate, in der die Versuchsträger innerhalb der Prototypenphase zu festgelegten Zeitpunkten auf ihre Bauzustandsdokumentation überprüft wurden. Die Aufbauphasen der drei Fahrzeugprojekte erfolgten nacheinander, während die Erprobungsphasen teilweise parallel aber unabhängig voneinander verliefen. Der Beobachtungszeitraum der Aufbauphase erstreckte sich auf bis zu sechs Monate, in denen die Fahrzeuge in der Regel nacheinander gefertigt und dokumentiert wurden. Im Rahmen der Evaluierung fand die erste Aufnahme der Bauzustandsdokumentation unmittelbar nach Fertigstellung eines Versuchsträgers zum Zeitpunkt t_0 statt. Die weiteren Erfassungen erfolgten innerhalb der Erprobungsphase, in der die Bauteile, Komponenten und Funktionen der Fahrzeuge weiterentwickelt wurden. Die verschiedenen Zeitpunkte sind Tabelle 4.3 zu entnehmen. Sie gelten pro Fahrzeug ab dem Zeitpunkt der Erstdokumentation.

Tabelle 4.3: Zeitpunkte der Überprüfung [Monate]

	t_0	t_1	t_2	t_3
Baureihe A	0	3	5	8
Baureihe B	0	3	5	7
Baureihe C	0	2	5	7

4.3 Auswahl der Teilearten

Die Bestimmung der relevanten Teilearten zur Bewertung der Bauzustandsdokumentation erfolgte anhand der folgenden drei Auswahlregeln:

1. Bauteil ist entwicklungs- bzw. erprobungsrelevant.
2. Bauteil ist sicherheitsrelevant.
3. Bauteil ist umweltrelevant.

Die Fahreigenschaften werden hauptsächlich durch die verbauten Teile und Komponenten beeinflusst. Ziel des iterativen Entwicklungsprozesses ist die Entstehung von fehlerfreien Fahrzeugen zum Markteintritt sowie der Erhalt der vorgesehenen Eigenschaften über deren Lebensdauer. Dieses Ziel soll durch die kontinuierliche Weiterentwicklung von Bauteilen, gefolgt von diversen Umbaumaßnahmen an Versuchsträgern während der Erprobungsphase erreicht werden. Eine hohe Qualität der Bauzustandsdokumentation ist für diese entwicklungsrelevanten Teilearten deshalb von großer Bedeutung. Die vollständige Transparenz der Fahrzeugkonfiguration impliziert die Erprobung von Versuchsträgern auf der Grundlage richtiger Informationen. Bei sicherheits- oder umweltrelevanten Teilearten, die ebenso entwicklungs- bzw. erprobungsrelevant sein können, verstärkt zum einen der Sicherheitsaspekt für Fahrzeuginsassen und zum anderen der Umweltaspekt, z. B. bei der Entsorgung von Bauteilen, den Bedarf einer vollständigen Transparenz der Fahrzeugkonfiguration.

Die Auswahl der im Rahmen der Evaluierung betrachteten Teilearten wird im weiteren Verlauf der Arbeit als Warenkorb bezeichnet. Unter Berücksichtigung der oben genannten Kriterien wurden bevorzugt entwicklungs- und erprobungsrelevante Teilearten aus den Modulen *„Chassis"* und *„Powertrain"* aus Abbildung 2.3 (S. 16) für den Warenkorb ausgewählt. Die Auswahl kann zudem auch weitgehend den in Abbildung 1.5 (S. 5) gezeigten und von Rückrufaktionen betroffenen Baugruppen zugeordnet werden. Die Bezeichnungen der Teilearten wurden trotz baureihenspezifischer Unterscheidungsmerkmale zum einfacheren Verständnis über alle drei Baureihen hinweg vereinheitlicht.[2] Auch innerhalb einer Baureihe können sich Bauteile der gleichen Teileart aufgrund unterschiedlicher Entwicklungsstände unterscheiden.

Den für die Evaluierung der Bauzustandsdokumentation verwendeten und baureihenspezifischen Warenkorb zeigt Tabelle A.1 im Anhang.

---

[2]Innerhalb der Fahrzeugprojekte wurden z. B. für das Federbein weitere Bezeichnungen wie Stoßdämpfer oder Luftfederung verwendet.

4.4 Bauzustandsdokumentation im Prototypenaufbau

Der folgende Abschnitt misst die Dokumentationsqualität der drei beobachteten Baureihen im Prototypenaufbau. Die Durchführung der Aufbauphase mit allen zugehörigen Vorgängen wie z. B. der Anlieferung von Bauteilen verlief für alle drei beobachteten Baureihen gemäß den in Abschnitt 3.2 beschriebenen Prozessen. Zur Überprüfung der Bauzustandsdokumentation wurden die im Prototypendokumentationssystem gespeicherten Teiledaten mit den entsprechenden Daten der Teilekennzeichnung für jedes Fahrzeug verglichen. Eine Übereinstimmung ist demnach mit einer vollständigen Bauzustandsdokumentation gleichzusetzen, die im Rahmen dieser Arbeit als Soll-Zustand bezeichnet wird. Die Auswertung der Ergebnisse erfolgt zunächst anhand der Berechnung der teilespezifischen Dokumentationsgüte, an die sich die Berechnung der fahrzeugspezifischen Dokumentationsgüte anschließt.

4.4.1 Teilespezifische Auswertung ausgewählter Baureihen

Für jede der drei betrachteten Baureihen wurde eine Anzahl dokumentationspflichtiger Bauteile beobachtet, deren teilespezifische Dokumentationsgüte und Abweichung im Folgenden bestimmt wird.

Baureihenbezogene Dokumentationsgüte und Abweichung

Die Gesamtzahl dokumentationspflichtiger Bauteile aller Teilearten für die Aufbauphase ist der Spalte *„Soll"* aus Tabelle 4.4 zu entnehmen. Die Spalte *„Ist"* gibt die Anzahl richtig dokumentierter Bauteile an.

Tabelle 4.4: Soll-Ist-Vergleich beobachteter Bauteile im Prototypenaufbau

Baureihe	Soll	Ist
A	488	375
B	592	515
C	3816	2576
$\sum$	4896	3466

Demnach wurden für die Baureihe A von 488 dokumentationspflichtigen Bauteilen 375 nach der konventionellen Dokumentationsmethode mit Warenanhängern richtig dokumentiert. Die Auswertung der zweiten Baureihe liefert ähnliche Ergebnisse und bestätigt den deutlichen Unterschied zwischen den tatsächlich dokumentierten Bauteilen und einer vollständigen Bauzustandsdokumentation. Von insgesamt 592 verbauten Teilen wurden bei der Baureihe B 515 richtig dokumentiert. Die Ergebnisse zeigen, dass eine vollständige und korrekte Bauzustandsdokumentation eine Herausforderung für die Fahrzeugentwicklung darstellt. Das Ergebnis der Baureihe C bestätigt diese Aussage durch die Beobachtung einer größeren Anzahl an Teilen. Von 3816 dokumentationspflichtigen Bauteilen wurden im Prototypendokumentationssystem 2576 richtig dokumentiert. Eine grafische Übersicht dieser Werte zeigt Abbildung 4.2.

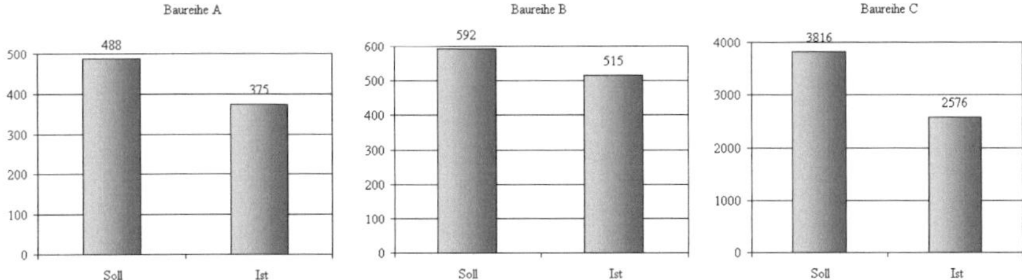

Abbildung 4.2: Soll-Ist-Vergleich beobachteter Bauteile im Prototypenaufbau

Aus diesen Zahlen ergibt sich für die drei Baureihen jeweils die in Tabelle 4.5 berechnete Dokumentationsgüte und Abweichung (Abw.).

Tabelle 4.5: Berechnung der Dokumentationsgüte und Abweichung

Baureihe	Dokumentationsgüte			Abw.
A	$\frac{375}{488}$	= 0,768	− 76,8%	23,2%
B	$\frac{515}{592}$	= 0,87	= 87,0%	13,0%
C	$\frac{2576}{3816}$	= 0,68	= 67,5%	32,5%

Für den im Rahmen dieser Arbeit ausgewählten Warenkorb wurde bei keiner Baureihe eine 100%ige Bauzustandsdokumentation erreicht. Mit einer Abweichung von 32,5 % besteht bei der Baureihe C der größte und mit 13 % bei der Baureihe B der kleinste Abstand zum Zielwert. Die unterschiedlichen Werte zwischen den Baureihen ergeben sich zum einen aus der Auswahl unterschiedlicher Teilearten und zum anderen durch die Beteiligung anderer Prozesspartner an der Entwicklungsphase des jeweiligen Fahrzeugprojektes. Während der Prototypenaufbau der Baureihe B ausschließlich mit konventionellen Motorenkonzepten erfolgte, kamen bei der Baureihe A lediglich alternative und bei der Baureihe C beide Antriebskonzepte zum Einsatz. Die Prozesse von Bauteilen für alternative Antriebskonzepte wichen zwar nicht vom

Standardprozess ab, jedoch hat sich insbesondere der Kennzeichnungsprozess bei den neuen Prozesspartnern noch nicht etabliert. Dies führte zu einer höheren Fehleranfälligkeit und damit zu größeren Abweichungen in der Bauzustandsdokumentation. Insgesamt stellen diese Teile jedoch nur einen kleinen Teil der Abweichung dar, was im nächsten Abschnitt anhand einer Einzelauswertung aller Teilearten verdeutlicht wird. Abbildung 4.3 stellt die drei Baureihen und deren Dokumentationsgüte und Abweichung grafisch gegenüber.

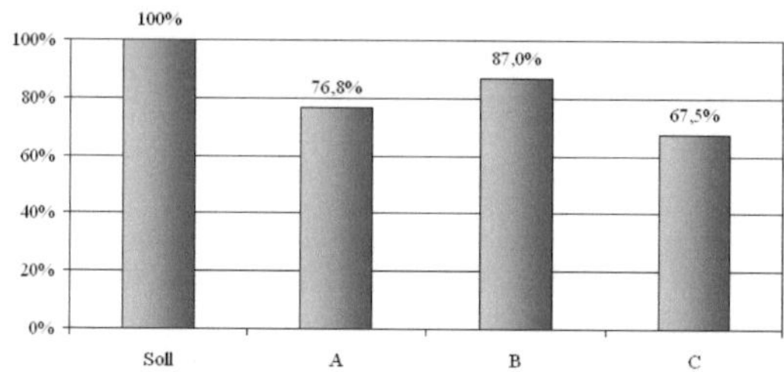

Abbildung 4.3: Vergleich der jeweiligen Dokumentationsgüte

Bauteilspezifische Dokumentationsgüte und Abweichung

Die baureihenbezogene Dokumentationsgüte setzt sich aus den erfassten Werten aller verbauten Fahrzeugteile jeder Baureihe zusammen. Die Tabellen A.2 bis A.4 im Anhang dieser Arbeit geben die Warenkörbe der betrachteten Baureihen und die bauteilspezifische Abweichung zu einer vollständigen Bauzustandsdokumentation der Teilearten wieder. Zur besseren Übersicht folgt zunächst eine Einteilung der Werte in drei Kategorien. Die Teilearten können

1. vollständig (v)
2. unvollständig (u)
3. nie (n)

dokumentiert sein. Damit wird gezeigt, welcher Anteil die Dokumentationsprozesse vollständig fehlerfrei oder fehlerbehaftet durchlief. Tabelle 4.6 zeigt das Ergebnis und gibt dabei in der jeweils oberen Zeile die absolute Anzahl und in der unteren Zeile den prozentualen Anteil der Teilearten für jede Kategorie an. Die Spalte „*Soll*" listet die Summe der Teilearten aus dem Warenkorb auf.

Tabelle 4.6: Vollständig, unvollständig und nie dokumentierte Teilearten

Baureihe	v	u	n	Soll
A	19	19	4	42
	45%	45%	10%	100%
B	23	10	4	37
	62%	27%	11%	100%
C	2	59	2	63
	3%	94%	3%	100%

Abbildung 4.4 stellt die drei Baureihen gegenüber und veranschaulicht die Auswertung grafisch.

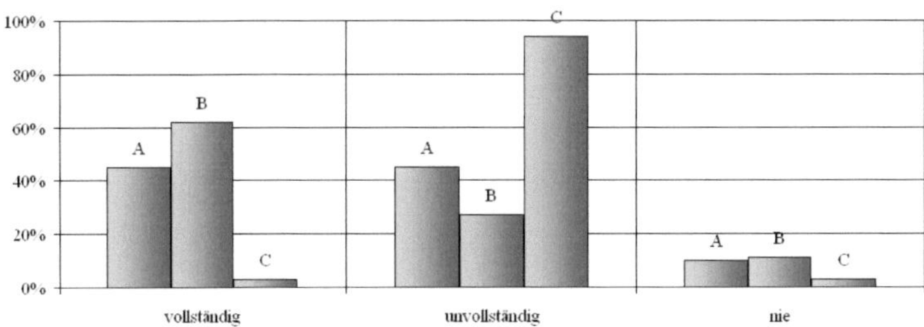

Abbildung 4.4: Vollständig, unvollständig und nie dokumentierte Teilearten

Mit 3 % ist der Anteil vollständig dokumentierter Teilearten bei der Baureihe C am geringsten. Verglichen mit den Baureihen A und B lag die Ursache dafür an der um ein Vielfaches höheren Anzahl an Bauteilen und der länger andauernden Aufbauphase. Für eine Teileart reicht die fehlerhafte Dokumentation eines Bauteils aus, um als *„unvollständig dokumentiert"* eingestuft zu werden. Diese Kategorisierung gilt auch dann, wenn nur ein Teil richtig, die restlichen aber falsch oder gar nicht dokumentiert wurden. Folglich ist auch der Anteil nie dokumentierter Teile mit 3 % deutlich geringer als bei den Baureihen A und B mit ca. 10 %. Die Wahrscheinlichkeit für zumindest ein richtig oder falsch dokumentiertes Teil steigt mit der Dauer der Aufbauphase oder der Zahl der Teile. Ein längerer Zeitraum ermöglicht z. B. die Vermeidung von Fehlern in der Dokumentation durch entstehende Lerneffekte. Anhand entsprechender Maßnahmen können fehlerhafte Kennzeichnungen oder andere Fehler von frühen Lieferungen bei nachfolgenden Lieferungen korrigiert werden, wenn diese in mehreren Chargen erfolgen. Diese Feststellung wurde durch die Baureihen A und B mit einer deutlich kürzeren bzw. durch die Baureihe C mit einer deutlich längeren Aufbauphase bestätigt. Im Gegensatz zur Baureihe C wurden für die Baureihen A und B über 90 % der Bauteile einer Teileart bereits zu Beginn des Prototypenaufbaus innerhalb einer Charge angeliefert.

Die Auswertung zeigt, dass eine vollständige Bauzustandsdokumentation nur für wenige Teilearten erreicht wurde und darüber hinaus ein Teil des Warenkorbs keine prozesskonforme Dokumentation erfuhr. Eine Aussage zu den unvollständig dokumentierten Teilearten wird über die Kategorisierung der erfassten Werte in kleinere Intervalle ermöglicht. Tabelle 4.7 teilt die kumulierten absoluten (abs.) und relativen (rel.) Häufigkeiten aufgetretener Abweichungen bezogen auf eine Teileart in 10%-Intervalle ein.

Tabelle 4.7: Kumulierte absolute und relative Häufigkeit der Abweichung

Abweichung	A		B		C	
	abs.	rel.	abs.	rel.	abs.	rel.
0%	19	45%	23	62%	2	3%
bis 10%	23	55%	26	70%	15	24%
bis 20%	28	67%	29	78%	26	41%
bis 30%	31	74%	30	81%	29	46%
bis 40%	31	74%	31	84%	33	52%
bis 50%	33	79%	31	84%	36	57%
bis 60%	33	79%	32	87%	43	68%
bis 70%	37	88%	33	89%	50	79%
bis 80%	37	88%	33	89%	56	89%
bis 90%	38	91%	33	89%	60	95%
bis 99%	38	91%	33	89%	61	97%
100%	42	100%	37	100%	63	100%
	42	**100%**	**37**	**100%**	**63**	**100%**

Die Auswertung zeigt für die Baureihe A einen überwiegenden Anteil an Dokumentationsfehlern im Bereich von 1 % bis 30 %. Zusammen mit den vollständig dokumentierten Teilen entspricht dies einem Anteil von 74 % aller Teilearten in der Aufbauphase. Ähnliches gilt für die Baureihe B, bei der 78 % bereits bis zu einer 20%igen Abweichung eingeteilt sind. Ein deutlich schlechteres Ergebnis ist bei der Baureihe C vorzufinden. Eine Abweichung von unter 30 % erreichen nur 46 % aller Teilearten. Die restlichen verteilen sich auf die weiteren Intervalle mit Höhepunkten im Bereich von 50 % bis 80 %. Eine länger andauernde Aufbauphase und die damit einhergehenden Lerneffekte wirken sich zwar positiv auf die Bauzustandsdokumentation aus, dennoch traten im Rahmen der Evaluierung bei der Baureihe C Abweichungen im höheren Bereich auf. Eine grafische Darstellung dieser Auswertung mit 10%-Intervallen zeigt Abbildung 4.5.

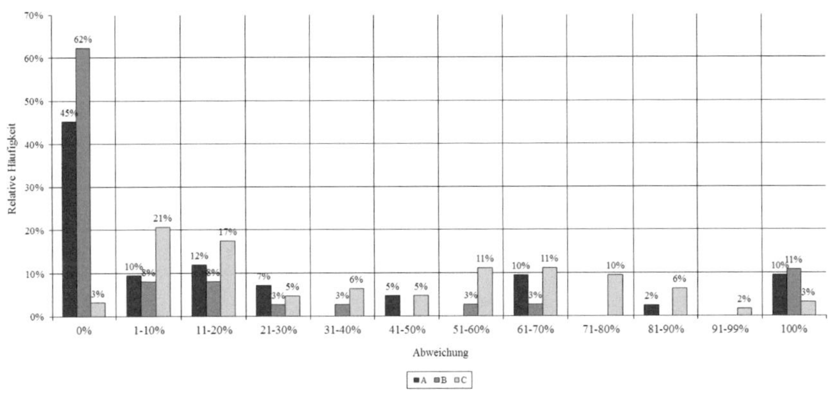

Abbildung 4.5: Relative Häufigkeit der Abweichung

Die Ergebnisse zeigen, dass der Zielwert von 100 % für die Dokumentationsgüte bei allen drei beobachteten Baureihen nach der konventionellen Dokumentationsmethode nicht erreicht wird. Eine vollständige Bauzustandsdokumentation von Protoypenfahrzeugen wurde mit den heutigen Prozessen bei diesen drei Baureihen somit nicht sichergestellt.

4.4.2 Fahrzeugspezifische Auswertung ausgewählter Baureihen

Der Einbau der beobachteten Bauteile in einzelne Versuchsträger innerhalb der Aufbauphase ermöglicht die Berechnung der fahrzeugspezifischen Dokumentationsgüte.

Baureihe A

Tabelle 4.8 listet die beobachteten Fahrzeuge sortiert nach der zeitlichen Fertigstellung auf und berechnet deren fahrzeugspezifische Dokumentationsgüte anhand der erfassten Werte. Sie zeigt, dass keines der 13 Fahrzeuge eine vollständige Bauzustandsdokumentation erfuhr. Im Mittel wurden 29 von 38 verbauten Teilen pro Fahrzeug richtig dokumentiert. Die Dokumentationsgüte liegt im Bereich von 62,9 % und 84,6 % und entspricht dem zuvor berechneten durchschnittlichen Wert von 76,8 %.

Tabelle 4.8: Fahrzeugspezifische Auswertung (BR A)

Fzg.	1	2	3	4	5	6	7
Soll	36	40	40	40	36	40	36
Ist	28	30	33	29	29	33	28
Δ	8	10	7	11	7	7	8
DG	77,8%	75,0%	82,5%	72,5%	80,6%	82,5%	77,8%
Abw.	22,2%	25,0%	17,5%	27,5%	19,4%	17,5%	22,2%

Fzg.	8	9	10	11	12	13	
Soll	40	39	40	32	34	35	
Ist	29	33	30	26	25	22	
Δ	11	6	10	6	9	13	
DG	72,5%	84,6%	75,0%	81,3%	73,5%	62,9%	
Abw.	27,5%	15,4%	25,0%	18,8%	26,5%	37,1%	

Abbildung 4.6 stellt für jedes Fahrzeug die erfasste Bauzustandsdokumentation den jeweiligen Soll-Werten in einem Diagramm gegenüber. Deutlich zu erkennen ist, dass im Laufe der Aufbauphase keine Verbesserung der Bauzustandsdokumentation eintrat. Auch sind für die erfassten Ist-Werte keine extremen Ausreißer nach oben oder unten zu beobachten.

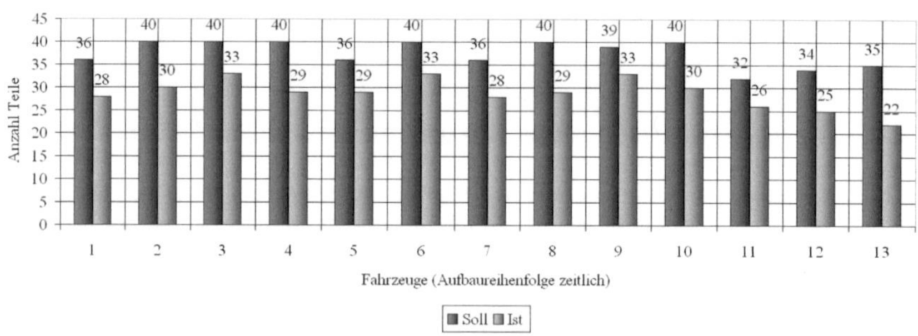

Abbildung 4.6: Fahrzeugspezifische Auswertung (BR A)

Baureihe B

Ein ähnliches Bild zeigt das Ergebnis der Baureihe B, deren Werte in Tabelle 4.9 aufgelistet sind. Eine grafische Veranschaulichung folgt in Abbildung 4.7. Die 18 beobachteten Versuchsträger sind ebenfalls der Aufbaureihenfolge nach aufgelistet bzw. abgebildet.

Tabelle 4.9: Fahrzeugspezifische Auswertung (BR B)

Fzg.	1	2	3	4	5	6	7	8	9
Soll	33	33	33	33	35	33	33	33	33
Ist	29	29	30	27	29	26	29	29	28
Δ	4	4	3	6	6	7	4	4	5
DG	87,9%	87,9%	90,9%	81,8%	82,9%	78,8%	87,9%	87,9%	84,8%
Abw.	12,1%	12,1%	9,1%	18,2%	17,1%	21,2%	12,1%	12,1%	15,2%

Fzg.	10	11	12	13	14	15	16	17	18
Soll	33	33	33	27	33	35	33	33	33
Ist	30	27	29	24	30	28	31	30	30
Δ	3	6	4	3	3	7	2	3	3
DG	90,9%	81,8%	87,9%	88,9%	90,9%	80,0%	93,9%	90,9%	90,9%
Abw.	9,1%	18,2%	12,1%	11,1%	9,1%	20,0%	6,1%	9,1%	9,1%

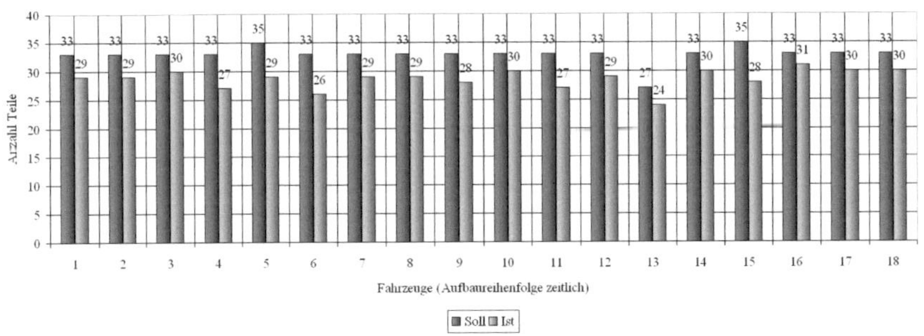

Abbildung 4.7: Fahrzeugspezifische Auswertung (BR B)

Die Dokumentationsgüte der Fahrzeuge bewegt sich ebenfalls ohne größere Ausreißer um den Mittelwert von 87 %. Dieser ist jedoch im Vergleich zur Baureihe A um ca. 10 % höher. Durchschnittlich wurden 29 von 33 dokumentationspflichtigen Bauteilen pro Fahrzeug richtig dokumentiert. Der Minimalwert der Dokumentationsgüte ist mit 78,8 % im Vergleich zur Baureihe A um 15,9 % und der Maximalwert mit 93,9 % um 9 % höher. Dennoch erreichte auch hier kein Fahrzeug eine Dokumentationsgüte von 100 %.

Baureihe C

Tabelle 4.10 und Abbildung 4.8 zeigen die erfassten und berechneten Werte zur fahrzeugspezifischen Auswertung der Baureihe C. Die Auflistung der Versuchsträger entspricht auch hier der zeitlichen Reihenfolge der Fertigstellung.

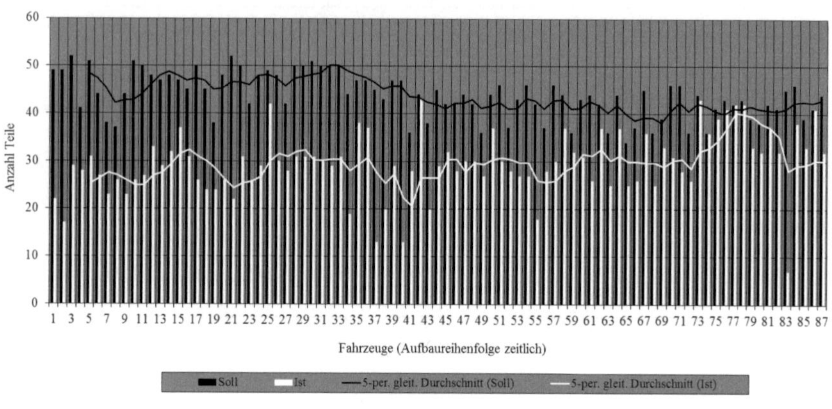

Abbildung 4.8: Fahrzeugspezifische Auswertung (BR C)

Die Dokumentationsgüte der 87 betrachteten Fahrzeuge der Baureihe C bewegt sich in einem Intervall von 15,6 % bis 100 %. Verglichen mit den Baureihen A und B besteht hier sowohl nach unten als auch nach oben ein deutlicher Unterschied. Eine vollständige Bauzustandsdokumentation wurde gegen Ende des Prototypenaufbaus bei drei Fahrzeugen erreicht. Dennoch ist bei dieser Baureihe mit einer durchschnittlichen Dokumentationsgüte von 68,2 % die größte Abweichung zu einer vollständigen Bauzustandsdokumentation zu erkennen. Im Durchschnitt entsprach dies 30 von 44 richtig dokumentierten Bauteilen pro Fahrzeug. Insbesondere nach Betrachtung der Abbildung wird eine Verbesserung der Bauzustandsdokumentation über den Zeitraum des Prototypenaufbaus deutlich. Ohne Berücksichtigung von Ausreißern wird die Differenz zwischen den Soll- und Ist-Werten gegen Ende der Aufbauphase immer kleiner, was die Annäherung der beiden Trendlinien verdeutlicht. Einige Versuchsträger wurden aufgrund fehlender fahrzeugspezifischer Bauteile nicht sofort fertiggestellt und deshalb bis zum Zeitpunkt der Anlieferung dieser Teile zurückgehalten. Ein Tausch bereits eingebauter und eventuell fehlerhaft gekennzeichneter Bauteile aus früheren Lieferungen erfolgte nicht, was die Ausreißer erklärt. Die Auswertung bestätigt die vorhergehende Aussage zur Vermeidung von Dokumentationsfehlern infolge von Lerneffekten.

Tabelle 4.10: Fahrzeugspezifische Auswertung (BR C)

Fzg.	1	2	3	4	5	6	7	8	9	10	11
Soll	49	49	52	41	51	44	38	37	44	51	50
Ist	22	17	29	28	31	27	23	26	23	26	27
DG	44,9%	34,7%	55,8%	68,3%	60,8%	61,4%	60,5%	70,3%	52,3%	51,0%	54,0%

Fzg.	12	13	14	15	16	17	18	19	20	21	22
Soll	48	47	48	47	45	50	45	38	48	52	50
Ist	33	29	32	37	31	26	24	24	26	22	31
DG	68,8%	61,7%	66,7%	78,7%	68,9%	52,0%	53,3%	63,2%	54,2%	42,3%	62,0%

Fzg.	23	24	25	26	27	28	29	30	31	32	33
Soll	42	48	49	48	42	50	50	51	50	50	50
Ist	26	29	42	30	28	31	31	31	30	29	31
DG	61,9%	60,4%	85,7%	62,5%	66,7%	62,0%	62,0%	60,8%	60,0%	58,0%	62,0%

Fzg.	34	35	36	37	38	39	40	41	42	43	44
Soll	44	47	47	45	43	47	47	36	44	38	45
Ist	19	38	37	13	20	29	13	28	43	20	29
DG	43,2%	80,9%	78,7%	28,9%	46,5%	61,7%	27,7%	77,8%	97,7%	52,6%	64,4%

Fzg.	45	46	47	48	49	50	51	52	53	54	55
Soll	42	42	44	42	36	44	46	37	43	46	42
Ist	32	28	30	30	27	37	30	28	27	27	18
DG	76,2%	66,7%	68,2%	71,4%	75,0%	84,1%	65,2%	75,7%	62,8%	58,7%	42,9%

Fzg.	56	57	58	59	60	61	62	63	64	65	66
Soll	37	46	44	36	43	44	42	36	44	34	37
Ist	28	30	37	32	31	26	37	25	37	25	26
DG	75,7%	65,2%	84,1%	88,9%	72,1%	59,1%	88,1%	69,4%	84,1%	73,5%	70,3%

Fzg.	67	68	69	70	71	72	73	74	75	76	77
Soll	45	36	39	46	46	36	44	36	41	43	42
Ist	36	25	33	31	28	26	43	36	39	41	42
DG	80,0%	69,4%	84,6%	67,4%	60,9%	72,2%	97,7%	100%	95,1%	95,3%	100%

Fzg.	78	79	80	81	82	83	84	85	86	87	
Soll	43	39	38	42	41	45	46	39	41	44	
Ist	42	33	32	37	32	7	38	33	41	32	
DG	97,7%	84,6%	84,2%	88,1%	78,0%	15,6%	82,6%	84,6%	100%	72,7%	

4.4.3 Zusammenfassung und Interpretation der Ergebnisse

Die ähnlichen Ergebnisse der Baureihen A und B können auf die im Vergleich zur Baureihe C kürzere Aufbauphase zurückgeführt werden. Eine fehlerhaft gekennzeichnete Lieferung von Bauteilen wirkte sich auf alle aufgebauten Fahrzeuge aus, weshalb keine Verbesserung der Dokumentationsgüte über den Aufbauzeitraum zu erkennen ist. Die Abweichung zum Soll-Wert blieb für die beiden Baureihen relativ konstant und ohne eindeutigen Trend. Die unterschiedliche Dokumentationsgüte für jede Baureihe kam unter anderem durch den Einsatz verschiedener Antriebskonzepte oder durch die Beteiligung anderer Prozesspartner zustande. Der längere Aufbauzeitraum bei der Baureihe C kann die zum Ende des Prototypenaufbaus steigende Dokumentationsgüte erklären. Zu Beginn der Aufbauphase wurden nicht alle Bauteile angeliefert, weshalb eine Korrektur der Fehler für weitere Lieferungen erfolgen konnte.

Über alle Baureihen hinweg können die Ursachen einer unvollständigen Bauzustandsdokumentation immer auf Fehler bei der Durchführung der Kernprozesse (vgl. Abschnitt 3.2) zurückgeführt werden. So führen beispielsweise fehlende oder vertauschte Warenanhänger dazu, dass die entsprechenden Bauteile nicht oder fehlerhaft dokumentiert werden. Diese Ursachen gelten auch für die im folgenden betrachtete Erprobungsphase.

4.5 Bauzustandsdokumentation in der Erprobungsphase

Im Zuge der Erprobungsphase kommt es aufgrund des iterativen Entwicklungsprozesses immer wieder zu Umbaumaßnahmen an den Versuchsträgern. Die Fahrzeugkonfiguration kann sich nach dem Prototypenaufbau deshalb zu verschiedenen Zeitpunkten ändern. Der folgende Abschnitt bewertet die Dokumentationsqualität anhand ausgewählter Fahrzeuge der drei Baureihen über einen längeren Zeitraum innerhalb der Erprobungsphase. Das Vorgehen zur Erfassung der Bauzustandsdokumentation im Rahmen der Evaluierung erfolgte zu festgelegten Zeitpunkten analog zur Vorgehensweise im Prototypenaufbau. Die Anzahl der betrachteten Fahrzeuge und die Zeitpunkte der Überprüfung sind den Tabellen 4.1 und 4.3 zu entnehmen. Die erforderlichen Tätigkeiten zur Durchführung von Umbaumaßnahmen in der Erprobungsphase sind in Abschnitt 3.2 beschrieben.

Die folgenden Abschnitte analysieren zunächst die erfassten Werte der drei Baureihen anhand einer Berechnung der jeweiligen Dokumentationsgüte, woran sich die Interpretation der Ergebnisse anschließt.

4.5.1 Auswertung der Baureihe A

Tabelle 4.11 zeigt den Verlauf korrekt dokumentierter Bauteile der sechs ausgewählten Versuchsträger über den beobachteten Zeitraum. Sie listet die erfassten Ist-Werte (I) der Bauzustandsdokumentation zu den Zeitpunkten t_0 bis t_3 für jedes Fahrzeug auf und stellt diese der Anzahl dokumentationspflichtiger Bauteile in der Spalte „*Soll*" (S) gegenüber. Eine grafische Veranschaulichung der Auswertung folgt in Abbildung 4.9.

Tabelle 4.11: Verlauf der Bauzustandsdokumentation (BR A)

Fzg.	S	$I(t_0)$	$I(t_1)$	$I(t_2)$	$I(t_3)$
2	40	30	30	27	27
5	36	29	29	30	30
6	40	33	31	30	30
8	40	29	28	26	26
9	39	33	34	34	32
10	40	30	30	28	28
Ø	39,2	30,7	30,3	29,2	28,8

Zu sehen sind vier Fahrzeuge mit einer abnehmenden, eines mit einer leicht steigenden und eines mit einer schwankenden Bauzustandsdokumentation. Im Durchschnitt resultiert daraus eine abnehmende Bauzustandsdokumentation, was die Balken rechts in der Abbildung veranschaulichen.

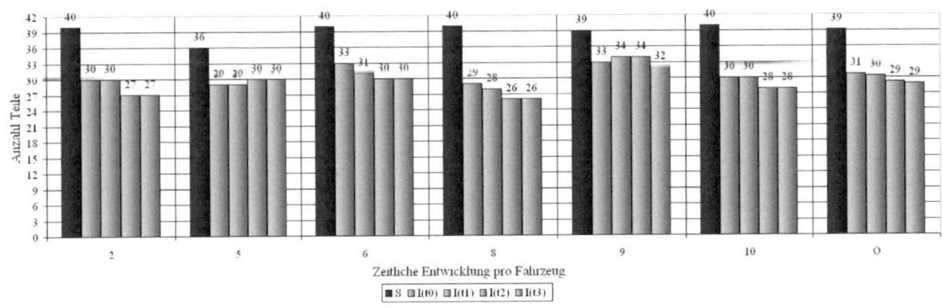

Abbildung 4.9: Verlauf der Bauzustandsdokumentation (BR A)

Tabelle 4.12 zeigt die erfassten Durchschnittswerte der Bauzustandsdokumentation zu jedem Zeitpunkt und berechnet daraus die entsprechende Dokumentationsgüte und Abweichung. Die Bauzustandsdokumentation nahm für die sechs betrachteten

Fahrzeuge von durchschnittlich 30,7 auf 28,8 richtig dokumentierte Bauteile ab. Dies entspricht einer absoluten Abweichung von ca. zehn Bauteilen zum durchschnittlichen Soll-Wert. Umgerechnet ergibt sich daraus zum Zeitpunkt t_0 eine Dokumentationsgüte von 78,3 %, die bis zum Zeitpunkt t_3 um weitere 4,7 % auf 73,6 % fällt.

Tabelle 4.12: Durchschnittlicher Verlauf der Dokumentationsgüte (BR A)

	t_0	t_1	t_2	t_3
Ist ($\emptyset$)	30,7	30,3	29,2	28,8
Δ (S)	8,5	8,8	10,0	10,3
DG	78,3%	77,4%	74,5%	73,6%
Abw.	21,7%	22,6%	25,5%	26,4%

4.5.2 Auswertung der Baureihe B

Die Auswertung der Bauzustandsdokumentation für die Baureihe B in der Erprobungsphase beschränkt sich auf fünf Versuchsträger. Analog zur vorhergehenden Untersuchung zeigt Tabelle 4.13 die Anzahl richtig dokumentierter Bauteile pro Fahrzeug zu den jeweiligen Zeitpunkten und stellt diese der Soll-Anzahl gegenüber.

Tabelle 4.13: Verlauf der Bauzustandsdokumentation (BR B)

Fzg.	S	$I(t_0)$	$I(t_1)$	$I(t_2)$	$I(t_3)$
6	33	26	26	25	25
9	33	28	26	26	24
11	33	27	29	29	29
15	35	28	25	25	22
16	33	31	31	31	28
$\emptyset$	33,4	28,0	27,4	27,2	25,6

Tabelle 4.14 berechnet aus den erfassten Durchschnittswerten die Dokumentationsgüte und Abweichung zu jedem Zeitpunkt. Ausgehend von der Erstdokumentation mit durchschnittlich 28 richtig dokumentierten Bauteilen sinkt die Anzahl bis zum letzten Messzeitpunkt um knapp drei Teile auf 25,6. Dies entspricht einer berechneten Dokumentationsgüte von 83,8 % bei t_0, die bis zum Zeitpunkt t_3 um 7,2 % auf 76,6 % abnimmt.

Abbildung 4.10 zeigt die grafische Darstellung der Bauzustandsdokumentation über den zeitlichen Verlauf. Zu erkennen sind vier Fahrzeuge mit einer abnehmenden und

Tabelle 4.14: Durchschnittlicher Verlauf der Dokumentationsgüte (BR B)

	t_0	t_1	t_2	t_3
Ist (Ø)	28,0	27,4	27,2	25,6
Δ (S)	5,4	6,0	6,2	7,8
DG	83,8%	82,0%	81,4%	76,6%
Abw.	16,2%	18,0%	18,6%	23,4%

eines mit einer steigenden Anzahl korrekt dokumentierter Bauteile. Die durchschnittliche Bauzustandsdokumentation über den zeitlichen Verlauf zeigen die Balken rechts im Diagramm.

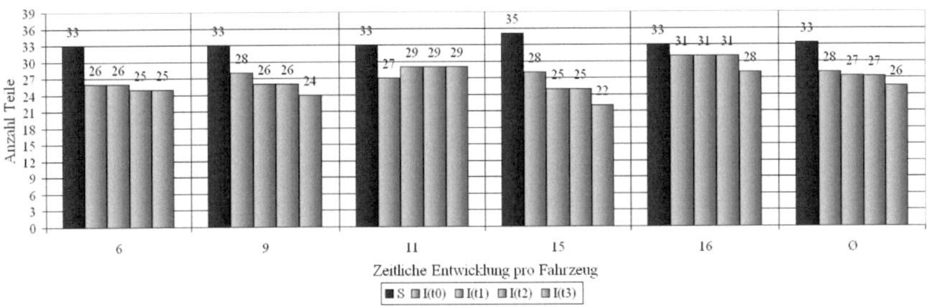

Abbildung 4.10: Verlauf der Bauzustandsdokumentation (BR B)

4.5.3 Auswertung der Baureihe C

Zur Auswertung der Baureihe C wurden die Ergebnisse von insgesamt 20 Versuchsträgern herangezogen. Tabelle 4.15 zeigt die zu den Zeitpunkten t_0 bis t_3 erfasste Bauzustandsdokumentation und die zugehörigen Soll-Werte der einzelnen Fahrzeuge. Abbildung 4.11 am Ende dieses Abschnitts veranschaulicht die Ergebnisse grafisch in einem Diagramm.

Deutlich zu erkennen sind die großen Differenzen zwischen der erfassten Anzahl und der Soll-Anzahl dokumentationspflichtiger Bauteile zum Zeitpunkt t_0. Darüber hinaus fallen im Schnitt keine weiteren erheblichen Veränderungen über die nächsten drei Erfassungen auf. Bei fünf Versuchsträgern verbesserte sich die Bauzustandsdokumentation leicht, während sie bei neun abnahm und bei den restlichen sechs Fahrzeugen konstant blieb. Ein konstanter Wert oder leichte Veränderungen in der Bauzustandsdokumentation schließen eine Vielzahl von Umbaumaßnahmen nicht aus. Sie können Folge einer korrekten Umbaudokumentation sein. Zum letzten Messzeitpunkt nach sieben Monaten waren bei der Baureihe C im Durchschnitt 26,4 von 43,5 Bauteilen aus dem Warenkorb richtig dokumentiert.

Tabelle 4.15: Verlauf der Bauzustandsdokumentation (BR C)

Fzg.	11	17	23	24	28	33	34	37	46	48	
S	50	50	42	48	50	50	44	45	42	42	
$I(t_0)$	27	26	26	29	31	31	19	13	28	30	
$I(t_1)$	26	16	26	29	31	31	19	18	31	30	
$I(t_2)$	26	16	26	24	31	33	19	18	31	30	
$I(t_3)$	24	16	26	24	29	33	19	18	31	30	

Fzg.	49	51	56	67	68	71	72	80	81	87	Ø
S	36	46	37	45	36	46	36	38	42	44	43,5
$I(t_0)$	27	30	28	36	25	28	26	32	37	32	28,1
$I(t_1)$	27	30	28	40	25	26	26	30	37	32	27,9
$I(t_2)$	24	30	26	40	25	26	26	30	32	32	27,3
$I(t_3)$	24	30	26	40	25	17	22	30	32	32	26,4

Analog zu den vorhergehenden Auswertungen zeigt Tabelle 4.16 die aus den erfassten Durchschnittswerten berechnete Dokumentationsgüte und Abweichung zu jedem Zeitpunkt.

Tabelle 4.16: Durchschnittlicher Verlauf der Dokumentationsgüte (BR C)

	t_0	t_1	t_2	t_3
Ist (Ø)	28,1	27,9	27,3	26,4
Δ (S)	15,4	15,6	16,2	17,1
DG	64,4%	64,2%	62,7%	60,8%
Abw.	35,6%	35,8%	37,3%	39,2%

Die Dokumentationsgüte der 20 Versuchsträger sank innerhalb der Erprobungsphase ab dem Zeitpunkt der Erstdokumentation bei t_0 um 3,6 % auf 60,8 %. Absolut betrachtet entspricht dieser Wert einer Abnahme von knapp zwei Bauteilen, ausgehend von 28,1 richtig dokumentierten Bauteilen.

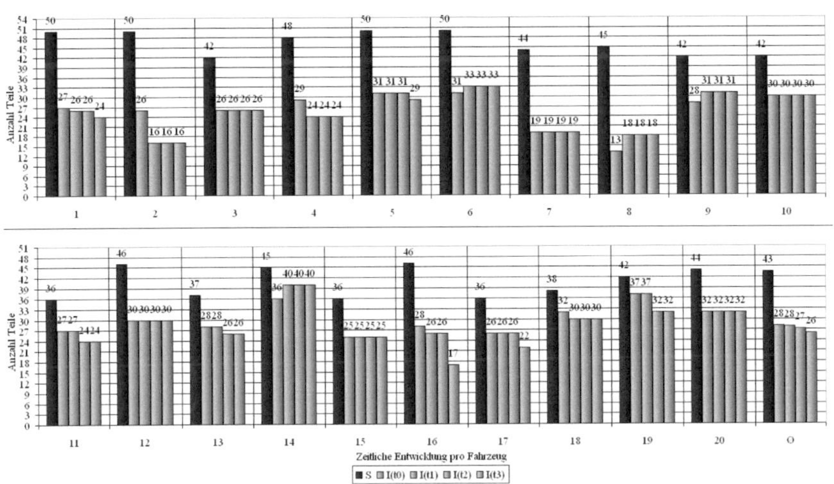

Abbildung 4.11: Verlauf der Bauzustandsdokumentation (BR C)

4.5.4 Zusammenfassung und Interpretation der Ergebnisse

Nach Auswertung der Erprobungsphase fielen die Versuchsträger durch eine steigende, schwankende oder konstante Dokumentationsgüte auf. Dennoch sank sie im Durchschnitt bei allen drei Baureihen. Zurückzuführen ist dies auf Umbaumaßnahmen an Versuchsträgern und den damit zusammenhangenden Dokumentationsprozessen. Zwischen den Zeitpunkten der Erfassung wurden Versuchsfahrten durchgeführt und die Fahrzeuge diversen Prüfstandstests oder anderen entwicklungsrelevanten Untersuchungen unterzogen.

Fehlende oder fehlerhafte Dokumentationsvorgänge der für diese Zwecke erforderlichen Umbauten führten zu einer abnehmenden Dokumentationsgüte. Wenn z. B. ein Teiletausch auf Testfahrten außerhalb des Werks durchgeführt und anschließend als Notiz vermerkt wird, besteht die Gefahr einer fehlenden oder unvollständigen Übertragung der Teiledaten in das Dokumentationssystem. Steigerungen ergeben sich durch einen Tausch von alten und fehlerhaft dokumentierten Teilen mit neuen und richtig dokumentierten Bauteilen. Eine konstante Dokumentationsgüte ist auf korrekte Dokumentationsprozesse zurückzuführen, sofern Umbauten erfolgen. Aus der Kombination dieser Möglichkeiten folgt eine schwankende Dokumentationsgüte.

4.6 Statistische Untersuchung der Ergebnisse

Um im weiteren Verlauf der Arbeit einen Vergleich der konventionellen mit der RFID-gestützten Bauzustandsdokumentation vornehmen zu können, werden die im Rahmen dieses Kapitels erfassten Werte einer statistischen Untersuchung unterzogen. Ziel ist die Berechnung der Konfidenzintervalle der durchschnittlichen Dokumentationsgüte jeder Baureihe.

4.6.1 Vorgehensweise bei der Intervallschätzung

Zum Vergleich verschiedener Dokumentationsmethoden im Rahmen dieser Arbeit bietet sich die Berechnung des Konfidenzintervalls[3] der fahrzeugspezifischen Dokumentationsgüte aller Fahrzeuge aus jeder Baureihe an. Damit kann eine Aussage über die Genauigkeit der Lageschätzung des Mittelwerts getroffen werden. Das Konfidenzintervall überdeckt mit einer vorgegebenen Mindestwahrscheinlichkeit $1 - \alpha$ den wahren Wert der mittleren Dokumentationsgüte. Eine Restwahrscheinlichkeit α überdeckt diesen Parameter nicht. Gegenüber der Punktschätzung kann beim Konfidenzintervall direkt die Signifikanz abgelesen werden. Ein breites Intervall weist für ein vorgegebenes Konfidenzniveau[4] auf eine starke Streuung der Dokumentationsgüte hin. Das Konfidenzintervall wird wie folgt definiert:

$$P(\hat{\vartheta}_{\mathrm{u}} \leq \vartheta \leq \hat{\vartheta}_{\mathrm{o}}) \geq 1 - \alpha$$

Dabei geben $\hat{\vartheta}_{\mathrm{u}}$ und $\hat{\vartheta}_{\mathrm{o}}$ die untere bzw. die obere Intervallgrenze und $1 - \alpha$ das Konfidenzniveau an. Im Rahmen dieser Arbeit wird für α der Wert 0,05 gewählt. Das bedeutet, dass mit einer Wahrscheinlichkeit von 95 % der Mittelwert der Dokumentationsgüte innerhalb des Konfidenzintervall liegt. Die Berechnung der Konfidenzintervalle beruht auf der Annahme, dass die erfassten Werte der Bauzustandsdokumentation normalverteilt sind. Ein geeigneter Test auf Normalverteilung soll deshalb Aufschluss darüber bringen. Weitere Inhalte zur Intervallschätzung können in der Literatur nachgelesen werden (Fahrmeir et al. 2009; Steland 2009).

4.6.2 Shapiro-Wilk-Test auf Normalverteilung

In der Statistik existieren verschiedene Verfahren für Normalverteilungstests. Ein Ergebnis mit höchster Güte bietet der Shapiro-Wilk-Test. Es handelt sich dabei um

---

[3]Die Begriffe Vertrauensintervall, Vertrauensbereich oder Mutungsintervall werden für Konfidenzintervalle in der Literatur gleichgesetzt.

[4]In der Literatur finden sich weitere Begriffe wie Vertrauens- oder Überdeckungswahrscheinlichkeit.

einen Signifikanztest, der ausschließlich auf Normalverteilung testet und bereits mit kleinen Stichproben gute Ergebnisse erzielt. Eine hohe Güte ist erforderlich, um ein geringes Risiko für die Testentscheidung *„Messreihe normalverteilt"* zu erhalten. Da eine manuelle Berechnung aufgrund des hohen Rechenaufwands schwierig durchzuführen ist, erfolgt im Rahmen dieser Arbeit die Auswertung mithilfe der Statistiksoftware SPSS. Ein Vergleich verschiedener Testverfahren findet sich in der Literatur (D'Agostino und Stephens 1986).

Innerhalb dieser Arbeit überprüft der Shapiro-Wilk-Test die Hypothese, ob die erfasste Stichprobe mit der fahrzeugspezifischen Dokumentationsgüte normalverteilt ist. Allgemein werden bei diesem Test zunächst die Hypothesen H_0 und H_1 aufgestellt und das Signifikanzniveau α gewählt:

H_0 : *Die Stichprobe stammt aus einer Normalverteilung.*
H_1 : *Die Stichprobe stammt nicht aus einer Normalverteilung.*

Im zweiten Schritt erfolgt die Aufstellung von Ordnungsstatistiken. Dazu wird die Stichprobe der Größe n aufsteigend sortiert und jedem Wert ein Rangplatz zugeordnet:

Stichprobe der Größe n: $x_1,...x_n$
sortierte Stichprobe: $y_1,...y_n$ *mit* $y_1 < ... < y_n$

Aus diesen Werten lässt sich die Testgröße W bestimmen, für die die Varianz s^2 der Stichprobe mit dem Mittelwert $\overline{x}$ und der Wert b berechnet werden müssen. Für den Wert b ist zwischen einer geraden oder ungeraden Anzahl an Beobachtungen zu unterscheiden:

$$W = \frac{b^2}{(n-1)s^2}$$

$$s^2 = \frac{\sum_{i=1}^{n}(x_i-\overline{x})^2}{(n-1)} \text{ mit } \overline{x} = \frac{\sum_{i=1}^{n} x_i}{n}$$

$$b = \sum_{i=1}^{k} a_i y_i \text{ mit } k = \tfrac{n}{2}, \text{ falls } n \text{ gerade } k = \tfrac{n-1}{2}, \text{ falls } n \text{ ungerade}$$

Die Koeffizienten a_i hängen von der Stichprobengröße ab und sind gegeben durch folgende Formel:

$$a_i = \frac{m^\top V^{-1}}{(m^\top V^{-1}V^{-1}m)^{\frac{1}{2}}} \text{ mit } m = (m_1,...,m_n)^\top$$

Dabei steht m_i für die Werte der erwarteten Ordnungsstatistiken einer Normalverteilung und V für deren Kovarianzmatrix:

$$m_i = \phi^{-1}\left(\frac{i-\frac{3}{8}}{n+\frac{1}{4}}\right)$$

$$V = (Cov(m_i, m_j))_{i,j=1,...,n} \in \mathbb{R}^{n,n}$$

Die berechnete Testgröße W kann jetzt mit einer kritischen Grenze W_α für einen gegebenen Stichprobenumfang n und das zuvor festgelegte Signifikanzniveau α verglichen werden. Für die kritischen Werte existieren Tabellen, die in vielen Statistikbüchern zu finden sind, z. B. in Gibbons (Gibbons et al. 2009, S. 265). Ist der errechnete Wert W der Teststatistik größer als der kritische Wert W_α, wird die Nullhypothese H_0 nicht abgelehnt. In diesem Fall liegt eine Normalverteilung vor. Diese und weitere Inhalte können in der Literatur nachgelesen werden (Shapiro und Wilk 1965; Gibbons et al. 2009; Guner und Johnson 2007; Schlittgen 2004).

Die Durchführung des Normalverteilungstests erfolgt mit der Statistiksoftware SPSS, die zusätzlich einen Wert p angibt. Dieser kann direkt mit dem vorgegebenen Signifikanzniveau α verglichen werden, um über die Ablehnung der Nullhypothese zu entscheiden. Ein Vergleich mit einem kritischen Wert ist in dem Fall nicht erforderlich. Der p-Wert[5] gibt die Wahrscheinlichkeit an unter der Annahme der Nullhypothese den beobachteten Prüfgrößenwert oder einen in Richtung der Alternative extremeren Wert zu erhalten (Fahrmeir et al. 2009, S. 419). Deshalb gilt: Je kleiner der p-Wert, desto eher wird die Nullhypothese verworfen. Wenn der p-Wert kleiner ist als das vor einem Test festgelegte Signifikanzniveau α, wird die Nullhypothese H_0 abgelehnt. Weitere Inhalte zum p-Wert können in Fahrmeir oder Devore nachgeschlagen werden (Fahrmeir et al. 2009; Devore 2011).

4.6.3 Auswertung der Bauzustandsdokumentation

Dieser Abschnitt überprüft die erfassten Werte der Bauzustandsdokumentation auf Normalverteilung, woran sich bei positiver Prüfung die Angabe der Konfidenzintervalle anschließt. Zur Berechnung wird ein Signifikanzniveau von $\alpha = 0,05$ gewählt.

Normalverteilungstest der Ergebnisse aus dem Prototypenaufbau

Der Test auf Normalverteilung erfolgt anhand der fahrzeugspezifischen Dokumentationsgüte der Versuchsträger, die baureihenbezogen den Tabellen 4.8, 4.9 und 4.10 zu entnehmen sind. Zunächst zeigen die Abbildungen 4.12 und 4.13 zum einen die

---

[5]Weitere Bezeichnungen für den p-Wert sind Überschreitungswahrscheinlichkeit oder Signifikanzwert.

Histogramme mit eingezeichneten Normalverteilungskurven und zum anderen die Normalverteilungsdiagramme[6] der beobachteten Baureihen. Eine grafische Analyse liefert erste Anzeichen für die Abweichung einer Normalverteilung.

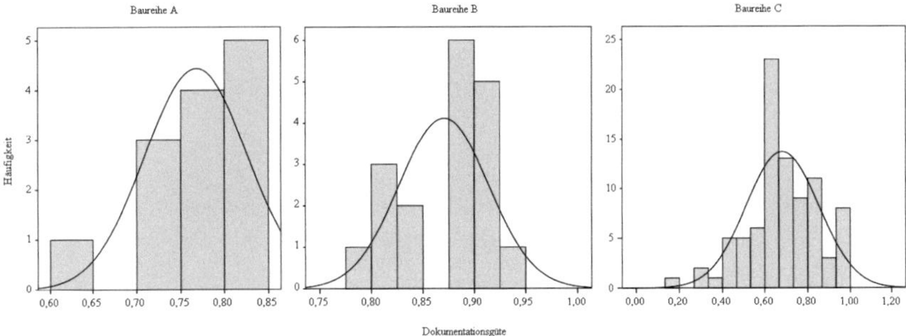

Abbildung 4.12: Histogramm mit Normalverteilungskurve

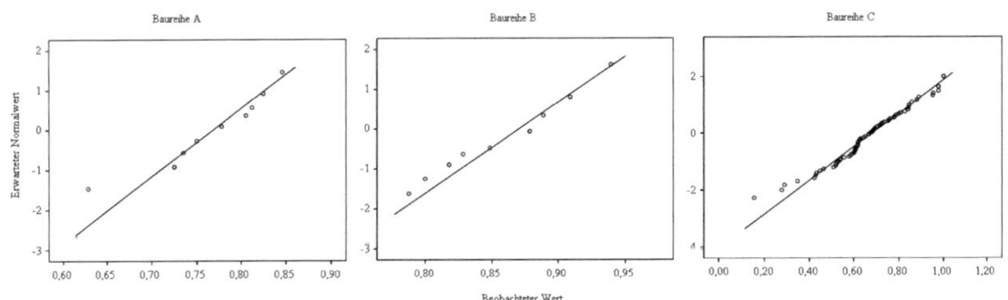

Abbildung 4.13: Normalverteilungsdiagramm

Die Histogramme mit den eingezeichneten Normalverteilungskurven lassen nicht eindeutig auf eine Normalverteilung schließen. Ein Normalverteilungsdiagramm ermöglicht ebenfalls die optische Entscheidung, ob Messgrößen als hinreichend normalverteilt angesehen werden können. Hier wird jeder beobachtete Wert mit seinem unter der Normalverteilung erwarteten Wert gepaart (Bühl 2008, S. 241). Die beobachtete Dokumentationsgüte wird auf der x-Achse abgetragen und die erwarteten Werte

---

[6]Für das Normalverteilungsdiagramm existiert in der Literatur auch die Bezeichnung QQ-Diagramm.

auf der y-Achse. Dabei erfolgt eine Transformation in z-Werte. In Abbildung 4.13 bilden die Werte für alle Baureihen annähernd eine Gerade, was eine Normalverteilung vermuten lässt.

Eine abschließende Anwendung des Shapiro-Wilk-Tests soll die Vermutung einer Normalverteilung der Stichproben aus dem Prototypenaufbau bestätigen. Nach Eingabe der erfassten Werte und Durchführung des Shapiro-Wilk-Tests mit der Statistiksoftware SPSS ergaben sich die in Tabelle 4.17 aufgelisteten Ergebnisse der jeweiligen Baureihen.

Tabelle 4.17: Ergebnisse des Shapiro-Wilk-Tests für den Prototypenaufbau

BR	Statistik W	n	Signifikanz p
A	0,924	13	0,284
B	0,914	18	0,1
C	0,975	87	0,095

Nach Berechnung der Werte der Teststatistik W folgt für die Baureihen mit einem gegebenen Stichprobenumfang von $n < 50$ und dem zuvor festgelegten Signifikanzniveau $\alpha = 0,05$ ein Vergleich mit den kritischen Werten, die der Tabelle für Shapiro Wilk-Tests entnommen wird (Gibbons et al. 2009, S. 265):

- **Baureihe A**:
  Für $n = 13$ gilt $W_{0,05} = 0,866$ und damit $0,866 < 0,924$. Der errechnete Wert $W_A = 0,924$ ist größer als die kritische Grenze; also ist H_0 nicht abzulehnen.

- **Baureihe B**:
  Für $n = 18$ gilt $W_{0,05} = 0,897$ und damit $0,897 < 0,914$. Der errechnete Wert $W_B = 0,914$ ist größer als die kritische Grenze; also ist H_0 nicht abzulehnen.

Auch die Signifikanzwerte $p_A = 0,284$ für Baureihe A und $p_B = 0,1$ für Baureihe B sind deutlich größer als $\alpha = 0,05$. Somit ist für die Stichproben der Baureihen A und B eine Normalverteilung nicht abzulehnen.

Für die **Baureihe C** wird zum Test auf Normalverteilung ebenfalls die Signifikanz p überprüft. Mit $p_C = 0,095$ ist der Wert größer als das festgelegte Signifikanzniveau $\alpha = 0,05$, weshalb auch hier H_0 nicht abgelehnt wird.

Normalverteilungstest der Ergebnisse aus der Erprobungsphase

Die fahrzeugbezogene Dokumentationsgüte ändert sich während der Erprobungsphase aufgrund von Umbaumaßnahmen. Im Rahmen der Arbeit ist auch für diese

Stichproben von einer Normalverteilung auszugehen. Zur Bestätigung werden die Werte zum Zeitpunkt t_3 dem Shapiro-Wilk-Test unterzogen. Die Dokumentationsgüte der für die Erprobungsphase ausgewählten Fahrzeuge jeder Baureihe ist in Tabelle 4.18 zusammengefasst.

Tabelle 4.18: Dokumentationsgüte zum Zeitpunkt t_3

Baureihe A									
Fzg.	**2**	**5**	**6**	**8**	**9**	**10**	-	-	-	-
DG (t_3)	0,6750	0,8333	0,7500	0,6500	0,8205	0,7000				

Baureihe B									
Fzg.	**6**	**9**	**11**	**15**	**16**	-	-	-	-	-
DG (t_3)	0,7576	0,7273	0,8788	0,6286	0,8485					

Baureihe C									
Fzg.	**11**	**17**	**23**	**24**	**28**	**33**	**34**	**37**	**46**	**48**
DG (t_3)	0,4800	0,3200	0,6190	0,5000	0,5800	0,6600	0,4318	0,4000	0,7381	0,7143
Fzg.	**49**	**51**	**56**	**67**	**68**	**71**	**72**	**80**	**81**	**87**
DG (t_3)	0,6667	0,6522	0,7027	0,8889	0,6944	0,3696	0,6111	0,7895	0,7619	0,7273

Auf der Grundlage dieser Werte zeigt Tabelle 4.19 die berechneten Ergebnisse des Shapiro-Wilk-Tests.

Tabelle 4.19: Ergebnisse des Shapiro-Wilk-Tests für die Erprobungsphase

BR	Statistik W	n	Signifikanz p
A	0,912	6	0,446
B	0,957	5	0,787
C	0,955	20	0,452

Da für alle drei Baureihen $n < 50$, gilt:

- **Baureihe A:**
  Für $n = 6$ gilt $W_{0,05} = 0,788$ und damit $0,788 < 0,912$. Der errechnete Wert $W_A = 0,912$ ist größer als die kritische Grenze; also ist H_0 nicht abzulehnen.

- **Baureihe B:**
  Für $n = 5$ gilt $W_{0,05} = 0,762$ und damit $0,762 < 0,957$. Der errechnete Wert $W_B = 0,957$ ist größer als die kritische Grenze; also ist H_0 nicht abzulehnen.

- **Baureihe C:**
  Für $n = 20$ gilt $W_{0,05} = 0,905$ und damit $0,905 < 0,955$. Der errechnete Wert $W_B = 0,955$ ist größer als die kritische Grenze; also ist H_0 nicht abzulehnen.

Auch die Signifikanzwerte $p_A = 0,446$, $p_B = 0,787$ und $p_C = 0,452$ sind für alle drei Baureihen deutlich größer als $\alpha = 0,05$. Dementsprechend ist auch für die Erprobungsphase die Nullhypothese nicht abzulehnen, weshalb von einer Normalverteilung ausgegangen wird.

4.6.4 Berechnung der Konfidenzintervalle

Folglich kann in beiden Phasen für die fahrzeugbezogene Dokumentationsgüte der drei Baureihen von einer Normalverteilung ausgegangen werden. Tabelle 4.20 zeigt die mit der Statistiksoftware SPSS berechneten Konfidenzintervalle für $\alpha = 0,05$ zu den Zeitpunkten t_0 und t_3 anhand der Werte aus den Tabellen 4.8 bis 4.10 und 4.18.

Tabelle 4.20: 95%-Konfidenzintervalle der Dokumentationsgüte bei t_0 und t_3

BR		Untergrenze $\hat{\vartheta}_u$	Obergrenze $\hat{\vartheta}_o$	Mittelwert $\hat{\vartheta}$
A	t_0	0,7326	0,8033	0,768
	t_3	0,6579	0,8183	0,738
B	t_0	0,8488	0,8922	0,871
	t_3	0,6440	0,8922	0,768
C	t_0	0,6462	0,7184	0,682
	t_3	0,5438	0,6870	0,615

Es ist somit eine 95%ige Wahrscheinlichkeit gegeben, dass sich die in der letzten Spalte aufgelisteten Mittelwerte im jeweiligen Konfidenzintervall befinden.

5 RFID zur Bauzustandsdokumentation in der Prototypenphase

Die Ergebnisse der Analyse aus Kapitel 4 zeigen, dass eine richtige und vollständige Bauzustandsdokumentation in der Prototypenphase anhand konventioneller Methoden die Fahrzeugentwicklung vor große Herausforderungen stellt. Aufgrund vieler Vorteile beim Einsatz der RFID-Technologie zur Identifikation von Objekten wird im Rahmen dieser Arbeit deren Einsatz zur Unterstützung der Bauzustandsdokumentation geprüft. Die folgenden Abschnitte erläutern daher zunächst die damit einhergehenden Potentiale und Anforderungen. Vor dem Hintergrund zahlreicher involvierter Lieferanten im Kennzeichnungsprozess von Bauteilen, gepaart mit der Anwendung einer neuen Technologie, folgen anschließend Überlegungen zur Einbindung dieser Prozesspartner. In Anlehnung an Kapitel 3 beschreiben die letzten Abschnitte dieses Kapitels die RFID-gestützte Prototypenphase unter Zuhilfenahme der definierten Kernprozesse.

5.1 Potentiale und Voraussetzungen zum Einsatz von RFID

Im Hinblick auf die Bauzustandsdokumentation von Versuchsträgern und unter Berücksichtigung technischer Grundlagen aus Kapitel 2 beschreibt der folgende Abschnitt Potentiale und Voraussetzungen zum Einsatz der RFID-Technologie. Insbesondere werden dabei technische Aspekte bei der Teilekennzeichnung, die Relevanz von Bauteilen sowie unterschiedliche Konzepte zum Datenmanagement näher betrachtet. Darüber hinaus erfolgt eine Beschreibung verschiedener Erfassungsmethoden zur Identifikation von gekennzeichneten Bauteilen, die im Rahmen dieser Arbeit zur Evaluierung der RFID-gestützten Bauzustandsdokumentation zur Anwendung kamen.

5.1.1 Potentiale in der Prototypenphase

Folgende sechs Aussagen fassen die für die Prototypenphase wichtigsten Potentiale der RFID-Technologie zur Identifikation von Fahrzeugteilen und der damit verbundenen Bauzustandsdokumentation zusammen[1]:

1. *Zum Lesen der Teiledaten ist kein Sichtkontakt zu einem Bauteil erforderlich, sofern es nicht vollständig von Metall umschlossen ist.*

Im Vergleich zur konventionellen Identifikationsmethode von Bauteilen mit einer Barcode-Kennzeichnung ist kein direkter Sichtkontakt zu einem Bauteil bzw. dem darauf angebrachten Transponder erforderlich. Vor allem tief im Fahrzeug eingebaute Teile, bei denen ein Barcode von außen nicht zu erkennen ist, können so erfasst werden. Der Ausbau von Fahrzeugteilen zur Prüfung der Teiledaten ist daher vermeidbar, woraus eine Zeitersparnis bei der Überprüfung der Fahrzeugkonfiguration resultiert.

2. *Die Bauzustandsdokumentation von Versuchsträgern ist zu jedem beliebigen Zeitpunkt und an jedem beliebigem Ort aktuell.*

Der Einsatz mobiler Lesegeräte erlaubt die Erfassung des Bauzustands von Versuchsträgern zu jedem beliebigen Zeitpunkt und an jedem beliebigen Ort. Die Kenntnis der aktuellen Fahrzeugkonfiguration ist eine elementare Voraussetzung für die Fahrzeugerprobung. Bei der konventionellen Dokumentationsmethode beruht die aktuelle Fahrzeugkonfiguration immer auf der Erstdokumentation zum Zeitpunkt des Prototypenaufbaus. Eine Korrektur fehlender oder falsch dokumentierter Teiledaten erfolgt frühestens bei Umbaumaßnahmen der betroffenen Bauteile. Im Gegensatz dazu wird beim Einsatz der RFID-Technologie der aktuelle Bauzustand bei jedem Lesevorgang neu erfasst. Daraus folgt die Möglichkeit, entwicklungsrelevante Aufgaben jederzeit auf Grundlage der aktuellen Bauzustandsdokumentation durchzuführen.

3. *Die Identifikation von Fahrzeugteilen erfolgt automatisiert.*

Beim Auslesen von RFID-Transpondern ist kein direkter Sichtkontakt erforderlich, weshalb die Teiledaten von gekennzeichneten Bauteilen im verbauten Zustand automatisiert über stationäre RFID-Lesegeräte erfasst werden können. Fehler bei der Identifikation von Bauteilen oder in der Bauzustandsdokumentation aufgrund manueller Vorgänge werden vermieden und eine Zeitersparnis herbeigeführt.

---

[1]Die Reihenfolge der Aufzählung steht in keinem Zusammenhang mit der Relevanz der einzelnen Punkte.

4. Ein Lesevorgang identifiziert mehrere Bauteile auf einmal.[2]

RFID-Lesegeräte sind in der Lage, mehrere Transponder auf einmal zu erfassen. Zusammen mit der Möglichkeit einer automatisierten Identifikation kann die Fahrzeugkonfiguration von Versuchsträgern vollständig und ohne manuellen Eingriff in einem Lesevorgang identifiziert werden. Daraus folgt eine Zeitersparnis bei der Feststellung der vollständigen Bauzustandsdokumentation.

5. Teiledaten sind stets aktuell.

In der Prototypenphase werden Bauteile und deren Eigenschaften häufig aktualisiert und anschließend die entsprechenden Teiledaten geändert. Durch den Einsatz der RFID-Technologie besteht die Möglichkeit, Transponder neu zu beschreiben oder die entsprechenden Daten auf dem Transponder zu ergänzen.[3]

6. Umwelteinflüsse haben keine Auswirkung auf die Lesbarkeit von Teiledaten.

Versuchsfahrzeuge werden auf Testfahrten in der Regel unterschiedlichen Witterungsbedingungen ausgesetzt, weshalb extreme Umwelteinflüsse auf die verbauten Teile einwirken. Gleichzeitig wirken sich diese Einflüsse auch auf deren Kennzeichnung aus. Dies hat zur Folge, dass z. B. in Klarschrift gedruckte Teiledaten oder Barcodes auf Klebeetiketten anschließend nicht mehr lesbar sind. Im Gegensatz dazu haben Umwelteinflüsse wie Schmutz oder Wasser bei der richtigen Wahl von Transpondern keine Auswirkungen auf den Lesevorgang.

Fazit

Der Einsatz von RFID in der Prototypenphase der Fahrzeugentwicklung ermöglicht eine automatisierte Bauzustandsdokumentation ohne Medienbruch. Zudem ist mit Unterstützung mobiler Erfassungsgeräte eine Identifikation der aktuellen Fahrzeugkonfiguration zu jedem Zeitpunkt im Prozess realisierbar. Im Vergleich zur konventionellen Dokumentationsmethode kann die daraus resultierende Transparenzsteigerung zu einer höheren Qualität der Bauzustandsdokumentation führen. Die Gefahr von nicht oder zu spät erkannten Fehlern bei entwicklungsrelevanten Tätigkeiten aufgrund falscher Teiledaten wird dadurch verringert. Inwieweit eine Verbesserung der Qualität der Bauzustandsdokumentation von Versuchsträgern möglich ist, zeigt die Auswertung in Kapitel 6.

---

[2]In bestimmten, hier eingesetzten Konfigurationen, ermöglicht die RFID-Technologie die Pulkerfassung von gekennzeichneten Objekten.

[3]Dies gilt nur für Read-Write-Versionen von Transpondern (vgl. Abschnitt 2.3.3).

5.1.2 Teileauswahl

Die Kennzeichnung aller Bauteile mit Transpondern ist aufgrund der hohen Zahl an Fahrzeugkomponenten aus wirtschaftlichen und technischen Gesichtspunkten nicht immer sinnvoll. Unter Berücksichtigung der Anforderungen und Möglichkeiten beim Einsatz der RFID-Technologie muss deshalb eine Auswahl getroffen werden:

Einzelteil- oder Modulebene

Viele Teile liegen beim Einbau in ein Fahrzeug als Modul vor, das innerhalb der Vormontage aus verschiedenen Einzelteilen zusammengefügt wird. Deshalb erfolgt eine Unterscheidung zwischen der Kennzeichnung auf Einzelteil- und Modulebene. Für die Prototypenphase ist die Kennzeichnung auf Einzelteilebene als die bevorzugte Methode anzusehen, da viele in Modulen verbaute Teile innerhalb der Erprobungsphase getauscht werden. Eine Überprüfung des Bauzustands von Fahrzeugen liefert bei der Kennzeichnung auf Modulebene auch nach dem Tausch zugehöriger Komponenten noch die gleichen Daten wie vorher. Folglich müssten diese manuell aktualisiert werden. Die Kennzeichnung auf Einzelteilebene hingegen ermöglicht einen Tausch von Bauteilen ohne weitere Schritte, was die Gefahr von Fehlern aufgrund manueller Tätigkeiten verringert.

Abschirmung und Temperatur von Bauteilen

Bei der Teileauswahl sind zudem technische Voraussetzungen zu berücksichtigen. Die stetig steigende Anzahl neuer Funktionen erfordert immer mehr Komponenten in einem Fahrzeug. Der zur Verfügung stehende Platz wird deshalb immer geringer (Schöner 2006, S. 10). Sofern ein Bauteil vollständig von Metall umschlossen ist, kann ein darauf angebrachter Transponder von außen nicht über ein RFID-Lesegerät erfasst werden. An dieser Stelle ist die Kennzeichnung auf Modulebene zwar denkbar, bringt jedoch die zuvor erwähnten Nachteile mit sich. Daneben sind auch die unterschiedlichen Temperaturen von verbauten Teilen zu beachten, die z. B. bei Abgasanlagen bis zu 500 °C betragen können. Eine Kennzeichnung ist auch für diese Teile nur indirekt auf Modulebene möglich, sofern die für einen Transponder maximal zulässige Temperatur nicht überschritten wird.

Relevanz von Bauteilen

In der Prototypenphase sind sämtliche entwicklungsrelevante Bauteile zugleich kennzeichnungsrelevant. Unter Berücksichtigung der bisher genannten Kriterien kann die RFID-Technologie zur Identifikation dieser Teile eingesetzt werden. Aufgrund der vielen Erprobungszyklen während der Prototypenphase und der daraus resultierenden Umbaumaßnahmen ist eine Aktualisierung der Bauzustandsdokumentation von Versuchsträgern immer wieder vorzunehmen. Deshalb stellt die

1. Entwicklungs- bzw. Erprobungsrelevanz von Bauteilen

das wichtigste Kriterium bei der Auswahl zur RFID-Integration dar. Weitere, für die Prototypenphase weniger relevante, aber dennoch mögliche Auswahlkriterien sind zudem die

2. Sicherheitsrelevanz von Bauteilen, z. B. Airbags,

3. Umweltrelevanz von Bauteilen, z. B. Batterien,

4. wirtschaftliche Vorteilhaftigkeit, z. B. bei schlecht erreichbaren Teilen zu Identifikationszwecken.

Bauteile, die mindestens eines der letzten drei Kriterien erfüllen, können ebenso entwicklungsrelevant sein (vgl. Abschnitt 4.3).

Teileauswahl zur Evaluierung der RFID-gestützten Bauzustandsdokumentation im Rahmen dieser Arbeit

Ein objektiver Vergleich der RFID-gestützten mit der konventionellen Bauzustandsdokumentation setzt die gleichen Bedingungen an die Auswahl von Bauteilen zur Evaluierung voraus. Für beide Methoden wurden deshalb die Teilearten des Warenkorbs aus Tabelle A.1 im Anhang und darüber hinaus dieselben Bauteile betrachtet. Analog zu Abschnitt 4.3 sind diese daher hauptsächlich entwicklungs- bzw. erprobungsrelevant. Die Auswahl verschiedener Referenzbauteile aus einzelnen Modulen und deren unterschiedliche Einbaupositionen ermöglicht zudem eine Aussage über die Eignung der Technologie zur Bauzustandsdokumentation von Fahrzeugen.

5.1.3 Datenmanagement

Bei der Einführung der RFID-Technologie ist zunächst zu entscheiden, welche Teiledaten zur Durchführung der Prototypenphase im Hinblick auf die Erprobung von Versuchsträgern von Bedeutung sind. Nach den in Kapitel 3 vorgestellten Prozessen erfolgt die Identifikation von Bauteilen anhand von Teiledaten auf Klebeetiketten oder Warenanhängern. Darüber hinaus sind diese bei dem im Rahmen dieser Arbeit betrachteten Automobilhersteller mit einer teile- oder fahrzeugspezifischen Prototypen-ID verknüpft. Unter Berücksichtigung des Speicherplatzes können sämtliche Daten entsprechend auf Transpondern gespeichert werden. In Anlehnung an die VDA-Norm 5509 *„RFID zur Verfolgung von Bauteilen und Komponenten in der Fahr-*

zeugentwicklung" (Verband der Automobilindustrie e.V. 2012) zeigt Tabelle 5.1 einen Auszug relevanter Teiledaten in der Prototypenphase.

Tabelle 5.1: Auszug relevanter Teiledaten in der Prototypenphase

#	Attribut	#	Attribut
1	Company ID No. (CIN)	19	Änderungsstand
2	Part Number (PN)	20	Generationsstand
3	Part Serial No. (PSN)	21	Musterstand
4	Teilebezeichnung	22	Fertigungsprozess
5	Versuchsteilenummer	23	Funktionseinschränkung
6	Fahrzeugnummer	24	Lieferantensachnnummer
7	Auftragsnummer	25	Qualitäts-Stand
8	Bestellnummer	26	Prüfdatum
9	Bestellposition	27	Prüfberichtsnummer
10	Baulos/Projekt	28	Kritikalität
11	Integrationsstufe	29	Charge
12	Versionsnummer	30	Herstelldatum
13	Lieferantennummer	31	Gewicht
14	Lieferscheinnummer	32	Werkstoff
15	Zeichnungsstand	33	Änderungsstanddatum
16	Hardwarestand	34	Zeichnungsdatum
17	Softwarestand	35	Versanddatum
18	Geometriestand	36	Anlieferort

Aufgrund der begrenzten Speicherkapazität können Transponder nicht mit beliebig vielen Daten beschrieben werden (vgl. Abschnitt 2.3.4). Zudem ist die Dauer der Erfassung von der Anzahl der gespeicherten Daten abhängig. Aus diesem Grund wird zwischen zwei möglichen Konzepten des Datenmanagements unterschieden:

1. **Data-on-Tag:**
   Alle Teiledaten sind auf dem Transponder gespeichert und werden mitgeführt.
2. **Data-on-Network:**
   Alle Teiledaten sind in einer Datenbank gespeichert. Der Zugriff erfolgt über eine als Schnittstelle dienende ID auf dem Transponder.

Tabelle 5.2 verdeutlicht die wesentlichen Unterschiede beider Konzepte. Eine detailliertere Beschreibung findet sich in der Literatur (Diekmann et al. 2007). Infolge der Vielzahl relevanter Teiledaten ist das Data-on-Network-Konzept zu bevorzugen. Dies erlaubt ein schnelles Beschreiben und Lesen von Transpondern aufgrund der geringen Datenmenge und zugleich das Speichern beliebig vieler zugehöriger Informationen in einer Datenbank. Zur Evaluierung der RFID-gestützten Bauzustandsdokumentation im Rahmen dieser Arbeit diente die Erfassung der Prototypen-ID.

Tabelle 5.2: Unterschiede Data-on-Network und Data-on-Tag

	Data-on-Network	Data-on-Tag
Konzept	Daten und Objekt sind getrennt	Daten werden mit dem Bauteil mitgeführt
Datenzugang	über die Netzwerk-Infrastruktur	über den Transponder am Bauteil
Datenspeicherung	zentral in einer Datenbank	dezentral auf dem Transponder am Bauteil
Dateninhalt	ID	alle relevanten Teileinformationen

5.1.4 Erfassung von gekennzeichneten Bauteilen

Im Rahmen dieser Arbeit wird der RFID-Einsatz zur Unterstützung der Bauzustandsdokumentation von Versuchsträgern überprüft. Eine vereinfachte und automatisierte Erfassung von Teiledaten soll eine korrekte und vollständige Dokumentation der Fahrzeugkonfiguration sicherstellen. Dies kann unter Einsatz eines RFID-Gates erreicht werden, das bei bei einer Durchfahrt von Fahrzeugen die verbauten Teile automatisch identifiziert. Wagner beschreibt dieses Szenario als visionäre Vorstellung unter dem Begriff *„geschlossenes Fahrzeug scannen"* (Wagner 2009, S. 99). Aufgrund physikalischer Rahmenbedingungen wird dieses Verfahren jedoch nicht weiter betrachtet und als mögliche Lösung das Szenario *„offenes Fahrzeug scannen"* vorgestellt. Hierbei erfolgt die Identifikation von Bauteilen durch manuelles Vorbeiführen einer Einzelantenne an den angebrachten Transpondern. Voraussetzung ist ein stehendes Fahrzeug mit geöffneten Türen, Motorraum und Heckklappe. Die folgenden Abschnitte beschreiben in Anlehnung an diese Methoden weitere Verfahren zur Erfassung von verbauten Teilen, die im Rahmen der Evaluierung der RFID-gestützten Bauzustandsdokumentation zum Einsatz kamen.

Automatisierte Erfassung

Unter Berücksichtigung der physikalischen Rahmenbedingungen wurde im Rahmen dieser Arbeit das Szenario *„geschlossenes Fahrzeug scannen"* näher betrachtet. In Kombination mit dem Szenario *„offenes Fahrzeug scannen"* stellt dieser Abschnitt eine Lösung vor, die im weiteren Verlauf der Arbeit als *„automatisierte Erfassung"* bezeichnet werden soll.

Bei der automatisierten Erfassung scannt ein automatisch gesteuertes RFID-Gate alle in einem Fahrzeug verbauten Teile in einem Lesevorgang. Bei dem Gate handelt es sich um eine Konstruktion aus einem Torbogen, an dem Lesegeräte und Antennen zur Auslesung von RFID-Transpondern angebracht sind. Auf Schienen befestigt, kann das automatische Gate mithilfe eines integrierten Motors mit gleichbleibender Geschwindigkeit über das Fahrzeug hinweg bewegt werden. In der Schwelle zum Gate-Stellplatz für das Fahrzeug befinden sich zudem integrierte Bodenantennen, die beim Einfahren des Fahrzeugs überwiegend die Bauteile der Fahrzeugunterseite erfassen. Das Fahrzeug wird somit von allen Seiten abgescannt. Abbildung 5.1 zeigt die schematische Darstellung eines automatischen Gates mit insgesamt zehn Antennen. Die Anzahl, ihre Anordnung sowie die jeweiligen Abstände zueinander müssen für jedes Fahrzeugmodell angepasst werden, um die gewünschte Leserate zu erhalten.

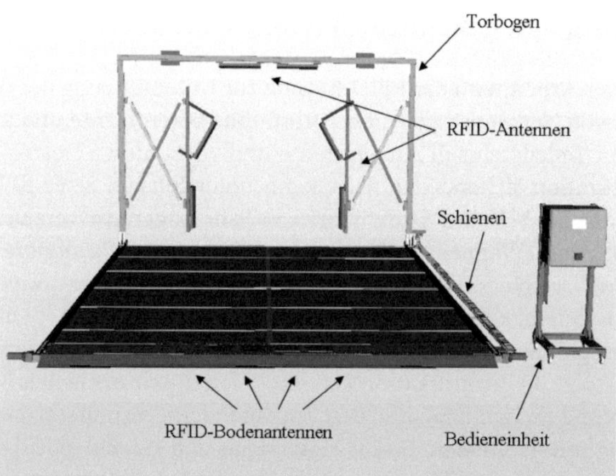

Abbildung 5.1: Schematische Darstellung eines automatischen RFID-Gates

Die Erfassung verbauter Teile mit dem RFID-Gate erfolgt in drei Schritten:

1. Beim Einfahren auf den Gate-Stellplatz und beim Durchqueren einer Lichtschranke aktivieren sich die in der Schwelle verbauten Bodenantennen und lesen das Fahrzeug von unten aus.

2. Zur Erfassung von gekennzeichneten Bauteilen im Motor- und Kofferraum werden anschließend die entsprechenden Klappen geöffnet.[4] Eine Abschirmung angebrachter RFID-Transponder wird dadurch vermieden.

---

[4]Erforderlich, wenn sich Bauteile mit Transpondern im Motor- oder Kofferraum befinden.

3. Über eine Bedienheinheit wird das automatische RFID-Gate gestartet, woraufhin der Torbogen über das Fahrzeug hinweg fährt. Dabei werden insbesondere die Transponder im oberen Teil des Motorraums, im Innen- und Kofferraum sowie Karosserieteile erfasst.

Die automatisierte Erfassung aller Bauteile ermöglicht anschließend die Bauzustandsdokumentation ohne Medienbruch. Die manuellen Tätigkeiten beschränken sich bei diesem Verfahren auf das Einfahren des Fahrzeugs, das Öffnen der Klappen und das Starten des Gates. Abbildung 5.2 zeigt den Aufbau und die schematische Funktionsweise des im Rahmen dieser Arbeit verwendeten RFID-Gates mit drei Lesegeräten[5] und insgesamt zwölf Antennen. Die dafür eingesetzten Geräte werden in Abbildung 2.8 vorgestellt.

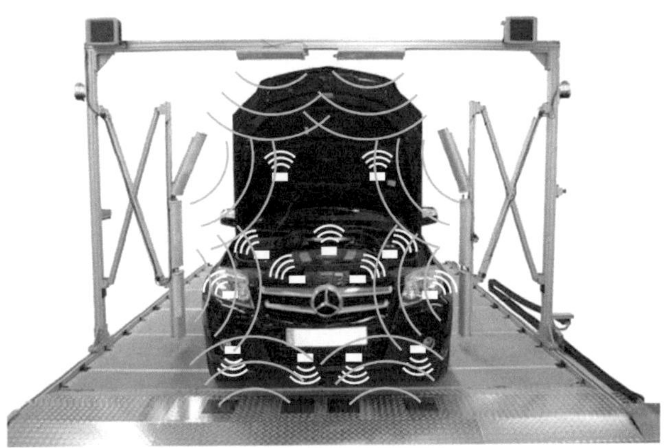

Abbildung 5.2: Automatisierte Erfassung im RFID-Gate

Mobile Erfassung

Die Kenntnis der aktuellen Bauzustandsdokumentation von Versuchsträgern ist zu verschiedenen Zeitpunkten in der Prototypenphase erforderlich. Da die Identifikation von Bauteilen mithilfe eines stationären RFID-Gates nicht an jedem Ort durchgeführt werden kann, z. B. auf Testfahrten außerhalb des Werks, besteht die Möglichkeit einer mobilen Erfassung mit RFID-Handhelds, die flexibel an beliebigen Standorten

---

[5]Eines ist an der Bedieneinheit angebracht und in der Abbildung nicht zu erkennen.

eingesetzt werden können. Der Scanvorgang erfolgt dabei durch manuelles Vorbeiführen des Handhelds an den mit Transpondern gekennzeichneten Bauteilen. Die im Rahmen dieser Arbeit eingesetzten Geräte ermöglichen eine Erfassung mit einem Abstand von bis zu 1,5 Metern auch ohne direkten Sichtkontakt zum Bauteil oder Transponder. Abbildung 5.3 stellt die Funktionsweise schematisch dar.

Abbildung 5.3: Mobile Erfassung mit einem Handheld

5.2 Methoden der Lieferantenintegration zur Kennzeichnung von Bauteilen

Unter Lieferantenintegration ist die Methode der Zusammenarbeit zwischen Fahrzeugentwicklung und Lieferant hinsichtlich der Teilekennzeichnung mit Transpondern zu verstehen. In der Regel erfolgt die Kennzeichnung für sämtliche Fahrzeugteile im Rahmen der Produktion durch einen internen oder externen Lieferanten. Aufgrund der Besonderheiten beim Einsatz der RFID-Technologie werden im Rahmen dieser Arbeit drei Ansätze zur Teilekennzeichnung mit Transpondern betrachtet mit dem Ziel, eine fehlerfreie Kennzeichnung und Identifikation von Bauteilen zu erhalten:

1. Teilintegration von Lieferanten (TI)
2. Vollintegration von Lieferanten (VI)

Eine Kennzeichnung von Bauteilen durch Lieferanten ermöglicht neben der RFID-gestützten Bauzustandsdokumentation auch die Erfassung von Bauteilen über RFID-

Lesegeräte in der logistischen Kette. Ohne Berücksichtigung dieses Aspekts ergibt sich eine weitere Möglichkeit der Kennzeichnung ohne Einbindung von Lieferanten:

3. Keine Integration von Lieferanten (KI)

Die folgenden Abschnitte beschreiben zunächst und vergleichen anschließend die einzelnen Integrationsmethoden miteinander.

5.2.1 Teilintegration von Lieferanten

Die von der Fahrzeugentwicklung festgelegten Teiledaten dienen zur Kennzeichnung und späteren Identifikation von Bauteilen im Laufe der Prototypenphase. Sie werden bei der Teilintegration vom Automobilhersteller auf Transpondern gespeichert und anschließend den Lieferanten zur Kennzeichnung zugesandt. Abbildung 5.4 beschreibt den Ablauf dieser Integrationsmethode schematisch.

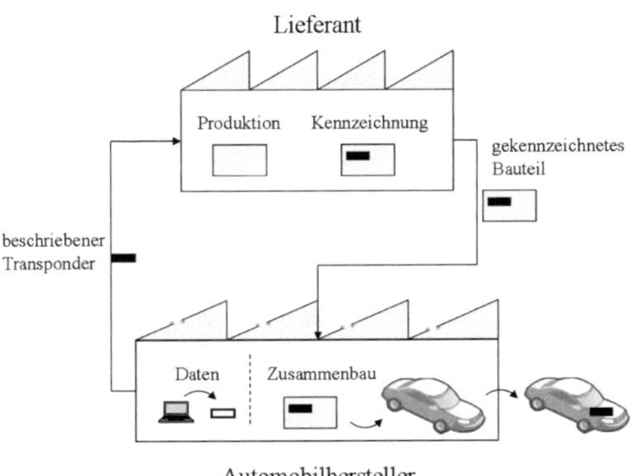

Abbildung 5.4: Teilintegration

Die Anbringung der Transponder beim Lieferanten erfolgt an einer zuvor definierten Stelle. Eine äußerlich sichtbare Kennzeichnung in Klarschrift auf dem Transponder gewährleistet die richtige Zuordnung zum entsprechenden Bauteil, sofern keine RFID-Lesegeräte zur Verfügung stehen. Anschließend werden die gekennzeichneten Bauteile im letzten Schritt an den Automobilhersteller gesandt.

5.2.2 Vollintegration von Lieferanten

Bei der Vollintegration übernimmt der Lieferant das Beschreiben der Transponder mit den vom Automobilhersteller festgelegten Teiledaten. Abbildung 5.5 beschreibt den Ablauf der Vollintegration schematisch.

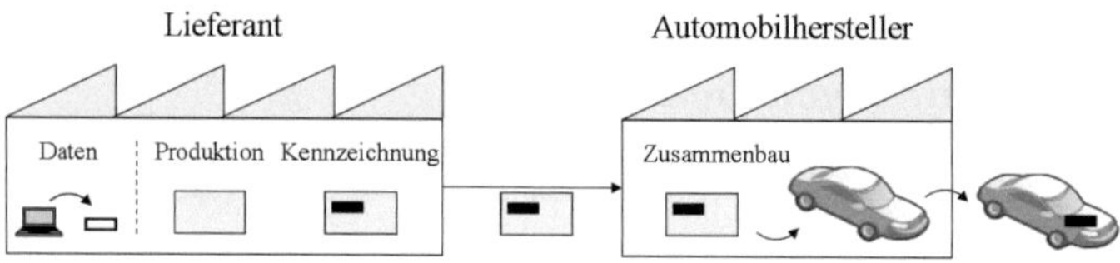

Abbildung 5.5: Vollintegration

Der Lieferant beschreibt die Transponder mit den von der Fahrzeugentwicklung festgelegten Teiledaten und kennzeichnet anschließend die Bauteile nach deren Fertigstellung an einer zuvor definierten Stelle. Eine äußerliche Kennzeichnung in Klarschrift der Transponder ist bei unmittelbarer Anbringung nach dem Beschreiben nicht erforderlich. Da eng aneinander liegende Bauteile, z. B. im Lagerregal, über RFID-Lesegeräte meist im Pulk erfasst werden, ist eine von außen lesbare Kennzeichnung zur eindeutigen Identifikation des Bauteils, z. B. zur Entnahme, dennoch empfehlenswert. Analog zur Teilintegration erfolgt im letzten Schritt der Versand der gekennzeichneten Bauteile an den Automobilhersteller.

5.2.3 Keine Integration von Lieferanten

Keine Integration bedeutet an dieser Stelle, dass Lieferanten nicht in den RFID-Prozess eingebunden werden. Die Kennzeichnung von Bauteilen beim Lieferanten erfolgt nach den in Abschnitt 3.2 beschriebenen Prozessen konventionell anhand von Klebeetiketten und Warenanhängern. Nach Anlieferung der Teile beim Automobilhersteller werden die Transponder mit den entsprechenden Teiledaten beschrieben und angebracht. Die richtige Zuordnung erfolgt anhand der konventionellen Kennzeichnung. Eine äußerliche Kennzeichnung der Transponder ist auch hier bei unmittelbarer Anbringung am Bauteil nach dem Beschreiben nicht erforderlich. Abbildung 5.6 veranschaulicht den Ablauf der Kennzeichnung von Bauteilen mit Transpondern ohne Einbeziehung von Lieferanten.

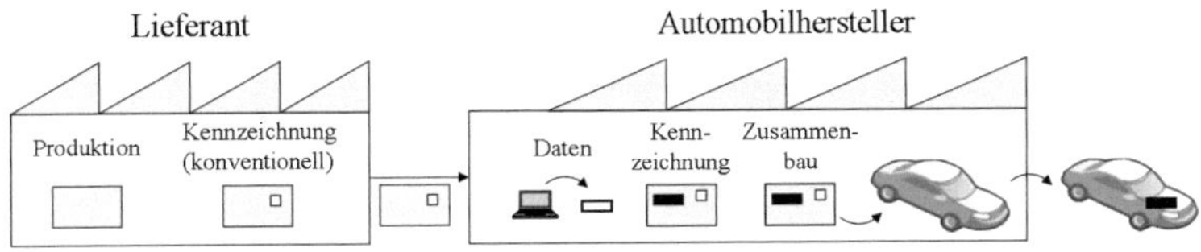

Abbildung 5.6: Keine Integration

5.2.4 Vergleich der Integrationsmethoden

Unabhängig davon, ob Bauteile bei externen Lieferanten oder intern beim Automobilhersteller gefertigt werden, sind in der Regel unterschiedliche Fachabteilungen für die Produktion verantwortlich. Im Rahmen dieser Arbeit wird für jedes Bauteil oder jede Baugruppe, z. B. linker und rechter Querlenker, ein anderer Lieferant angenommen. Aufgrund der Vielzahl an Lieferanten und der Einführung einer neuen Technologie ergeben sich bei der Auswahl der Integrationsmethoden folgende Überlegungen.

Erfüllung technischer Voraussetzungen bei der Kennzeichnung

Die Erfüllung der technischen Voraussetzungen bei der Kennzeichnung von Bauteilen mit Transpondern ist ein wichtiger Bestandteil für den reibungslosen Ablauf der RFID-gestützten Bauzustandsdokumentation. Je nach Integrationsmethode kann den beteiligten Lieferanten mehr oder weniger Verantwortung übertragen werden, was folgende Fragestellungen beispielhaft veranschaulichen:

1. *Wer entscheidet über die Auswahl eingesetzter RFID-Transponder?*
2. *Wer legt die Transponderposition fest?*
3. *Wer bestimmt die Befestigungsart von Transpondern (Kleben, Nieten etc.)?*

Die Entscheidungen erfolgen entweder durch die Fahrzeugentwicklung beim Automobilhersteller (A) oder durch die integrierten Lieferanten (L). Auch eine gemeinsame Abstimmung beider Prozesspartner ist möglich. Abhängig von der Integrationsmethode zeigt Tabelle 5.3 die Verteilung der Verantwortung zur Erfüllung der technischen Voraussetzungen, bezogen auf die drei Fragen.

---

[6]Auf dem Markt verfügbare Transponder sind in der Regel für eine Befestigungsart vorgesehen, die bereits bei der Auswahl von Transpondern berücksichtigt werden kann. Eine Änderung ist jedoch möglich.

Tabelle 5.3: Verteilung der Verantwortung auf die Prozesspartner

	A			L		
	1	2	3	1	2	3
TI	x		x		x	-[6]
VI				x	x	x
KI	x	x	x	-	-	-

Die Tabelle zeigt, dass bei der Vollintegration die gesamte Verantwortung einer korrekten Kennzeichnung von Bauteilen einschließlich der Erfüllung technischer Voraussetzungen auf den Lieferanten übertragen wird. Er sichert ab, dass ein Bauteil mit dem richtigen Transponder an der richtigen Stelle mit der richtigen Befestigungsart gekennzeichnet wird. Dabei steigt jedoch auch die Gefahr, dass sich aufgrund mangelnden Know-hows Fehler einschleichen, die zu einer unvollständigen Bauzustandsdokumentation führen. Der Aufwand für die Umsetzung der technischen Anforderungen wie auch das korrekte Beschreiben und Anbringen von Transpondern fällt somit vollständig den Lieferanten zu. Eine Aufteilung der Aufgaben bei der Teilintegration führt zwar zu einem geringeren Aufwand und einer geringeren Verantwortung von Lieferanten, allerdings steigt dadurch auch der Kommunikations- und Koordinationsaufwand zwischen den Prozesspartnern. Der Lieferant übernimmt bei der Umsetzung der technischen Anforderungen die Bestimmung der Transponderposition, gegebenenfalls die Auswahl der Befestigungsart und schließlich das Anbringen der von der Fahrzeugentwicklung ausgewählten und beschriebenen Transponder. Ohne eine Lieferantenintegration sind sämtliche Aufgaben von der Fahrzeugentwicklung zu übernehmen. Die Erfüllung der Voraussetzungen wird hier zwar durch das hohe technische Know-how gewährleistet, jedoch bleibt der Aufwand zur Kennzeichnung und damit auch das Risiko bei der Zuordnung von Teiledaten vollständig beim Automobilhersteller.

Ohne die strikte Aufteilung der Verantwortlichkeiten zur Umsetzung der technischen Anforderungen ist die Sicherstellung einer korrekten Kennzeichnung am wahrscheinlichsten. Sowohl bei der Teil- als auch der Vollintegration kann trotz der Aufgabenverteilung durch die Abstimmung beider Prozesspartner eine optimale Lösung für die Erfüllung technischer Anforderungen gefunden werden. Aufgrund der genauen Kenntnis von Einbaupositionen und umgebenden Bauteilen im Fahrzeug kann z. B. eine geeignete Wahl der Transponderposition die Abschirmung beim späteren Lesevorgang verhindern. Die VDA 5509 beschreibt eine Norm, in der die Anforderungen an die Kennzeichnung von Bauteilen zur RFID-gestützten Bauzustandsdokumentation in der Fahrzeugentwicklung definiert sind. Unter Verwendung dieser Norm kann insbesondere bei der Wahl der Vollintegration der Abstimmungsaufwand gesenkt werden. Im Rahmen dieser Arbeit wurden zur Evaluierung der RFID-gestützten Bauzustandsdokumentation alle drei Integrationsmethoden ausgewählt. Die Umsetzung der technischen Anforderungen erfolgte dabei immer durch die Fahrzeugentwicklung oder in Abstimmung mit den Lieferanten.

Identifikation von Bauteilen in der logistischen Kette

Der Begriff „*transparenter Materialfluss*" beschreibt im Rahmen dieser Arbeit die fortwährende Kenntnis über den Standort eines Bauteils zu jedem Zeitpunkt in der Prototypenphase. Die Kennzeichnung von Bauteilen mit Transpondern und die Stationierung von Lesegeräten an verschiedenen Stellen im Prozess ermöglichen einen RFID-gestützten Materialfluss. Durch die Ableitung von Prozessinformationen aus den identifizierten Teiledaten kann dieser unterstützt und transparent gestaltet werden. Je früher also eine Einbindung von Lieferanten in den RFID-Prozess erfolgt, desto mehr Möglichkeiten ergeben sich bei der Gestaltung eines RFID-gestützten Materialflusses. Folgende Fragestellungen veranschaulichen beispielhaft erforderliche Informationen, die sich innerhalb der logistischen Kette ergeben:

1. *Wann wird ein Bauteil vom Lieferanten ausgeliefert?*
2. *Wann wird ein Bauteil beim Automobilhersteller angeliefert?*
3. *Wo befindet sich ein Bauteil in der logistischen Kette?*
4. *Welches Bauteil ist in einem Fahrzeug eingebaut?*

Abhängig von der Integrationsmethode können diese Fragen unter Zuhilfenahme der RFID-Technologie zu jedem Zeitpunkt im Prozess beantwortet werden. Tabelle 5.4 zeigt, welche Methode dafür jeweils geeignet ist. Die meisten Prozessinformationen für den Automobilhersteller können bei der Wahl der Vollintegration gewonnen werden. Ab dem Zeitpunkt der Kennzeichnung beim Lieferanten ist eine Identifikation von Bauteilen mithilfe von RFID möglich, woran sich eine Übertragung der Daten in ein gemeinsames Informationssystem zur weiteren Verarbeitung anschließt. Es besteht zum einen die Möglichkeit, eine Lieferung durch mobile oder stationäre Lesegeräte (Gates) am Warenausgang zu erfassen. Zum anderen kann auch der Schreibvorgang anhand der bereits verfügbaren Hardware als Indikator für den Zeitpunkt des Warenausgangs genutzt werden, da die Kennzeichnung in der Regel im letzten Schritt der Teileproduktion kurz vor der Auslieferung erfolgt. Bei der Teilintegration übernimmt der Lieferant ausschließlich die Anbringung der Transponder. Es besteht folglich keine Möglichkeit, Informationen von Schreibvorgängen in ein gemeinsames Informationssystem zu übertragen. Eine Alternative stellt lediglich die Aufstellung von RFID-Geräten zur Erfassung am Warenausgang dar. Sowohl bei der Teil- als auch der Vollintegration kann nach Auslieferung zu jedem Zeitpunkt im Prozess, unter der Voraussetzung geeigneter RFID-Lesegeräte, eine Identifikation von Bauteilen erfolgen. Sofern keine Integration von Lieferanten erfolgt, sind RFID-gestützte Prozessinformationen frühestens ab dem Zeitpunkt der Kennzeichnung verfügbar.

Tabelle 5.4: Vergleich der Integrationsmethoden in der logistischen Kette

	1	2	3	4
TI	-	x	x	x
VI	x	x	x	x
KI	-	-	-[7]	x

Kosten für die Einführung von RFID

Abhängig von der Integrationsmethode können sich die Kosten für die Einführung der RFID-Technologie auf die beteiligten Prozesspartner verteilen. Auch eine unternehmensübergreifende Ausweitung des Einsatzes von RFID zur Kennzeichnung von Bauteilen führt zu Synergie-Effekten und der Verteilung von Kosten.[8] Letztlich wirken sich diese zwar immer auf die Stückkosten von Prototypenteilen aus, sind aber in Relation dazu marginal. Je nach Umfang der eingesetzten Lesestationen, Anzahl der relevanten Bauteile oder anderer Faktoren können die Kosten für den Automobilhersteller variieren. Im Rahmen dieser Arbeit wird aufgrund der Zielstellung nicht weiter auf den Kostenfaktor eingegangen.

5.3 Prozesse der RFID-gestützten Bauzustandsdokumentation

In Anlehnung an Kapitel 3 beschreibt der folgende Abschnitt – unter Berücksichtigung der bisherigen Überlegungen – eine Möglichkeit die RFID-Technologie in die Prozesse der Prototypenphase zu integrieren. Dabei sind insbesondere die als Kernprozesse identifizierten Schritte aus den Tabellen 3.1 bis 3.3 von Bedeutung.

---

[7]Die Informationsgewinnung aus der Identifikation von Bauteilen in der logistischen Kette ist abhängig vom Zeitpunkt der Kennzeichnung beim Automobilhersteller. Sofern die Kennzeichnung beim Einbau erfolgt, können keine Informationen zum Standort gewonnen werden.

[8]Eine Standardisierung des Einsatzes der RFID-Technologie über alle Automobilhersteller hinweg wird heute bereits durch die Erstellung der VDA 5509 angestrebt.

5.3.1 Einsatz der RFID-Technologie in Prozessen zur Datenerzeugung

Im Rahmen der Datenerzeugung ist zunächst das Konzept des Datenmanagements unter Berücksichtigung der relevanten Teiledaten auszuwählen. Nach Abschnitt 3.3.2 werden diese im Bestellprozess (2.)[9] festgelegt. Mit dem Ziel, einen geringen Aufwand beim Beschreiben zu erzeugen und Transponder schnell auszulesen, eignet sich aufgrund der Vielzahl an Bauteilen die Wahl des Data-on-Network-Konzeptes (vgl. Abschnitt 5.1.3). Für die innerhalb dieser Arbeit betrachteten Prozesse reicht deshalb das Speichern der Prototypen-ID auf dem Transponder aus. Die Bedarfsermittlung wird daher nicht weiter betrachtet. Der spätere Ablauf der Teileidentifikation gestaltet sich wie in Abbildung 5.7 schematisch dargestellt.

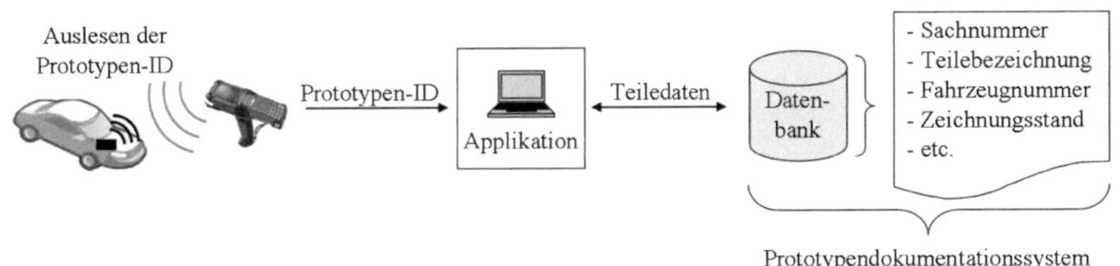

Abbildung 5.7: RFID-gestützte Ermittlung der Teiledaten (Data-on-Network)

Die Teiledaten werden im Prototypendokumentationssystem hinterlegt und können über die als Schnittstelle dienende Prototypen-ID abgerufen werden. Weitere Überlegungen im Rahmen der Datenerzeugung, insbesondere des Bestellprozesses, erfordern eine Unterscheidung zwischen den Integrationsmethoden von Lieferanten.

Teilintegration

Der Bestellprozesses aus Abschnitt 3.2.3 veranschaulicht, dass zur konventionellen Bauzustandsdokumentation die Übermittlung der Prototypen-ID für ein bestelltes Bauteil an den Lieferanten erforderlich ist. Zur RFID-gestützten Bauzustandsdokumentation über die Methode der Teilintegration kann dieser Schritt durch das Versenden der mit Prototypen-IDs beschriebenen Transponder ersetzt werden, was Abbildung 5.8 veranschaulicht.

---

[9]Die Nummern beziehen sich auf die entsprechenden Tätigkeiten aus den Tabellen 3.1 bis 3.3.

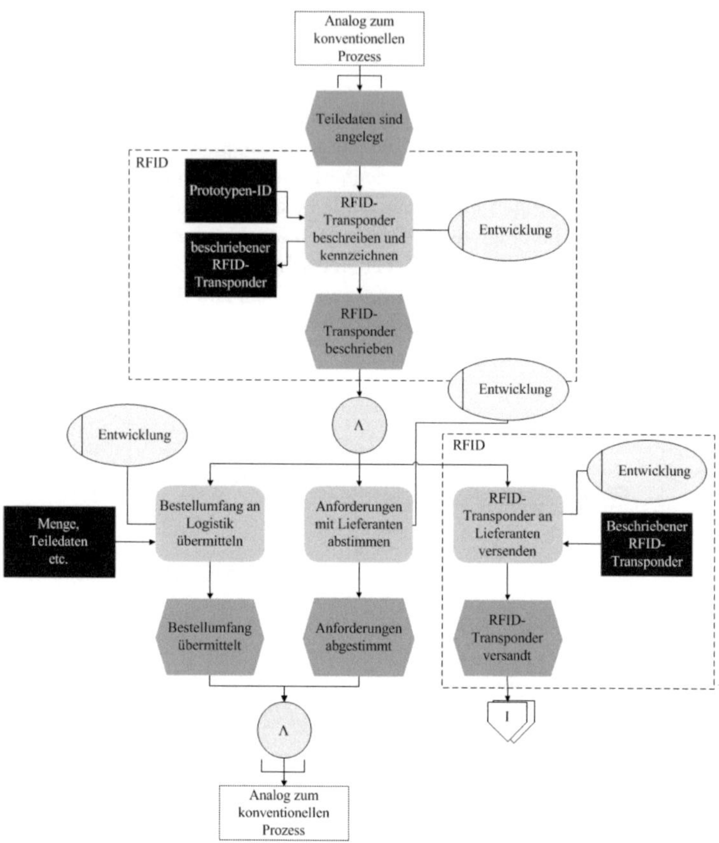

Abbildung 5.8: RFID-gestützter Bestellprozess bei der Teilintegration

Die Verantwortung für das korrekte Beschreiben der Transponder liegt beim Automobilhersteller. Gleichzeitig ist eine Kennzeichnung in Klarschrift erforderlich, um die richtige Zuordnung von Transpondern zu den einzelnen Bauteilen gewährleisten zu können. Darüber hinaus ist der rechtzeitige Versand zu beachten, damit anschließend die Anbringung beim Lieferanten erfolgen kann.

Die im Rahmen der Evaluierung eingesetzten RFID-Tischgeräte oder Handhelds zum Beschreiben der Transponder zeigt Abbildung 2.8 (S. 30). Die Eingabe der Prototypen-ID erfolgte manuell durch Mitarbeiter an den hierfür vorgesehenen Arbeitsstationen.

Dies gilt auch für die Schreibvorgänge bei den anderen beiden Methoden, die im weiteren Verlauf der Arbeit vorgestellt werden.

Vollintegration

Sofern eine RFID-gestützte Bauzustandsdokumentation anhand der Vollintegration erfolgt, übernimmt der Lieferant das Beschreiben der Transponder. Bei den Prozessen der RFID-gestützten Prototypenphase wird dieser Schritt jedoch nicht dem Bestellprozess, sondern den Prozessen der Bauteilproduktion und Kennzeichnung zugeordnet. Dennoch ist die Datenerzeugung an dieser Stelle gleichermaßen relevant. Der Bestellprozess und die damit verbundene Datenerzeugung bei der RFID-gestützten Prototypenphase entspricht dem Bestellprozess aus Abschnitt 3.2.3.[10] Die Fahrzeugentwicklung erzeugt die Prototypen-IDs für die bestellten Teile und gibt diese an den Lieferanten zum Beschreiben der Transponder weiter.

Keine Integration

Ohne Einbindung von Lieferanten in den RFID-Prozess entspricht der Bestellprozess ebenfalls dem aus Abschnitt 3.2.3. Das Beschreiben der Transponder erfolgt zu einem späteren Zeitpunkt beim Automobilhersteller in der Fahrzeugentwicklung, z. B. im Rahmen des Einbaus von Bauteilen in ein Fahrzeug.

5.3.2 Einsatz der RFID-Technologie in Prozessen zur Datenzuordnung

Analog zum konventionellen Prozess umfasst die Datenzuordnung die Kennzeichnung von Bauteilen mit den dafür vorgesehenen Teiledaten. Innerhalb der RFID-gestützten Prototypenphase erfolgt diese jedoch anhand von Transpondern. Auch hier wird zwischen den Integrationsmethoden unterschieden.

Teilintegration

Die Kennzeichnung von Bauteilen mit einem Label (1.) und die Erstellung und Zuordnung von Warenanhängern (2.) ist beim Einsatz der RFID-Technologie nicht weiter erforderlich. Der Lieferant erhält im Rahmen der Teilintegration die vom Automobilhersteller mit Teiledaten beschriebenen und äußerlich gekennzeichneten Transponder und bringt diese an den entsprechenden Bauteilen an. Dies ermöglicht in weiteren

---

[10]Die Datenerzeugung im Rahmen des Bestellprozesses kann Abbildung 3.5 entnommen werden.

Schritten zum einen die Identifikation von Bauteilen in der logistischen Kette und zum anderen die Identifikation von Bauteilen zur Bauzustandsdokumentation nach dem Einbau. Abbildung 5.9 zeigt die RFID-gestützte Bauteilproduktion und Kennzeichnung beim Lieferanten.

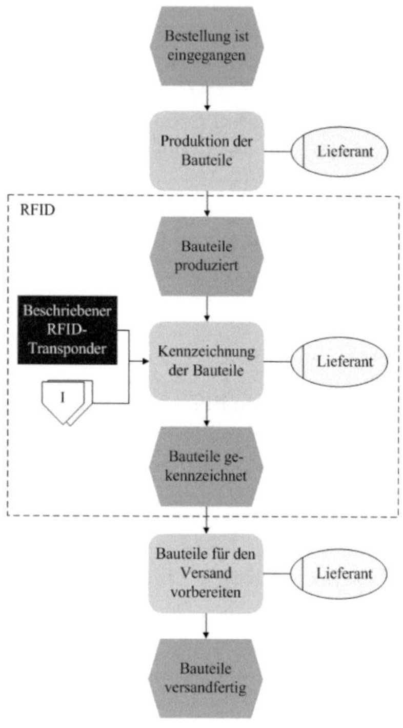

Abbildung 5.9: RFID-gestützte Bauteilproduktion und Kennzeichnung

Vollintegration

Die Kennzeichnung im Rahmen der Vollintegration umfasst neben der Anbringung auch das Beschreiben von Transpondern mit den von der Fahrzeugentwicklung übermittelten Daten. Die Verantwortung für korrekt beschriebene Transponder liegt demnach beim Lieferanten. Die Prozesse der RFID-gestützten Bauteilproduktion und Kennzeichnung entsprechen denen aus Abbildung 5.9, werden aber um die Vorgänge des Beschreibens von Transpondern ergänzt. Diese ereignen sich im Rahmen der Funktion *„Kennzeichnung der Bauteile"* und entsprechen den Schritten aus Abbildung 5.8.[11]

Keine Integration

Sofern keine Integration von Lieferanten zur Kennzeichnung von Bauteilen erfolgt, bleibt der in Abschnitt 3.2.4 vorgestellte Prozess erhalten. Das Beschreiben und Anbringen der Transponder ereignet sich zu einem späteren Zeitpunkt beim Automobilhersteller unter Zuhilfenahme der Kennzeichnung mit Labels. Im Rahmen der Prozessbetrachtung innerhalb dieser Arbeit geschieht dies zum Zeitpunkt des Einbaus der entsprechenden Bauteile in ein Fahrzeug. Das Beschreiben und Anbringen der Transponder beim Automobilhersteller erfolgt analog zu den Vorgängen beim Lieferanten, weshalb an dieser Stelle und im weiteren Verlauf keine weitere Darstellung erfolgt.

5.3.3 Einsatz der RFID-Technologie in Prozessen zur Identifikation von Bauteilen

Ziel der Kennzeichnung von Bauteilen mit Transpondern ist deren spätere automatisierte Identifikation über RFID-Lesegeräte. Tabelle 3.3 (S. 59) zeigt die ermittelten Tätigkeiten, in denen eine Erfassung von Teiledaten für weitergehende Schritte erforderlich ist. Innerhalb der RFID-gestützten Prototypenphase erfolgt je nach Integrationsmethode an diesen Stellen der Einsatz von RFID. Die bei einer Lieferantenintegration zusätzlich relevanten Prozesse umfassen die Datenerfassung und Einlagerung sowie die Bereitstellung der Prototypenteile (1. bis 5.). Die weiteren Schritte sind darüber hinaus für alle Integrationsmethoden gleichermaßen relevant.

RFID-gestützte Anlieferung, Lagerung und Bereitstellung

Abbildung 5.10 stellt den für die Voll- und Teilintegration relevanten Materialfluss im Lagerprozess dar und zeigt eine RFID-Integration zur Einlagerung und Bereitstellung von Bauteilen. Im Rahmen dieser Arbeit erfolgte keine Evaluierung einer vollständig RFID-gestützten logistischen Prozesskette. Deshalb folgt nur eine kurze Übersicht einer möglichen RFID-Integration in diese Prozesse.

---

[11]Die Schritte zum Beschreiben von Transpondern sind mit einer gestrichelten Linie umrandet und betreffen nur den oberen Teil in Abbildung 5.8.

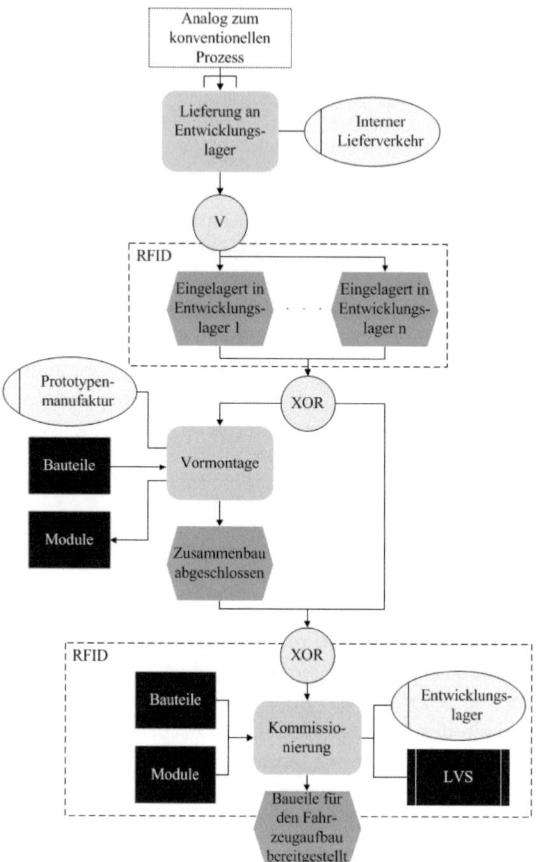

Abbildung 5.10: RFID-gestützter Lagerprozess

Zunächst erfolgt im Rahmen der Anlieferung die Datenerfassung zur Warenannahme (1.) und Einlagerung (2.) der gekennzeichneten Bauteile im Entwicklungslager. Diese können durch den Einsatz mobiler oder stationärer Lesegeräte unter Berücksichtigung der technischen Anforderungen einzeln oder im Pulk, z. B. auf einer Palette, erfasst werden. Dabei sind insbesondere die Abstände und die Anordnung der Bauteile zueinander zu beachten, da die Gefahr der Abschirmung besteht. Abbildung 5.11 zeigt die RFID-gestützte Datenerfassung.

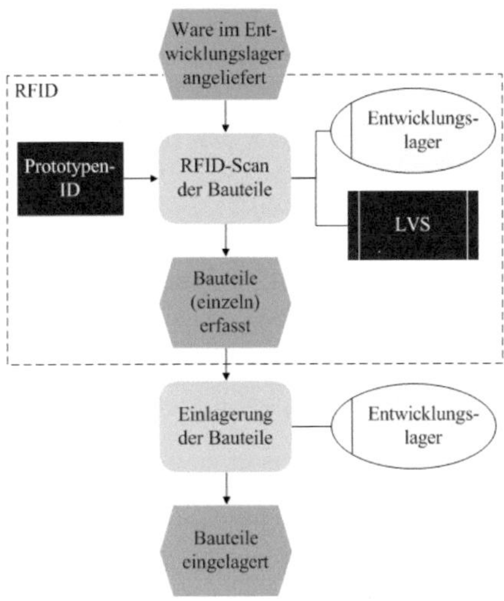

Abbildung 5.11: RFID-gestützte Datenerfassung

Die Vorgänge einer RFID-gestützten Bereitstellung von Bauteilen für den Prototypenaufbau oder -umbau erfolgen analog zum konventionellen Prozess in Abbildung 3.8 (S. 50). Zur Kommissionierung und anschließender Auslagerung (3. und 5.) von Bauteilen können in allen Entwicklungslagern RFID-Lesegeräte eingesetzt werden.[12] Die Datenerfassung erfolgt analog zur Einlagerung, weshalb keine weitere Veranschaulichung in Form der eEPK erfolgt. Zur Auslagerung oder fahrzeugspezifischen Kommissionierung wird an dieser Stelle jedoch deutlich, dass eine äußerliche Kennzeichnung der Bauteile in Klarschrift weiterhin sinnvoll ist. Dennoch werden durch die Erfassung der Teiledaten über RFID-Lesegeräte im gesamten Materialfluss der Prototypenteile Medienbrüche vermieden.

RFID-gestützter Prototypenaufbau und Bauzustandsdokumentation

Innerhalb des Prototypenaufbaus erfolgt die im Rahmen der Arbeit evaluierte RFID-gestützte Bauzustandsdokumentation. Im Unterschied zur konventionellen Vorgehensweise werden die eingebauten Teile nicht anhand von Warenanhängern während des Einbaus, sondern nach Fertigstellung des Fahrzeugs anhand von RFID-

---

[12]Die Warenannahme im zentralen Entwicklungslager wird hier nicht gesondert betrachtet.

Lesegeräten identifiziert und dem Fahrzeug im System zugeordnet. Die Vorgänge des Aufbaus entsprechen somit Abbildung 3.9 (S. 51) mit dem Unterschied, dass keine Dokumentation eines Bauteils (7.) anhand von Warenanhängern erfolgt. Beim RFID-gestützten Prototypenaufbau wird zwischen den Integrationsmethoden unterschieden. Ohne Einbindung von Lieferanten sind die Bauteile spätestens beim Einbau mit den entsprechenden Teiledaten (Prototypen-ID) zu beschreiben. Bei Einbindung von Lieferanten sind keine weiteren Schritte erforderlich. Durch den Entfall der Warenanhänger und der Identifikation der Bauteile anhand von RFID-Lesegeräten zur Bauzustandsdokumentation wird auch hier ein Medienbruch vermieden.[13]

RFID-gestützte Erprobung von Prototypenfahrzeugen

Die Bauzustandsdokumentation setzt die Identifikation von Bauteilen auch innerhalb der Erprobungsphase voraus, die im Rahmen dieser Arbeit unter Einsatz der RFID-Technologie evaluiert wurde. Nach Kapitel 3 wird zwischen externen und internen Umbaumaßnahmen unterschieden. Der Einsatz von RFID bei externen Umbauten kann auf zwei Arten erfolgen. Zum einen besteht die Möglichkeit, mobile Lesegeräte einzusetzen, die den aktuellen Bauzustand von Versuchsträgern jederzeit feststellen können. Abbildung 5.12 (a) zeigt den Umbau eines Bauteils und die anschließende Identifikation über ein mobiles RFID-Lesegerät. Zum anderen kann ein stationäres Lesegerät im Werk – nach Rückkehr der Versuchsträger – die verbauten Teile identifizieren und so die Bauzustandsdokumentation im System sicherstellen, was Abbildung 5.12 (b) veranschaulicht.[14] Gleiches gilt für Umbaumaßnahmen innerhalb des Werks, bei dem Fahrzeuge analog zur Bauzustandsdokumentation nach einem externen Umbau oder zum Prototypenaufbau durch ein RFID-Lesegerät erfasst werden. Zu beachten ist bei einem Umbau immer, dass durch Lieferanten nicht gekennzeichnete Bauteile (keine Integration) spätestens beim Einbau einen Transponder erhalten. Ansonsten ist eine RFID-gestützte Identifikation und damit eine RFID-gestützte Bauzustandsdokumentation nicht möglich. Sämtliche Identifikations- und anschließenden Dokumentationsvorgänge erfolgen auch hier ohne Medienbruch.

---

[13]Für die in Kapitel 6 durchgeführte Evaluierung kam das in Abschnitt 5.1.4 beschriebene automatische RFID-Gate zum Einsatz.

[14]Die Versuchsergebnisse in Kapitel 6 beruhen auf dem Einsatz des stationären RFID-Gates; Variante (b).

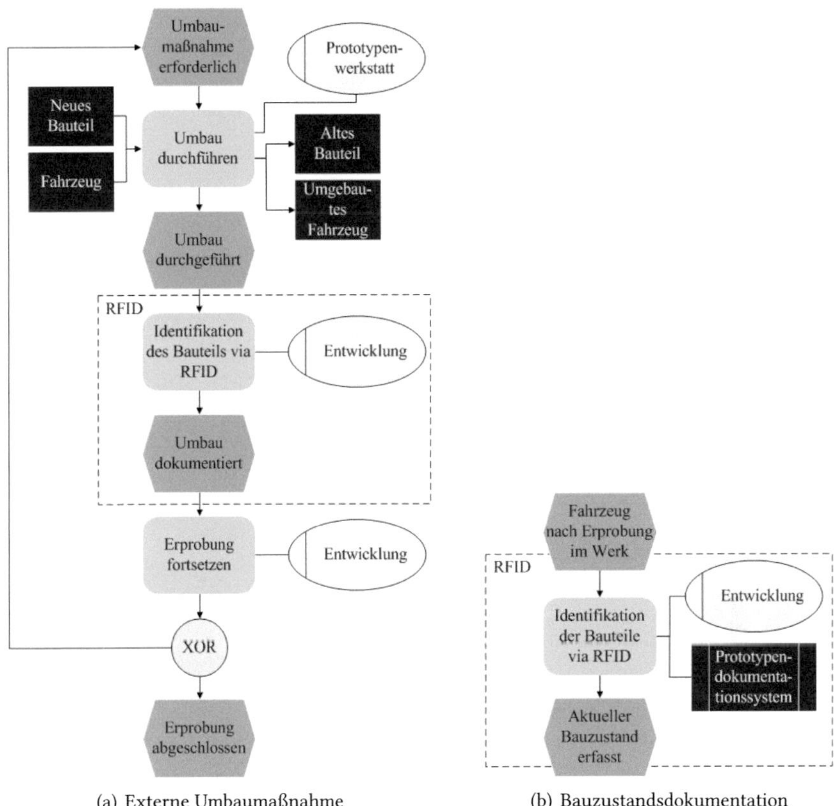

(a) Externe Umbaumaßnahme   (b) Bauzustandsdokumentation

Abbildung 5.12: RFID-gestützter Umbau

6 Qualität der RFID-gestützten Bauzustandsdokumentation

Kapitel 6 beschreibt die Qualität der RFID-gestützten Bauzustandsdokumentation in der Prototypenphase am Beispiel eines Automobilherstellers. Die Bestimmung der Dokumentationsgüte erfolgt anhand von Ergebnissen einer Evaluierung ausgewählter Bauteile und Fahrzeuge, analog zur Bewertung der konventionellen Dokumentationsmethode in Kapitel 4. Aus einem anschließenden Vergleich der Ergebnisse beider Dokumentationsmethoden lassen sich Handlungsempfehlungen ableiten.

6.1 Rahmenbedingungen und Anforderungen an die Evaluierung

Das Ziel der Evaluierung ist, eine Aussage zur Qualität der RFID-gestützten Bauzustandsdokumentation in der Prototypenphase zu erhalten. Die Vorgehensweise zur Aufnahme der dafür erforderlichen Daten wird durch die Beantwortung folgender Fragestellungen näher erläutert:

1. Welche Prozesse ermöglichten die Durchführung einer RFID-gestützten Bauzustandsdokumentation?

Im Rahmen dieser Arbeit wurden am Beispiel eines Automobilherstellers die Prozesse der Prototypenphase zur Integration der RFID-Technologie analysiert. Anhand der definierten Kernprozesse erfolgte die Prozessbeschreibung einer RFID-gestützten Prototypenphase. Diese bildete die Grundlage für die Durchführung der RFID-gestützten Bauzustandsdokumentation.

2. Wie erfolgte die Beobachtung und Aufnahme der RFID-gestützten Bauzustandsdokumentation?

Die Bauzustandsdokumentation von Fahrzeugen wurde zu bestimmten Zeitpunkten anhand von RFID-Lesegeräten erfasst. Eine vollständige Bauzustandsdokumentation setzt – unabhängig von der Dokumentationsmethode – korrekt erfasste und den Versuchsträgern richtig zugeordnete Bauteile voraus. Im Rahmen der Evaluierung implizierten richtig identifizierte Bauteile deshalb auch richtig dokumentierte Bauteile. Einen Vergleich mit der konventionellen Bauzustandsdokumentation ermöglichte die parallele Beobachtung beider Methoden.

3. Welche und wie viele Bauteile und Fahrzeuge wurden für die Evaluierung zur Beobachtung herangezogen?

Ein direkter Vergleich beider Dokumentationsmethoden setzt die gleichen Rahmenbedingungen voraus. Die Auswahl und Anzahl an Bauteilen und Fahrzeugen sowie der Beobachtungszeitraum entspricht deshalb den bereits vorgestellten Werten und Rahmenbedingungen zur Evaluierung der konventionellen Bauzustandsdokumentation aus den Abschnitten 4.2 und 4.3.

4. Welche Integrationsmethoden zur Einbindung von Lieferanten in den Kennzeichnungsprozess wurden betrachtet?

Eine RFID-gestützte Bauzustandsdokumentation kann durch die Integration von Lieferanten in den Kennzeichnungsprozess ermöglicht werden. Nach Abschnitt 5.2 existieren drei verschiedene Ansätze, Lieferanten in den Prozess einzubinden bzw. Bauteile mit RFID-Transpondern zu kennzeichnen. Für jede Baureihe wurden verschiedene Methoden eingesetzt, deren Verteilung Tabelle 6.1 zeigt. Allen Bauteilen gemeinsam war eine kontinuierliche Beobachtung und Prüfung der Kennzeichnung auf zwei wesentliche Bestandteile:

1. Prüfung auf korrekte Anbringung der Transponder
2. Prüfung der Daten auf dem Transponder

Dies ermöglichte die Zuordnung aufgetretener Fehler zu den einzelnen Integrationsarten. Eine baureihenübergreifende Übersicht der Integrationsmethoden, bezogen auf ein Bauteil, findet sich im Anhang in Tabelle A.5.

Tabelle 6.1: Verteilung der Integrationsmethoden von Lieferanten

BR	Anz. Teilearten	keine Integration	Teilintegration	Vollintegration
A	42	34 81%	8 19%	0 0%
B	37	6 16%	11 30%	20 54%
C	63	5 8%	0 0%	58 92%

6.2 RFID-gestützte Bauzustandsdokumentation in der Aufbauphase

Analog zum Vorgehen in Kapitel 4 wird in folgendem Abschnitt die Dokumentationsgüte der RFID-gestützten Bauzustandsdokumentation in der Aufbauphase von Fahrzeugen berechnet. Die Erfassung der dafür erforderlichen Daten erfolgte nach Fertigstellung der Fahrzeuge durch eine automatisierte Erfassung anhand des in Abschnitt 5.1.4 vorgestellten stationären RFID-Gates. Eine Gegenüberstellung der nach dem Lesevorgang erhaltenen Ist-Werte zu den Soll-Werten ermöglicht die Berechnung der RFID-basierten teile- und fahrzeugspezifischen Dokumentationsgüte.

6.2.1 Teilespezifische Auswertung ausgewählter Baureihen

Der folgende Abschnitt geht zunächst auf die RFID-basierte Dokumentationsgüte für jede Baureihe ein, an die sich die bauteilspezifische Auswertung anschließt.

Baureihenbezogene Dokumentationsgüte und Abweichung

Die für die baureihenbezogene Auswertung erforderlichen Werte sind Tabelle 6.2 zu entnehmen. Die Spalte „*Soll*" listet die Anzahl dokumentationspflichtiger Bauteile in der Aufbauphase für alle Teilearten auf. Sie entsprechen den Soll-Werten der Evaluierung der konventionellen Dokumentationsmethode aus Kapitel 4. Die Spalte „*Ist*" listet die Anzahl der mit dem RFID-Gate erfassten Bauteile für jede Baureihe auf.

Tabelle 6.2: Soll-Ist-Vergleich der beobachteten Bauteile im Prototypenaufbau

Baureihe	Soll	Ist
A	488	448
B	592	586
C	3816	3655
$\sum$	4896	4689

Eine Veranschaulichung der Ist-Werte zeigt Abbildung 6.1, in der die geringe absolute Abweichung zu den Soll-Werten verdeutlicht wird. Zum Vergleich stellen die weißen Balken rechts im Diagramm die Ist-Werte der konventionellen Bauzustandsdokumentation jeder Baureihe dar.

Die Werte zeigen, dass eine vollständige Bauzustandsdokumentation auch durch die Integration der RFID-Technologie nicht erreicht wird. Die Differenz zwischen den

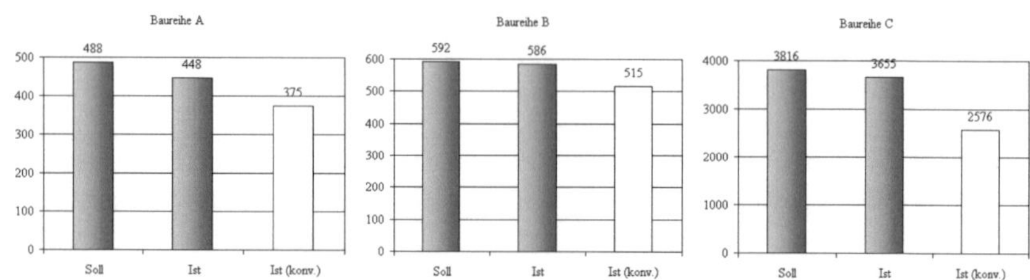

Abbildung 6.1: Soll-Ist-Vergleich beobachteter Bauteile im Prototypenaufbau

Ist- und Soll-Werten ist im Vergleich zur konventionellen Dokumentationsmethode für jede Baureihe jedoch deutlich geringer. Mit Unterstützung der RFID-Technologie werden kumuliert über alle Baureihen hinweg 4689 von 4896 dokumentationspflichtigen Bauteilen richtig identifiziert. Dies entspricht einer absoluten Steigerung von 1223 dokumentierten Bauteilen gegenüber der konventionellen Dokumentationsmethode. Aus den erfassten Werten lassen sich die Dokumentationsgüte und die Abweichung berechnen.

Tabelle 6.3: Berechnung der Dokumentationsgüte und Abweichung (in %)

Baureihe	RFID		Konventionell		Δ
	DG	Abw.	DG	Abw.	
A	91,8	8,2	76,8	23,2	15,0
B	99,0	1,0	87,0	13,0	12,0
C	95,8	4,2	67,5	32,5	28,3
Ø o.G.	95,5	4,5	77,1	22,9	18,4
Ø m.G.	95,8	4,2	70,8	29,2	25,0

Tabelle 6.3 vergleicht die berechneten Werte der RFID-gestützten mit denen der konventionellen Bauzustandsdokumentation. Die Berechnung der Durchschnittswerte erfolgt zum einen unter Berücksichtigung der Teileanzahl pro Baureihe, also mit Gewichtung[1] (m.G.), und zum anderen unabhängig davon, also ohne Gewichtung[2] (o.G.). Die durchschnittliche Dokumentationsgüte einer RFID-gestützten Bauzustandsdokumentation liegt ohne Berücksichtigung der Teileanzahl pro Baureihe bei 95,5 % und entspricht einer Steigerung von 18,4 % gegenüber der konventionellen Methode. Unter Einbeziehung der Teileanzahl fällt die Baureihe C deutlich höher ins Gewicht und

---

[1] Quotient aus den Summen der Ist- und Soll-Werte aus Tabelle 6.2.
[2] Mittelwert der berechneten Werte jeder Baureihe aus Tabelle 6.3.

es ergibt sich eine Dokumentationsgüte von 95,8 %, was einer Steigerung von 25 % entspricht. Abbildung 6.2 vergleicht die Dokumentationsgüte beider Methoden pro Baureihe.

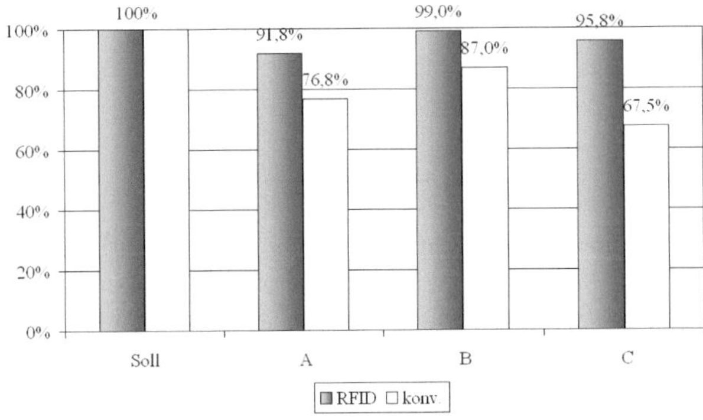

Abbildung 6.2: Vergleich der Dokumentationsgüte

Bauteilspezifische Dokumentationsgüte und Abweichung

Die Tabellen A.6 bis A.8 im Anhang dieser Arbeit zeigen die teilespezifische Abweichung der RFID-gestützten Bauzustandsdokumentation der drei beobachteten Baureihen in der Aufbauphase. Die Werte verdeutlichen, dass eine vollständige Bauzustandsdokumentation einzelner Teilearten mithilfe der RFID-Technologie deutlich häufiger erreicht wurde als mit den heute eingesetzten Methoden. Demgegenüber stehen vier nicht identifizierte Teilearten bei der Baureihe A. Die prozentuale teilespezifische Abweichung bewegt sich bis auf wenige Ausreißer im einstelligen Bereich. Abbildung 6.3 veranschaulicht in einem Diagramm die zusammengefassten Werte der RFID-gestützten Bauzustandsdokumentation aus Tabelle 6.4 und vergleicht sie mit den Werten der konventionellen Bauzustandsdokumentation (weiße Balken) aus Tabelle 4.6 (S. 69).

Es ist zu erkennen, dass für ca. 85 % der Bauteile aller Teilearten bei den Baureihen A und B eine vollständige Bauzustandsdokumentation vorliegt, was gegenüber der konventionellen Methode einer Steigerung von 38 % (A) und 24 % (B) entspricht. Bei der Baureihe C ist eine vollständige Bauzustandsdokumentation für ca. 19 % aller ausgewählten Teilearten gegeben. Der Unterschied der beiden Werte liegt in der Anzahl der beobachteten Bauteile. Je höher die Teileanzahl, desto wahrscheinlicher war es,

Tabelle 6.4: Vollständig, unvollständig und nie dokumentierte Teilearten

Baureihe	v	u	n	Soll
A	35	3	4	42
	83%	7%	10%	100%
B	32	5	0	37
	86%	14%	0%	100%
C	12	51	0	63
	19%	81%	0%	100%

dass zumindest ein Bauteil einer Teileart falsch dokumentiert wurde. Daraus folgt die Klassifizierung als unvollständig dokumentierte Teileart. Nie dokumentierte Bauteile finden sich nur bei der Baureihe A. Der Anteil entspricht dem der konventionellen Dokumentationsmethode, unterscheidet sich aber in der Teileart.

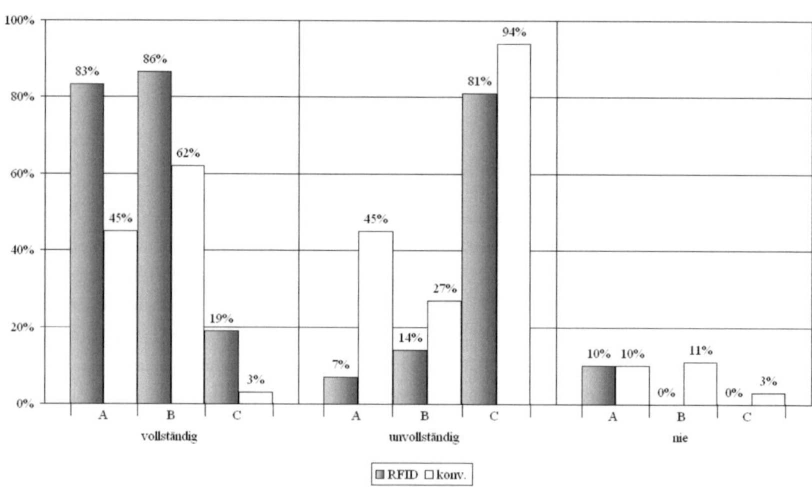

Abbildung 6.3: Vollständig, unvollständig und nie dokumentierte Teilearten

Eine genauere Aussage zu den unvollständig dokumentierten Teilearten ermöglicht die Einteilung der absoluten und relativen Abweichungen in 10%-Intervalle analog zur Auswertung der konventionellen Bauzustandsdokumentation. Tabelle 6.5 zeigt zunächst die kumulierten Häufigkeiten.

Tabelle 6.5: Kumulierte absolute und relative Häufigkeit der Abweichung

Abweichung	A		B		C	
	abs.	rel.	abs.	rel.	abs.	rel.
0%	35	83%	32	87%	12	19%
bis 10%	37	88%	37	100%	51	81%
bis 20%	38	91%	0	0%	59	94%
bis 30%	0	0%	0	0%	60	95%
bis 40%	0	0%	0	0%	61	97%
bis 50%	0	0%	0	0%	0	0%
bis 60%	0	0%	0	0%	0	0%
bis 70%	0	0%	0	0%	0	0%
bis 80%	0	0%	0	0%	63	100%
bis 90%	0	0%	0	0%	0	0%
bis 99	0	0%	0	0%	0	0%
100%	42	100%	0	0%	0	0%
	42	100%	37	100%	63	100%

Abbildung 6.4 verdeutlicht anhand der 10%-Intervalle, dass sich der Großteil der Abweichungen bei allen drei Baureihen im Bereich bis 10 % bewegt.

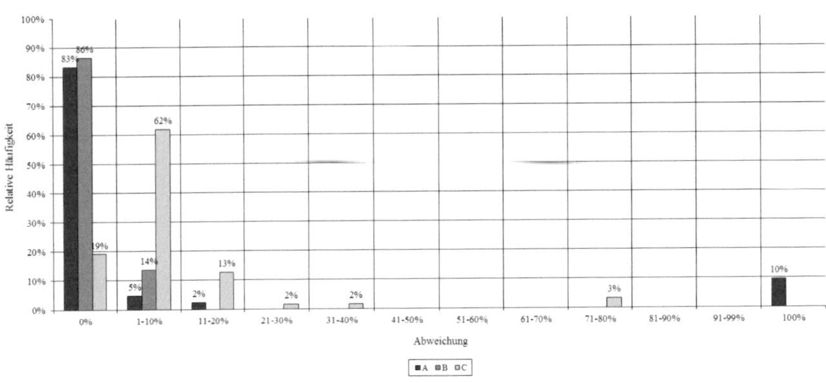

Abbildung 6.4: Relative Häufigkeit der Abweichung

Demnach liegt im direkten grafischen Vergleich mit den Werten der konventionellen Bauzustandsdokumentation (Abbildung 4.5, S. 71) eine deutliche Verbesserung der bauteilspezifischen Dokumentationsgüte unter Einsatz von RFID vor.

Ein abschließender direkter Vergleich der bauteilspezifischen Abweichungen aus den Tabellen A.6 bis A.8 unter Einsatz von RFID mit denen aus den Tabellen A.2 bis A.4 ohne den Einsatz von RFID zeigt folgendes Ergebnis: Die Baureihe A weist mit vier von 42, die Baureihe B mit drei von 37 und die Baureihe C mit fünf von 63 Teilearten eine geringere Abweichung und damit eine höhere Dokumentationsgüte ohne Einsatz von RFID auf. Die Differenzen halten sich jedoch weitgehend im einstelligen Bereich. Die geringe Anzahl von Teilearten mit einer höheren Dokumentationsgüte bei der konventionellen Bauzustandsdokumentation bedeutet im Umkehrschluss eine höhere Qualität unter Einsatz von RFID.

6.2.2 Fahrzeugspezifische Auswertung ausgewählter Baureihen

Der folgende Abschnitt analysiert die Ergebnisse aus fahrzeugspezifischer Sicht. Die Dokumentationsgüte wird für jede Baureihe fahrzeugspezifisch berechnet und den Ergebnissen aus Abschnitt 4.4.2 zum direkten Vergleich gegenübergestellt.

Baureihe A

Die Werte der fahrzeugspezifischen Auswertung für Baureihe A zeigt Tabelle 6.6.

Tabelle 6.6: Fahrzeugspezifische Auswertung (BR A)

Fzg.	1	2	3	4	5	6	7
Soll	36	40	40	40	36	40	36
Ist	36	35	36	36	35	36	36
Δ	0	5	4	4	1	4	0
DG	100%	87,5%	90,0%	90,0%	97,2%	90,0%	100%
Abw.	0%	12,5%	10,0%	10,0%	2,8%	10,0%	0%

Fzg.	8	9	10	11	12	13	
Soll	40	39	40	32	34	35	
Ist	35	35	36	32	30	30	
Δ	5	4	4	0	4	5	
DG	87,5%	89,7%	90,0%	100%	88,2%	85,7%	
Abw.	12,5%	10,3%	10,0%	0%	11,8%	14,3%	

Nach der teilespezifischen Auswertung erfolgte für vier Teilearten keine Dokumentation.[3] Eine vollständige Bauzustandsdokumentation liegt deshalb nur bei drei Fahrzeugen vor, in denen diese Teile nicht verbaut wurden. Von durchschnittlich 38

---

[3]Die Auswertung und Beschreibung der Ursachen folgt in Abschnitt 6.4.

Teilen pro Fahrzeug wurden 34 in der Aufbauphase richtig identifiziert. Die Differenz entspricht der Anzahl an Teilearten mit 100%iger Abweichung. Daraus folgt, dass darüber hinaus keine größeren Abweichungen anderer Teilearten zur Soll-Dokumentation vorhanden sind. Abbildung 6.5 vergleicht die RFID-gestützte mit der konventionellen Bauzustandsdokumentation und verdeutlicht die gestiegene Anzahl dokumentierter Teile pro Fahrzeug. Die zeitliche Abfolge des Aufbaus lässt keinen Trend des Verlaufs der Dokumentationsqualität erkennen.

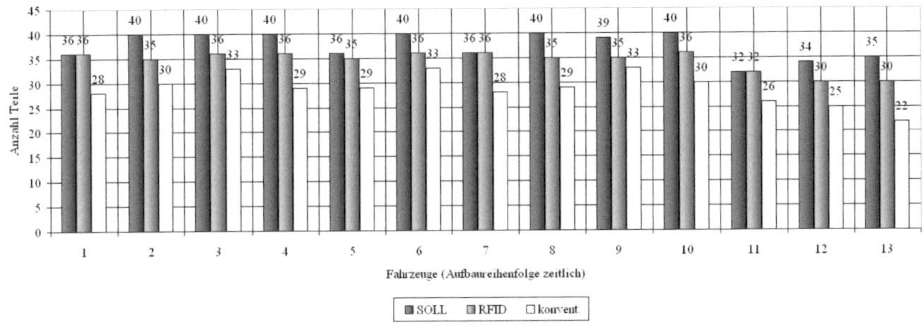

Abbildung 6.5: Fahrzeugspezifische Auswertung (BR A)

Baureihe B

Eine deutlich erkennbare Steigerung der fahrzeugspezifischen Dokumentationsgüte liegt auch bei der Baureihe B vor. Aus Tabelle 6.7 ist zu entnehmen, dass im Rahmen der Evaluierung bei 14 von 18 Fahrzeugen alle verbauten Teile richtig identifiziert wurden, was einer vollständigen Bauzustandsdokumentation entspricht. Bei den anderen Fahrzeugen existieren Differenzen von ein bis zwei Teilen. Durchschnittlich wurden 32 von 33 verbauten Teilen pro Fahrzeug richtig erfasst. Abbildung 6.6 veranschaulicht die Ergebnisse für jedes Fahrzeug in einem Balkendiagramm. Wie bei der Baureihe A ist auch hier die deutliche Verbesserung der Bauzustandsdokumentation durch den Einsatz von RFID nicht zu übersehen. Das Ziel, eine vollständige Bauzustandsdokumentation für jedes Fahrzeug zu erhalten, wurde bei dieser Baureihe durch den Einsatz von RFID nahezu erreicht.

Tabelle 6.7: Fahrzeugspezifische Auswertung (BR B)

Fzg.	1	2	3	4	5	6	7	8	9
Soll	33	33	33	33	35	33	33	33	33
Ist	33	32	31	33	35	33	33	33	33
Δ	0	1	2	0	0	0	0	0	0
DG	100%	97,0%	93,9%	100%	100%	100%	100%	100%	100%
Abw.	0%	3,0%	6,1%	0%	0%	0%	0%	0%	0%

Fzg.	10	11	12	13	14	15	16	17	18
Soll	33	33	33	27	33	35	33	33	33
Ist	33	32	33	27	33	35	31	33	33
Δ	0	1	0	0	0	0	2	0	0
DG	100%	97,0%	100%	100%	100%	100%	93,9%	100%	100%
Abw.	0%	3,0%	0%	0%	0%	0%	6,1%	0%	0%

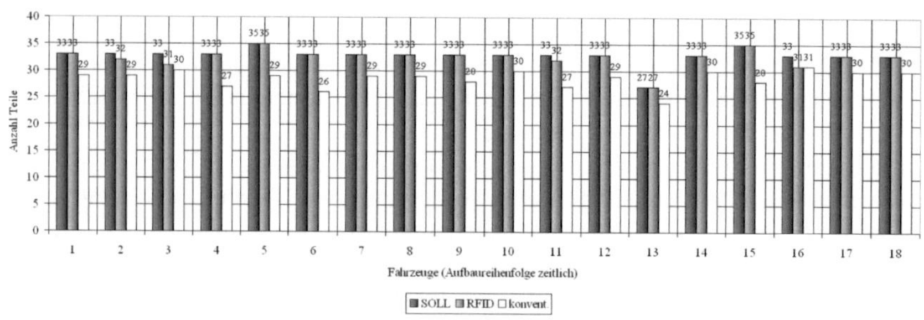

Abbildung 6.6: Fahrzeugspezifische Auswertung (BR B)

Baureihe C

Am Ende dieses Abschnitts listet Tabelle 6.8 die fahrzeugspezifischen Dokumentationsgüte der 87 betrachteten Fahrzeuge auf. Die Intervallgrenzen reichen von 80,6 % bis 100 %. Extreme Ausreißer nach unten sind im Gegensatz zur konventionellen Bauzustandsdokumentation mit dem tiefsten Wert bei 15,6 % nicht zu beobachten. Etwa ein Drittel aller Fahrzeuge erreichte mit Unterstützung der RFID-Technologie eine vollständige Bauzustandsdokumentation. Durchschnittlich wurden 42 von 44 dokumentationspflichtigen Bauteilen richtig erfasst, was einer Steigerung von ca. 27 % pro Fahrzeug entspricht. Abbildung 6.7 stellt die Ergebnisse aufgrund der besseren Übersicht anhand der 2-periodischen gleitenden Trendlinien grafisch dar.

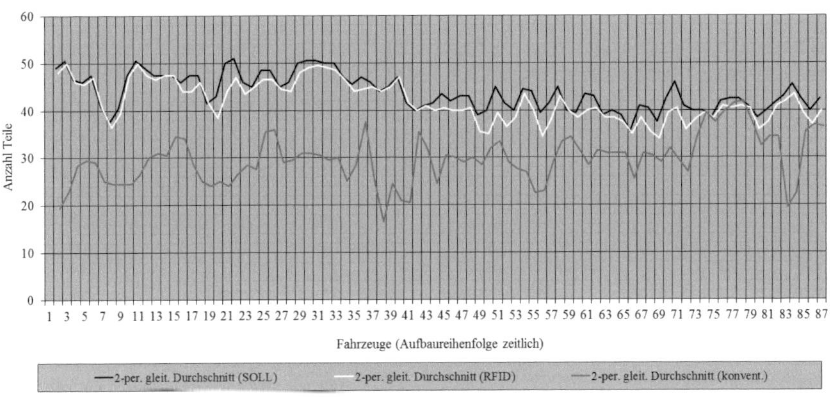

Abbildung 6.7: Fahrzeugspezifische Auswertung (BR C)

Über den zeitlichen Verlauf des Fahrzeugaufbaus nähert sich – ohne Berücksichtigung von Ausreißern – die Dokumentationsgüte der konventionellen Bauzustandsdokumentation immer weiter an die RFID-gestützten Bauzustandsdokumentation an. Die Abweichung der RFID-gestützten Bauzustandsdokumentation zur Soll-Dokumentation ist von Beginn an über die gesamte Aufbauphase relativ konstant, was durch den Abstand der jeweiligen Durchschnittslinien gezeigt wird. Mit der konventionellen Dokumentationsmethode wird bei den Fahrzeugen 77 und 86 eine höhere und bei den Fahrzeugen 73, 74, 76 und 78 die gleiche Dokumentationsgüte erreicht.

Tabelle 6.8: Fahrzeugspezifische Auswertung (BR C)

Fzg.	1	2	3	4	5	6	7	8	9	10	11
Soll	49	49	52	41	51	44	38	37	44	51	50
Ist	48	48	52	40	51	43	38	35	44	51	49
DG	98,0%	98,0%	100%	97,6%	100%	97,7%	100%	94,6%	100%	100%	98,0%

Fzg.	12	13	14	15	16	17	18	19	20	21	22
Soll	48	47	48	47	45	50	45	38	48	52	50
Ist	46	47	48	47	41	47	45	38	39	49	45
DG	95,8%	100%	100%	100%	91,1%	94,0%	100%	100%	81,3%	94,2%	90,0%

Fzg.	23	24	25	26	27	28	29	30	31	32	33
Soll	42	48	49	48	42	50	50	51	50	50	50
Ist	42	48	45	48	41	47	49	49	50	48	49
DG	100%	100%	91,8%	100%	97,6%	94,0%	98,0%	96,1%	100%	96,0%	98,0%

Fzg.	34	35	36	37	38	39	40	41	42	43	44
Soll	44	47	47	45	43	47	47	36	44	38	45
Ist	44	44	45	45	43	47	47	36	44	38	42
DG	100%	93,6%	95,7%	100%	100%	100%	100%	100%	100%	100%	93,3%

Fzg.	45	46	47	48	49	50	51	52	53	54	55
Soll	42	42	44	42	36	44	46	37	43	46	42
Ist	39	41	39	42	29	41	38	35	42	45	35
DG	92,9%	97,6%	88,6%	100%	80,6%	93,2%	82,6%	94,6%	97,7%	97,8%	83,3%

Fzg.	56	57	58	59	60	61	62	63	64	65	66
Soll	37	46	44	36	43	44	42	36	44	34	37
Ist	34	42	44	36	41	39	42	35	42	33	37
DG	91,9%	91,3%	100%	100%	95,3%	88,6%	100%	97,2%	95,5%	97,1%	100%

Fzg.	67	68	69	70	71	72	73	74	75	76	77
Soll	45	36	39	46	46	36	44	36	41	43	42
Ist	40	31	37	42	39	33	43	36	41	41	40
DG	88,9%	86,1%	94,9%	91,3%	84,8%	91,7%	97,7%	100%	100%	95,3%	95,2%

Fzg.	78	79	80	81	82	83	84	85	86	87	
Soll	43	39	38	42	41	45	46	39	41	44	
Ist	42	39	33	42	40	44	43	36	38	42	
DG	97,7%	100%	86,8%	100%	97,6%	97,8%	93,5%	92,3%	92,7%	95,5%	

6.3 RFID-gestützte Bauzustandsdokumentation in der Erprobungsphase

Der folgende Abschnitt gibt Aufschluss über die Qualität der RFID-gestützten Bauzustandsdokumentation von Prototypenfahrzeugen in der Erprobungsphase, die sich an den in Abschnitt 5.3.3 beschriebenen Prozessen orientiert. Die Erfassung der Bauzustandsdokumentation fand zu den in Abschnitt 4.2 festgelegten Zeitpunkten statt und erfolgte automatisiert mithilfe des vorgestellten RFID-Gates. Dazwischen wurden die Fahrzeuge für Versuchszwecke genutzt und sowohl innerhalb als auch außerhalb des Werks diversen Umbaumaßnahmen unterzogen. Der Auswertung schließt sich ein direkter Vergleich zur konventionellen Bauzustandsdokumentation an.

6.3.1 Auswertung der Baureihe A

Tabelle 6.9 zeigt das Ergebnis der sechs betrachteten Fahrzeuge von Baureihe A, indem die Anzahl der erfassten Bauteile zu den Zeitpunkten t_0 bis t_3 aufgelistet wird. Im Durchschnitt wurden 39,2 dokumentationspflichtige Bauteile pro Fahrzeug betrachtet. Der Scan zum Zeitpunkt t_0 entspricht dem der Erstdokumentation in der Aufbauphase.

Tabelle 6.9: Verlauf der Bauzustandsdokumentation (BR A)

Fzg.	S	$I(t_0)$	$I(t_1)$	$I(t_2)$	$I(t_3)$
2	40	35	35	33	31
5	36	35	35	31	30
6	40	36	34	32	31
8	40	35	35	35	37
9	39	35	34	32	30
10	40	36	36	35	34
Ø	39,2	35,3	34,8	33,0	32,2

Von durchschnittlich 35,3 dokumentierten Bauteilen nach der ersten Erfassung sinkt der Wert auf 32,2 dokumentierte Bauteile zum Zeitpunkt t_3. Dabei fällt bei Betrachtung von Fahrzeug 8 eine steigende Bauzustandsdokumentation auf. Steigende Werte kommen z. B. durch eine Aktualisierung der Fahrzeugkonfiguration aufgrund von Umbaumaßnahmen zustande. Dabei ersetzt ein neues Bauteil ein zuvor nicht oder fehlerhaft dokumentiertes Bauteil (vgl. Abschnitt 4.5). Auch nicht gescannte Transponder aufgrund von Fehlern im Leseprozess bei einer vorhergehenden Erfassung können eine Ursache sein. Abbildung 6.8 veranschaulicht das Ergebnis in einer Grafik.

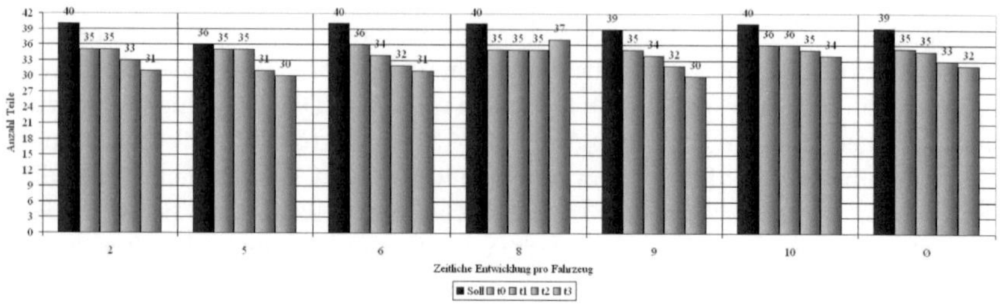

Abbildung 6.8: Verlauf der Bauzustandsdokumentation (BR A)

Über den zeitlichen Verlauf ist demnach auch für die RFID-gestützte Bauzustandsdokumentation (BZD) eine Abnahme der Dokumentationsgüte zu beobachten. Tabelle 6.10 fasst die Durchschnittswerte zusammen und berechnet die zugehörige Dokumentationsgüte und Abweichung.

Tabelle 6.10: Durchschnittlicher Verlauf der Dokumentationsgüte (BR A)

	t_0	t_1	t_2	t_3
Ist (Ø)	35,3	34,8	33,0	32,2
Δ (S)	3,8	4,3	6,2	7,0
DG	90,2%	88,9%	84,3%	82,1%
Abw.	9,8%	11,1%	15,7%	17,9%

Während die Dokumentationsgüte zum Zeitpunkt t_0 noch bei 90,2 % liegt, sinkt sie zum Zeitpunkt t_3 um 8,1 % auf 82,1 %. Im Vergleich zur konventionellen Dokumentationsmethode besteht über alle Zeitpunkte hinweg eine geringere Differenz zum Soll-Wert. Dennoch sinkt die Anzahl dokumentierter Bauteile bei der RFID-gestützten Bauzustandsdokumentation etwas stärker, was durch den Abstand der jeweiligen Dokumentationsgüte beider Methoden zum Zeitpunkt t_3 in Abbildung 6.9 veranschaulicht wird. Trotz der etwas stärkeren Abnahme dokumentierter Teile ist durch den Abstand beider Linien die höhere Dokumentationsgüte der RFID-gestützten Bauzustandsdokumentation deutlich sichtbar. Eine teilespezifische Einzelauswertung für jedes Fahrzeug zeigt Tabelle A.9 im Anhang.

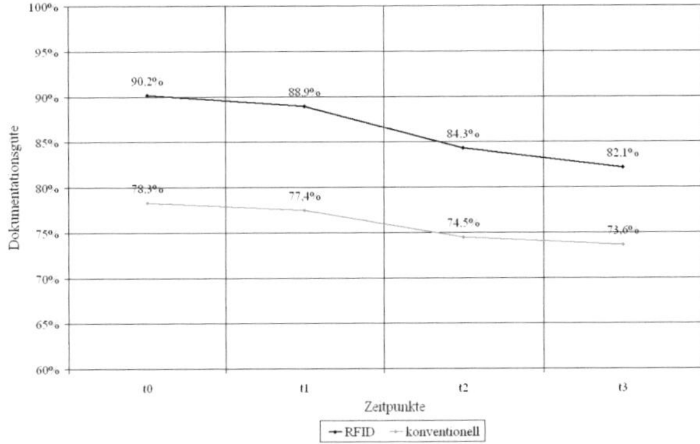

Abbildung 6.9: Vergleich der Dokumentationsgüte (BR A)

6.3.2 Auswertung der Baureihe B

Analog zur vorherigen Auswertung zeigt Tabelle 6.11 die Ergebnisse der Baureihe B. Von durchschnittlich 33,4 dokumentationspflichtigen Bauteilen wurden 32,8 in der Aufbauphase und 30 zum Zeitpunkt t_3 richtig identifiziert.

Tabelle 6.11: Verlauf der Bauzustandsdokumentation (BR B)

Fzg.	S	$I(t_0)$	$I(t_1)$	$I(t_2)$	$I(t_3)$
6	33	33	33	33	32
9	33	33	32	28	28
11	33	32	29	29	29
15	35	35	33	32	32
16	33	31	32	31	29
Ø	33,4	32,8	31,8	30,6	30,0

Eine grafische Darstellung dieser Werte folgt in Abbildung 6.10. Insgesamt ist bei allen Fahrzeugen eine abnehmende Bauzustandsdokumentation zu beobachten. Zu erwähnen ist Fahrzeug 16 mit schwankenden Werten als Folge von korrigierten Fehlern bei der Aktualisierung der Fahrzeugkonfiguration. Wie bereits erwähnt, können nicht identifizierte Bauteile aufgrund fehlender oder nicht gelesener Transponder durch den Tausch von Bauteilen oder durch einen erneuten Lesevorgang erfasst werden. In

Abbildung 6.10 zeigt das rechte Balkendiagramm die durchschnittliche Entwicklung der Dokumentationsgüte.

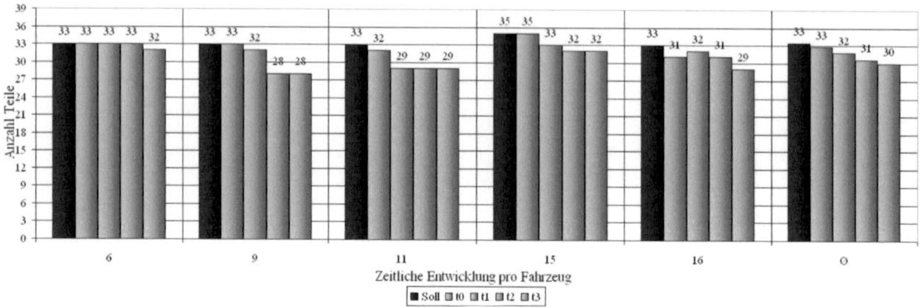

Abbildung 6.10: Verlauf der Bauzustandsdokumentation (BR B)

Die daraus berechneten Durchschnittswerte der Dokumentationsgüte und Abweichung sind Tabelle 6.12 zu entnehmen. Die Differenz zu einer vollständigen Bauzustandsdokumentation steigt von der Erstdokumentation bis zum Zeitpunkt t_3 um ca. 10 % und nähert sich so der Qualität der konventionellen Bauzustandsdokumentation an.

Tabelle 6.12: Durchschnittlicher Verlauf der Dokumentationsgüte (BR B)

	t_0	t_1	t_2	t_3
Ist (Ø)	32,8	31,6	30,6	30,0
Δ (S)	0,6	1,6	2,8	3,4
DG	98,2%	95,2%	91,6%	89,8%
Abw.	1,8%	4,8%	8,4%	10,2%

Einen anschaulichen Vergleich der Qualität beider Methoden liefert Abbildung 6.11. Der Abstand beider Linien verringert sich über den zeitlichen Verlauf, wird aber zum Schluss wieder etwas größer. Die Dokumentationsgüte der RFID-gestützten Bauzustandsdokumentation bleibt über den gesamten Zeitraum höher als die der konventionellen Dokumentationsmethode. Eine teilespezifische Auswertung für jedes Fahrzeug findet sich in Tabelle A.10 im Anhang.

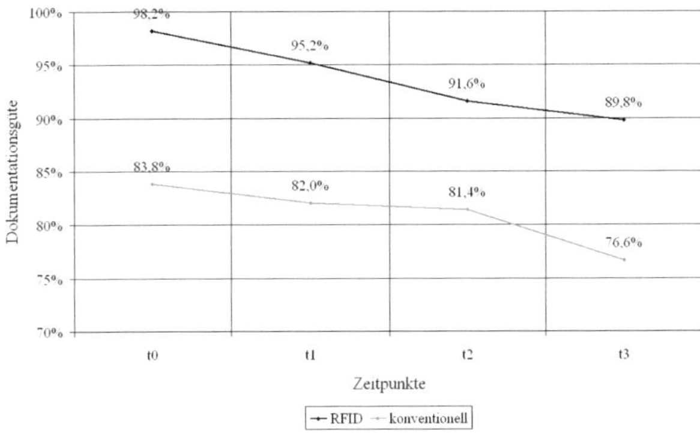

Abbildung 6.11: Vergleich der Dokumentationsgüte (BR B)

6.3.3 Auswertung der Baureihe C

Die Auswertung der Baureihe C mit insgesamt 20 Fahrzeugen und der deutlich höheren Anzahl an beobachteten Teilearten und Bauteilen schließt die Evaluierung der RFID-gestützten Bauzustandsdokumentation für die Erprobungsphase ab. Tabelle 6.13 zeigt das Ergebnis.

Tabelle 6.13: Verlauf der Bauzustandsdokumentation (BR C)

Fzg.	11	17	23	24	28	33	34	37	46	48	
S	50	50	42	48	50	50	44	45	42	42	
$I(t_0)$	49	47	42	48	47	49	44	45	41	42	
$I(t_1)$	48	45	39	47	47	46	42	45	41	42	
$I(t_2)$	45	45	38	47	47	44	40	44	39	42	
$I(t_3)$	45	45	38	46	47	44	38	43	39	42	

Fzg.	49	51	56	67	68	71	72	80	81	87	Ø
S	36	46	37	45	36	46	36	38	42	44	43,5
$I(t_0)$	29	38	34	40	31	39	33	33	42	42	40,8
$I(t_1)$	29	38	33	40	31	38	34	33	42	43	40,2
$I(t_2)$	35	37	33	40	31	37	35	33	40	43	39,8
$I(t_3)$	35	36	32	40	31	35	34	33	39	43	39,3

Im Durchschnitt ist für eine vollständige Bauzustandsdokumentation die Erfassung von 43,5 verbauten Teilen pro Fahrzeug erforderlich. Die durchschnittliche Anzahl dokumentierter Teile zum Zeitpunkt t_0 ist diesem Wert am nächsten und sinkt nach jeder weiteren Erfassung kontinuierlich um ca. 0,5 Bauteile. Die Differenz zwischen dem Wert der Erstdokumentation und der Erfassung zum Zeitpunkt t_3 ist mit 1,5 Bauteilen im Vergleich zu den Baureihen A und B deutlich geringer. Das Balkendiagramm in Abbildung 6.12 veranschaulicht die erfassten Werte.

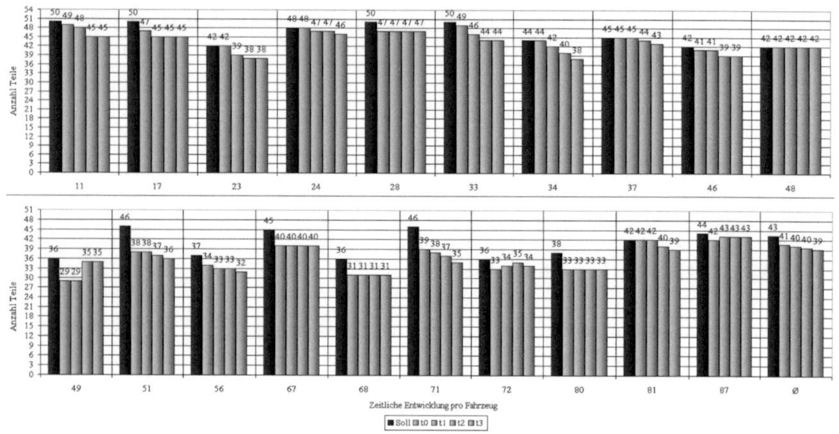

Abbildung 6.12: Verlauf der Bauzustandsdokumentation (BR C)

Bei der Baureihe C ist für die meisten Fahrzeuge ebenfalls eine abnehmende Bauzustandsdokumentation zu beobachten. Ein konstanter Wert einiger Fahrzeuge ist auf drei mögliche Ursachen zurückzuführen. Zum einen können Umbaumaßnahmen von Bauteilen ausbleiben, wodurch die Bauzustandsdokumentation nicht verändert wird. Zum anderen können Umbaumaßnahmen stattfinden, die anschließend korrekt dokumentiert werden. Als letzte Möglichkeit kommen Umbaumaßnahmen infrage, bei denen zuvor richtig dokumentierte Teile falsch und falsch dokumentierte Teile richtig dokumentiert wurden, der Wert aber in der Summe konstant bleibt. Für steigende oder schwankende Werte gilt die zuvor beschriebene Erläuterung. Unabhängig von Umbaumaßnahmen können auch Fehler im Leseprozess Ursache für die Veränderung der identifizierten Bauteile sein, was im weiteren Verlauf der Arbeit näher erläutert wird. Die erfassten und berechneten Durchschnittswerte dieser Baureihe zeigt Tabelle 6.14.

Tabelle 6.14: Durchschnittlicher Verlauf der Dokumentationsgüte (BR C)

	t_0	t_1	t_2	t_3
Ist (Ø)	40,8	40,2	39,8	39,3
Δ (S)	93,8%	92,4%	91,5%	90,3%
DG	2,7	3,3	3,7	4,2
Abw.	6,2%	7,6%	8,5%	9,7%

Die für die 20 Versuchsträger berechnete durchschnittliche Dokumentationsgüte von 93,8 % sinkt demnach auf 90,3 % bei t_3 und entspricht der Differenz der zuvor genannten 1,5 Bauteile. Aus dem Vergleich mit den Werten der konventionellen Bauzustandsdokumentation aus Tabelle 4.16 (S. 80) resultiert ein konstanter Abstand der Dokumentationsgüte von ca. 30 %, was das Liniendiagramm in Abbildung 6.13 veranschaulicht. Eine Einzelauswertung der RFID-gestützten Bauzustandsdokumentation für die ausgewählten Fahrzeuge der Baureihe C findet sich im Anhang in den Tabellen A.11 bis A.17.

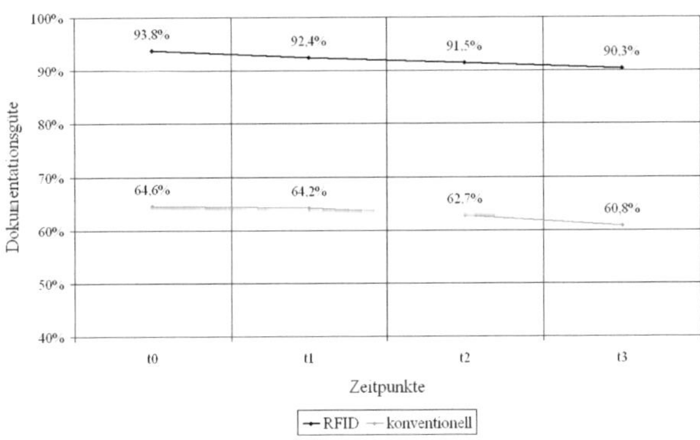

Abbildung 6.13: Vergleich der Dokumentationsgüte (BR C)

6.4 Ursachen einer fehlerhaften Bauzustandsdokumentation

Der folgende Abschnitt untersucht und erläutert die Ergebnisse aus der Evaluierung der RFID-gestützten Bauzustandsdokumentation. Die vorhergehende Auswertung zeigt, dass auch durch den Einsatz der RFID-Technologie eine kontinuierliche 100%ige Bauzustandsdokumentation über den gesamten Beobachtungszeitraum nicht erreicht oder gehalten wurde. Dennoch ist im direkten Vergleich zur konventionellen Dokumentationsmethode eine deutliche Verbesserung der durchschnittlichen Dokumentationsgüte zu erkennen. Dies gilt bei allen drei Baureihen sowohl für die Aufbauphase von Fahrzeugen mit anschließender Erstdokumentation als auch für die Erprobungsphase mit der Dokumentation der Umbaumaßnahmen. Die Ursachen der Abweichung konnten im Rahmen der Evaluierung durch die ständige Beobachtung von Bauteilen und Fahrzeugen aufgenommen und analysiert werden. Grundsätzlich müssen zur Gewährleistung einer vollständigen Bauzustandsdokumentation unter Einsatz von RFID die folgenden Anforderungen erfüllt sein:

1. *Transponder wird mit den richtigen Daten beschrieben:*
   Das Beschreiben von Transpondern mit falschen Daten führt zu einer fehlerhaften Teileidentifikation und damit zu einer unvollständigen Bauzustandsdokumentation. Die Erfassung dieser Fehler erfolgte durch Prüfung der automatisierten Meldungen von Schreibvorgängen beteiligter Prozesspartner sowie durch manuelle Prüfung der Daten vor dem Einbau in ein Fahrzeug.

2. *Transponder wird am Bauteil angebracht:*
   Durch die Vielzahl beteiligter Prozesspartner und manueller Kennzeichnung von Bauteilen besteht die Gefahr, dass Transponder nicht am Bauteil angebracht werden. Auch das Vertauschen von Tags stellt ein Risiko dar, um eine unvollständige Bauzustandsdokumentation zu erhalten. Die Überprüfung dieser Fehler erfolgte für die Vollintegration durch den Abgleich der Anzahl an Meldungen von Schreibvorgängen mit der Anzahl an gelieferten Bauteilen. Fehler resultierten aus der Differenz beider Werte. Bei der Teilintegration oder Anbringung im Werk erfolgte die Überprüfung durch Rücksprache mit den Prozessverantwortlichen und durch Sichtprüfung.

3. *Transponder wird am Bauteil korrekt positioniert:*
   Wie in Kapitel 2 beschrieben, hängt die Leserate von Transpondern im metallischen Umfeld von vielen Faktoren ab. Diese sind bei der Kennzeichnung von Bauteilen zu berücksichtigen. Bei falscher Positionierung von Transpondern besteht die Gefahr einer fehlerhaften Identifikation. Zudem kann es zu Funktionseinschränkungen angrenzender Bauteile durch störende Transponder kom-

men. Eine falsche Positionierung führt nicht zwingend zu einer fehlerhaften Identifikation von Bauteilen und damit zu einer unvollständigen Bauzustandsdokumentation; sie wird jedoch im Rahmen der Ursachenauswertung als Fehler gewertet.[4]

4. *Transponder verbleibt am Bauteil:*
   Aufgrund von Transport, Einbauvorgängen und der hohen Beanspruchung auf Erprobungsfahrten sind die verbauten Teile vielen Faktoren ausgesetzt. Dies kann dazu führen, dass sich Transponder trotz einer den Ansprüchen angemessenen Befestigungsart vom Bauteil lösen. Die Überprüfung dieser Fehler erfolgte für die Aufbauphase und Vollintegration von Lieferanten ebenfalls durch den Abgleich der Anzahl an Meldungen von Schreibvorgängen mit der Anzahl der gelieferten Bauteile. Bei Übereinstimmung der Zahlen wurden die Transponder folglich vollständig angebracht. Fehlende Transponder konnten so auf abgefallene Transponder beim Transportweg zurückgeführt werden. Für die anderen Integrationsmethoden erfolgte die Überprüfung analog zum zweiten Punkt. Für die Erprobungsphase erfolgte die Aufnahme der Fehler anhand einer Überprüfung der betroffenen Bauteile zu den entsprechenden Scan-Zeitpunkten.

5. *Transponder wird durch das RFID-Lesegerät erfasst:*
   Trotz richtiger Positionierung von Transpondern an Bauteilen kann eine Erfassung durch RFID-Lesegeräte durch unvorhergesehene Einflüsse fehlerhaft verlaufen. Es reichen kleine Positionsänderungen von umgebenden Bauteilen aus, die zu einer Abschirmung von Transpondern führen. Darüber hinaus besteht beim Einsatz von RFID-Lesegeräten die Gefahr, dass nicht zugehörige Transponder, z. B. in anderen Fahrzeugen, erfasst werden. Letzteres trat jedoch im Rahmen der Evaluierung aufgrund der Abschirmung des eingesetzten RFID-Gates nicht auf und wird deshalb nicht weiter betrachtet.

Bei Nichterfüllung eines dieser Punkte ergibt sich eine fehlerhafte Teileidentifikation und damit die Ursache einer unvollständigen Bauzustandsdokumentation. Die Fehlerauswertung im weiteren Verlauf der Arbeit erfolgt anhand dieser fünf Punkte. Die ersten drei Punkte werden in Zusammenhang mit den jeweiligen Integrationsmethoden einer Baureihe betrachtet. Die Punkte 4 und 5 werden unabhängig davon betrachtet, da Fehler dieser Art über alle Methoden hinweg auftreten können. Wird z. B. ein Transponder trotz korrekter Anbringung am Bauteil nicht gelesen, ist die Ursache nicht auf Fehler beim Kennzeichnungsprozess durch beteiligte Prozesspartner, sondern auf den Lesevorgang zurückzuführen. Auch wirken sich Umwelteinflüsse während Versuchsfahrten unterschiedlich auf die einzelnen Bauteile aus. Teile im Innenraum sind z. B. geringeren äußeren Einflüssen ausgesetzt als Achsteile. Die

---

[4]Aufgrund der geringen Anzahl solcher Fälle wirkte sich dieser Fehler im Rahmen der Evaluierung nur unwesentlich auf die erfassten Daten zur Bauzustandsdokumentation aus.

Gefahr abfallender Transponder unterscheidet sich somit zwischen den Teilearten, hängt aber nicht von der Integrationsmethode ab.

An dieser Stelle sei erwähnt, dass ein frühzeitiges Erkennen der Ursachen 2 bis 5 durch das automatisierte Scannen mit dem RFID-Gate sichergestellt werden kann, sofern systemseitig eine Soll-Stückliste für jedes Fahrzeug vorliegt. Dies ermöglicht einen Abgleich mit den tatsächlich erfassten Teilen.

Die Ergebnisse lassen anschließend Rückschlüsse auf die Auswahl einer Integrationsmethode zu. Auswirkungen, die sich durch eine Integrationsmethode auf den Informationsfluss logistischer Prozesse vor dem Einbau von Bauteilen ergeben, bleiben außer Betracht. Folgende Untersuchung bezieht sich auf die RFID-gestützte Bauzustandsdokumentation in der Aufbau- und Erprobungsphase.

6.4.1 Auswertung der Fehlerursachen für die Baureihe A

Nach Tabelle 6.1 erfolgte im Rahmen der Evaluierung für acht (19 %) von insgesamt 42 Teilearten eine Teil- und für die weiteren 34 (81 %) Teilearten keine Integration von Lieferanten.

Aufbauphase

Zunächst werden die für die Aufbauphase betrachteten Teilearten der 13 Fahrzeuge aus Tabelle A.6 zur Überprüfung herangezogen. Tabelle 6.15 verteilt die Summe an dokumentationspflichtigen und tatsächlich erfassten Bauteilen entsprechend der Integrationsmethoden und berechnet jeweils den prozentualen Anteil.

Tabelle 6.15: Soll-Ist-Vergleich und Integrationsmethode (BR A)

	Soll		Ist		
	abs.	%	abs.	%	dok.
TI	75	15,4	39	8	52%
KI	413	84,6	409	83,8	99%
$\sum$	488	100	448	91,8	

Von insgesamt 75 Bauteilen aus der Teilintegration wurden 52 % richtig identifiziert, was einer Dokumentationsgüte von 52 % entspricht. Mit einer Differenz von vier Bauteilen zwischen dem Soll- und Ist-Wert der nicht integrierten Teilearten liegt der Anteil einer korrekten Dokumentation hingegen bei 99 %. Eine repräsentative Aussage zur Qualität bzw. Eignung einer Integrationsmethode auf der Grundlage dieser Werte steigt mit der Anzahl der betrachteten Bauteile. Deshalb ist die deutlich geringere

Anzahl an Bauteilen der Teilintegration zu berücksichtigen. Die fehlerhaft identifizierten Teile werden entsprechend der fünf oben genannten Ursachen in Tabelle 6.16 eingeteilt.

Tabelle 6.16: Fehlerursachen in der Aufbauphase (BR A)

	Bauteil	S	I	1	2	3	4	5	$\sum_{1\text{-}3}$	$\sum_{ges}$
TI	Federbein hi. li.	9	0	-	9	-	-	-		
	Federbein hi. re.	9	0	-	9	-	-	-	36	36
	Federbein vo. li.	9	0	-	9	-	-	-		
	Federbein vo. re.	9	0	-	9	-	-	-		
KI	Hinterachsträger	13	12	-	1	-	-	-		
	Kältemittelverd.	10	9	1	-	-	-	-	2	4
	Radträger hi. li.	13	11	-	-	-	2	-		
$\sum$		72	32	1	37	-	2	-	38	40

Nach Tabelle A.6 im Anhang existiert für insgesamt sieben Teilearten eine Abweichung größer 0 %. In der Summe wurden demnach 40 von 488 Bauteilen nicht oder fehlerhaft identifiziert. Mit 36 (90 %) fehlerverursachenden Bauteilen ist der Anteil bei der Teilintegration am größten. Es handelt sich dabei um vier Teilearten, bei denen im Rahmen der Evaluierung eine fehlerhafte Kennzeichnung auftrat (Ursache 2). In diesem Fall erfolgte die Lieferung der Teile vom selben Lieferanten. Die Transponder wurden zwar korrekt positioniert, jedoch für die vorderen und hinteren Federbeine vertauscht und somit am falschen Bauteil angebracht.

Ein automatischer Scan zur Identifikation von Bauteilen anhand von RFID-Lesegeräten führt in einem solchen Fall dennoch zu einer korrekten Bauzustandsdokumentation, da Transponderpositionen nicht erfasst werden können. Diese Art von Fehler stellt damit eine Gefahr für den Einsatz der RFID-Technologie zur automatisierten Bauzustandsdokumentation dar. Spätestens jedoch bei Umbaumaßnahmen oder der Identifikation einzelner Bauteilen wird dieser Fehler erkannt.[5] Sofern die betroffenen Bauteile im weiteren Verlauf der Entwicklungsphase nicht oder alle zum selben Zeitpunkt umgebaut werden, kann dennoch von einer korrekten Bauzustandsdokumentation ausgegangen werden. Im Rahmen dieser Auswertung werden die vertauschten Transponder jedoch als Fehler gewertet.

Die weiteren vier Fehler traten bei den nicht integrierten Bauteilen auf, wovon zwei auf die integrationsbezogenen Ursachen 1 und 2 zurückzuführen sind. Hierbei handelt es sich um Fehler, verursacht durch die manuelle Vorgehensweise beim Beschreiben und dem fehlenden Anbringen der Transponder. Die nicht integrationsbezogenen

---

[5]Eine Teileart kann beim Umbau systemseitig nur durch die gleiche Teileart ersetzt werden.

Fehler sind auf Bauteile zurückzuführen, bei denen die Transponder auf dem Transportweg zum Fahrzeug oder beim Einbauvorgang abgefallen sind.

Das Ergebnis dieser Auswertung zeigt eine deutlich höhere Fehleranfälligkeit bei der Teilintegration. Dabei ist die geringere Anzahl an Bauteilen und eingebundener Lieferanten zu beachten, weshalb zunächst keine allgemeingültige Aussage dazu getroffen wird. Ein Fazit folgt nach Auswertung der Baureihe B.

Erprobungsphase

Der zweite Teil der Auswertung geht auf die Fehlerursachen in Folge von Umbaumaßnahmen während der Erprobungsphase für die betrachteten Versuchsträger ein. Tabelle 6.17 differenziert die zu den einzelnen Zeitpunkten erfassten Teile zwischen den beiden Integrationsmethoden und gibt den jeweiligen Anteil an der Dokumentationsgüte an. Die rechte Spalte berechnet das durchschnittliche Verhältnis zwischen den Ist- und Soll-Werten bezogen auf die Integrationsmethode.

Tabelle 6.17: Bauzustandsdokumentation und Integrationsmethode (BR A)

	Soll		$I(t_0)$		$I(t_1)$		$I(t_2)$		$I(t_3)$		
	abs.	%	abs.	%	abs.	%	abs.	%	abs.	%	Ø dok.
TI	38	16,2	18	7,7	18	7,7	18	7,7	22	9,4	50,2%
KI	197	83,8	194	82,6	191	81,3	180	76,6	171	72,8	94,0%
$\sum$	235	100	212	90,2	209	88,9	198	84,3	193	82,1	

Die deutliche Differenz der Ist-Werte zu den Soll-Werten teilintegrierter Bauteile ist auf die fehlerhaft gekennzeichneten Federbeine zurückzuführen. Im Durchschnitt wurden 50,2 % aller teilintegrierten Bauteile richtig erfasst. Fehler in der Bauzustandsdokumentation, die bereits zum Zeitpunkt t_0 auftraten und im Laufe der Erprobungsphase nicht korrigiert wurden, blieben bei den weiteren Erfassungszeitpunkten bestehen. Im Rahmen der Evaluierung führte eine korrekte Kennzeichnung der Federbeine in weiteren Lieferungen nach einem Umbau zu einer automatischen Korrektur der Bauzustandsdokumentation. Dieser Fall ist zum Zeitpunkt t_3 zu beobachen, was den leichten Anstieg korrekt dokumentierter Teile erklärt. Die nicht integrierten Bauteile wurden im Durchschnitt zu 94 % richtig identifiziert. Eine grafische Darstellung der Durchschnittswerte zeigt Abbildung 6.14. Zu erkennen ist die Abnahme der gesamten Dokumentationsgüte, der Anteil nicht integrierter Bauteile und der leichte Anstieg teilintegrierter Bauteile.

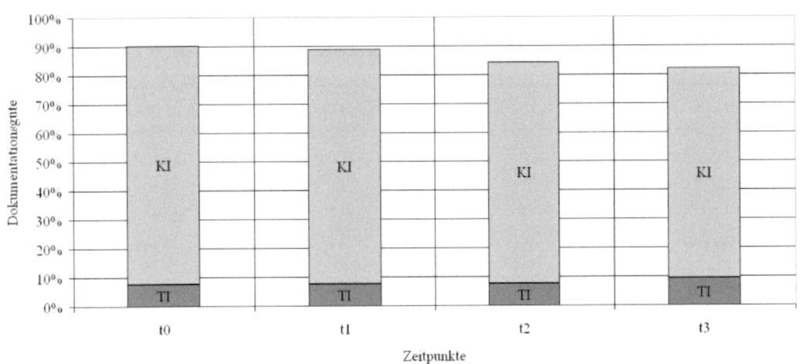

Abbildung 6.14: Integrationsmethode und Dokumentationsgüte (BR A)

Die Einteilung der fehlerhaft erfassten Bauteile erfolgt analog zur Aufbauphase nach den fünf Ursachen. Tabelle 6.18 gibt die Soll-Werte der dokumentationspflichtigen Bauteile einer Teileart an und stellt diesen die zu den Zeitpunkten t_0 bis t_3 erfassten Ist-Werte gegenüber. Die im Rahmen der Evaluierung beobachteten Fehler werden in den Spalten „*1*" bis „*5*" (Ursachen) aufsummiert. Bleibt ein Fehler über mehrere Zeitpunkte bestehen, wird er nicht hinzugerechnet. Fehler eines Bauteils können sich zudem in ihren Ursachen zu verschiedenen Zeitpunkten unterscheiden oder durch Umbaumaßnahmen korrigiert werden. Die Summe entspricht deshalb nicht der Differenz zwischen der Anzahl dokumentationspflichtiger und identifizierter Bauteile zum Zeitpunkt t_3.

Die innerhalb der Erprobung erfassten Fehler werden insgesamt überwiegend den integrationsbezogenen Ursachen 1 bis 3 zugeordnet. Dabei sind 39 fehlende Transpon der über den gesamten Zeitraum die häufigste Fehlerursache. Für die Bauteile aus der Teilintegration treten – bis auf die inkorrekte Kennzeichnung der Federbeine – keine weiteren Fehler auf. Zum Zeitpunkt t_3 ist zudem die Korrektur der Bauzustandsdokumentation zu erkennen, die auf eine fehlerfreie Kennzeichnung der neu eingesetzten Federbeine beim Umbau zurückzuführen ist.

Die hohe Anzahl an fehlenden Transpondern bei den nicht integrierten Bauteilen resultiert aus der prozessbedingten späten Kennzeichnung nach Anlieferung. Die Vielzahl beteiligter Prozesspartner an der Erprobungsphase, mangelnde Kommunikation und ein fehlendes Bewusstsein für die Dokumentation (vgl. Abschnitt 2.2.1) führen zu Fehlern beim Kennzeichnungsprozess. Gleichzeitig gelangen Bauteile oftmals auf unterschiedlichen Wegen, abweichend vom Soll-Prozess, zum Einbau an das Fahrzeug.

Weitere Fehler traten im Rahmen der Evaluierung durch abgefallene Transponder an einzelnen Bauteilen auf. Fehler dieser Art sind auf starke Umwelteinflüsse bei

Tabelle 6.18: Fehlerursachen in der Erprobungsphase (BR A)

Int.	Bauteil	S	$I(t_0)$	$I(t_1)$	$I(t_2)$	$I(t_3)$	1	2	3	4	5	$\sum_{1\text{-}3}$	$\sum_{ges}$
TI	Federbein hi. li.	5	0	0	0	1	-	5	-	-	-		
	Federbein hi. re.	5	0	0	0	1	-	5	-	-	-	20	20
	Federbein vo. li.	5	0	0	0	1	-	5	-	-	-		
	Federbein vo. re.	5	0	0	0	1	-	5	-	-	-		
KI	Bremssattel vo. li.	6	6	6	4	2	-	4	-	-	-		
	Bremssattel vo. re.	6	6	6	4	2	-	4	-	-	-		
	el. Lenkg. 4x4	6	6	5	5	5	-	1	-	-	-		
	Hochvoltbatterie	6	6	5	5	5	-	1	-	-	-		
	Kältemittelverd.	6	5	5	5	5	1	-	-	-	-		
	Querlenker hi. li.	6	6	6	4	4	-	2	-	-	-	21	26
	Querlenker hi. re.	6	6	6	4	3	-	2	-	1	-		
	Radträger hi. li.	6	4	4	4	2	-	2	-	2	-		
	Radträger hi. re.	6	6	6	4	3	-	2	-	1	-		
	Umrichter	5	5	4	3	3	1	1	-	-	-		
	Unterdruckl. BG	6	6	6	6	5	-	-	-	1	-		
$\sum$		85	62	59	48	43	2	39	-	5	-	41	46

Versuchsfahrten zurückzuführen, die die Befestigung der Transponder beeinträchtigen. Durch entsprechende Maßnahmen ist eine Vermeidung solcher Fehler jedoch mit geringem Aufwand möglich. Die Auswertung zeigt, dass eine Integration von Lieferanten für die Erprobungsphase von Vorteil ist. Bei nicht integrierten Bauteilen besteht, bedingt durch die Vielzahl beteiligter Prozesspartner, die Gefahr einer fehlenden Kennzeichnung von Umbauteilen.

6.4.2 Auswertung der Fehlerursachen für die Baureihe B

Zur Durchführung der Evaluierung der RFID-gestützten Bauzustandsdokumentation kamen bei der Baureihe B alle drei Integrationsmethoden zum Einsatz. Nach Tabelle 6.1 wurden von insgesamt 37 Teilearten 20 (54 %) voll-, elf (30 %) teil- und sechs (16 %) nicht integriert.

Aufbauphase

Analog zur vorhergehenden Auswertung betrachtet der erste Abschnitt alle im Rahmen der Aufbauphase eingebauten Teile der 18 Fahrzeuge der Baureihe B. Tabelle 6.19 stellt die Anzahl der erfassten den dokumentationspflichtigen Bauteilen gegenüber und differenziert zwischen den drei eingesetzten Integrationsmethoden.

Tabelle 6.19: Soll-Ist-Vergleich und Integrationsmethode (BR B)

	Soll		Ist		
	abs.	%	abs.	%	dok.
KI	106	17,9	103	17,4	97%
TI	128	21,6	127	21,5	99%
VI	358	60,5	356	60,1	99%
$\sum$	592	100	586	99,0	

Die Integrationsmethode mit dem größten Anteil dokumentationspflichtiger Bauteile bilden die der Vollintegration. An zweiter Stelle stehen die Teilearten der Teilintegration mit 128 dokumentationspflichtigen Bauteilen und einem Anteil von knapp 22 %. Zusammen mit dem Ergebnis der Baureihe A soll an dieser Stelle eine repräsentative Aussage zur Qualität dieser Integrationsart für die Aufbauphase erfolgen. Für die weiteren Bauteile erfolgte keine Integration von Lieferanten. Insgesamt liegt eine Dokumentationsgüte von 99 % vor, was mit insgesamt sechs Fehlern einer fast vollständigen Bauzustandsdokumentation entspricht. Nach Tabelle A.7 im Anhang verteilen sich die sechs Fehler auf sechs unterschiedliche Teilearten. Tabelle 6.20 im Anhang ordnet die fehlerhaft erfassten Teilearten den Integrationsmethoden zu und ermöglicht eine Aussage zu den Fehlerursachen der einzelnen Bauteile.

Tabelle 6.20: Fehlerursachen in der Aufbauphase (BR B)

Int.	Bauteil	S	I	1	2	3	4	5	$\sum_{1\text{-}3}$	$\sum_{ges}$
KI	Bremssattel vo. li.	18	17	-	1	-	-	-		
	Bremssattel vo. re.	18	17	-	1	-	-	-	2	3
	Unterdruckl. M	18	17	-	-	-	1	-		
TI	Hinterachsgetriebe	18	17	-	-	-	-	1	0	1
VI	Längsverteilergetr.	17	16	-	-	-	-	1	0	2
	Radträger hi. re.	18	17	-	-	-	1	-		
$\sum$		107	101	-	2	-	2	2	2	6

Insgesamt traten im Rahmen der Evaluierung zwei integrationsbezogene Fehler in der Bauzustandsdokumentation auf. Dabei handelt es sich um zwei Bremssättel und damit nicht integrierte Bauteile, bei denen keine Kennzeichnung erfolgte. Analog zur Erläuterung der Erprobungsphase in Abschnitt 6.4.1 können Prototypenteile auch während der Aufbauphase nicht auf dem üblichen bzw. prozesskonformen Weg zum Fahrzeugaufbau gelangen. Einzelne Bauteile werden von Entwicklern oftmals zur Bearbeitung aus dem Lager entnommen und anschließend auf direktem Weg an das entsprechende Fahrzeug zum Einbau gebracht. Ohne Einbindung von Lieferanten besteht an dieser Stelle die Gefahr einer fehlenden Kennzeichnung mit Transpondern.

Die Betrachtung der weiteren vier Fehler erfolgt unabhängig von den Integrationsmethoden. Es handelt sich zum einen um abgefallene Transponder, die auf dem Transportweg oder beim Einbau vom Bauteil gelöst wurden, und zum anderen um eine fehlerhafte Erfassung durch das RFID-Gate. Beide Ursachen können durch entsprechende Maßnahmen vermieden werden, z. B. durch die Wahl einer anderen Befestigungsart oder durch die Optimierung der Ausrichtung von Leseantennen.

Das Fazit zur Teilintegration in der Aufbauphase lautet, dass die Einbindung von Lieferanten zur Kennzeichnung von Bauteilen mit Transpondern eine vollständige Bauzustandsdokumentation sicherstellen kann. Diese Aussage wird durch die Auswertung der Baureihe B bestätigt. Trotz der insgesamt geringen Anzahl an Fehlern traten integrationsbezogene Ursachen nur bei nicht integrierten Teilearten auf. Die bei der Baureihe A vorhandenen Fehler der Teilintegration wurden durch einen Lieferanten innerhalb der ersten Lieferung verursacht. Zur Vermeidung dieser Fehler wäre eine abschließende Sichtprüfung der äußerlich gekennzeichneten Transponder durch den Lieferanten ausreichend. Im Rahmen der Kennzeichnung wurde dieser Schritt jedoch nicht ausgeführt.

Auch die voll integrierten Bauteile der Baureihe B weisen keine integrationsbezogenen Abweichungen auf. Demnach ist die Einbindung von Lieferanten zur RFID-gestützten Bauzustandsdokumentation – auch aufgrund der weiteren Potentiale in der logistischen Prozesskette – zu bevorzugen.

Erprobungsphase

Dieser Abschnitt analysiert die aufgrund von Umbaumaßnahmen aufgetretenen Fehler in der Bauzustandsdokumentation der fünf ausgewählten Fahrzeuge. Analog zur Analyse der Baureihe A zeigt Tabelle 6.21 die zu den jeweiligen Zeitpunkten erfasste Anzahl dokumentierter Teile, verteilt auf die Integrationsmethoden.

Tabelle 6.21: Bauzustandsdokumentation und Integrationsmethode (BR B)

	Soll		$I(t_0)$		$I(t_1)$		$I(t_2)$		$I(t_3)$		
	abs.	%	abs.	%	abs.	%	abs.	%	abs.	%	Ø dok.
KI	30	18,0	28	16,8	26	15,6	21	12,6	19	11,4	78%
TI	37	22,2	36	21,6	36	21,6	36	21,6	36	21,6	97%
VI	100	59,9	100	59,9	97	58,1	96	57,5	95	56,9	97%
$\sum$	167	100	164	98,2	159	95,2	153	91,6	150	89,8	

Die über den Zeitraum größte Abnahme der beobachteten Bauteile weisen die nicht durch Lieferanten gekennzeichneten Bauteile auf. Das Verhältnis zwischen den Ist- und Soll-Werten liegt mit durchschnittlich 78 % deutlich unter den beiden Integrationsmethoden mit Einbindung von Lieferanten. Diese Bauteile wurden zu 97 % richtig identifiziert, weshalb der negative Einfluss auf die Bauzustandsdokumentation hauptsächlich auf die nicht integrierten Teilearten zurückzuführen ist. Eine grafische Darstellung dieser Werte zeigt Abbildung 6.15.

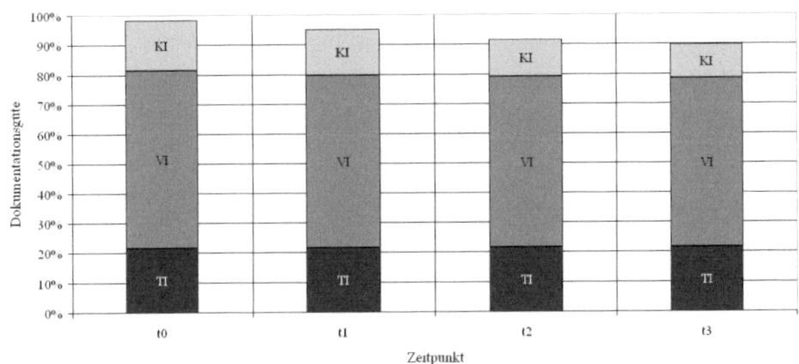

Abbildung 6.15: Integrationsmethode und Dokumentationsgüte (BR B)

Deutlich zu erkennen ist die Abnahme der Dokumentationsgüte durch die fehlerhafte Identifikation nicht integrierter Bauteile. Eine detaillierte Fehlerauswertung zu den beobachteten Werten liefert Tabelle 6.22 analog zur Auswertung der Baureihe A. Die zu den Zeitpunkten t_0 bis t_3 erfassten Fehler werden entsprechend der fünf definierten Ursachen aufsummiert. Es werden nur die fehlerhaften Teilearten aufgeführt.

Für die Baureihe B ist nach Betrachtung der Tabelle ein Zusammenhang zwischen den Fehlerursachen und der Integrationsmethode zu erkennen. Von Lieferanten gekennzeichnete und nach dem Einbau fehlerhaft erfasste Bauteile sind fast ausschließlich auf die nicht integrationsbezogenen Ursachen 4 und 5 zurückzuführen. Im Gegensatz dazu sind die Dokumentationsfehler der nicht integrierten Bauteile größtenteils der integrationsbezogenen Ursache 2 zugeordnet. Nach Auswertung der Baureihe A besteht ohne Einbindung von Lieferanten zur Kennzeichnung die Gefahr fehlender Transponder am Bauteil. Das Ergebnis der Baureihe B bestätigt diese Aussage. Die Begründung liegt wie bereits erwähnt an der prozessbedingten späten Kennzeichnung nach Anlieferung der Bauteile beim Automobilhersteller. Eine Absicherung für das Anbringen von Transpondern an Umbauteilen, gestaltet sich aufgrund der vielen beteiligten Prozesspartner in der Erprobungsphase als schwierig.[6]

---

[6]Vgl. dazu Abschnitte 2.1.3 und 2.2.2: Nutzung der Fahrzeuge durch verschiedene Abteilungen.

Tabelle 6.22: Fehlerursachen in der Erprobungsphase (BR B)

Int.	Bauteil	S	$I(t_0)$	$I(t_1)$	$I(t_2)$	$I(t_3)$	1	2	3	4	5	$\sum_{1\text{-}3}$	$\sum_{ges}$
KI	Bremssattel hi. li.	5	5	4	3	3	-	2	-	-	-		
	Bremssattel hi. re.	5	5	4	3	2	-	2	-	1	-		
	Bremssattel vo. li.	5	4	5	4	3	-	2	-	1	-	9	12
	Bremssattel vo. re.	5	4	4	3	3	-	2	-	-	-		
	Unterdruckl. BG	5	5	4	4	4	-	1	-	-	-		
	Unterdruckl. M	5	5	5	4	4	-	-	-	1	-		
TI	Hinterachsgetriebe	5	4	4	4	4	-	-	-	1	1	0	2
VI	Querlenker hi. li.	5	5	4	4	4	-	-	-	1	-		
	Radträger hi. li.	5	5	5	4	4	-	-	-	1	-		
	Radträger hi. re.	5	5	5	5	4	-	-	-	-	1	1	5
	Seitenwellen hi.	5	5	4	4	4	-	-	-	1	-		
	Zugstrebe hi. re.	5	5	4	4	4	1	-	-	-	-		
$\sum$		60	57	52	46	43	1	9	-	7	2	10	19

Bei den teilintegrierten Bauteilen wurden im Rahmen der Evaluierung bei den fünf betrachteten Fahrzeugen nur zwei Fehler in der Bauzustandsdokumentation festgestellt, die einem einzelnen Bauteil zugeordnet sind. Zum einen wurde das Bauteil zum Zeitpunkt t_0 trotz korrekter Anbringung des Transponders vom RFID-Gate nicht erfasst. Zum anderen konnte ab dem Zeitpunkt t_1 keine Identifikation mehr stattfinden, da sich der Transponder während einer Erprobungsfahrt vom Bauteil gelöst hat. Die Fehler sind unabhängig von der Teilintegration zu betrachten.

Die Teilearten der Vollintegration umfassen den größten Anteil beobachteter Bauteile in der Erprobungsphase. Von insgesamt fünf erfassten Fehlern wird nur einer den ersten drei Ursachen zugeordnet. Es handelte sich um einen falsch beschriebenen Transponder. Die nicht integrationsbezogenen Fehler sind hauptsächlich auf die Art der Befestigung zurückzuführen, die durch äußere Einflüsse beeinträchtigt wurde.

Die Auswertungen der Baureihen A und B zeigen, dass bei Einbindung von Lieferanten eine vollständige Bauzustandsdokumentation ohne Berücksichtigung der nicht integrationsbezogenen Fehler nahezu erreicht wurde. Ein eindeutiger Unterschied zwischen der Teil- und Vollintegration ist aufgrund der Ergebnisse nicht festzustellen. Es ist jedoch anzumerken, dass für die Teilintegration im Rahmen der Evaluierung aufgrund des hohen Aufwands am wenigsten Bauteile betrachtet wurden. Das Beschreiben der Transponder und die Kommunikation mit Lieferanten erfolgte für diese Teilearten durch einen Prozesspartner. Innerhalb der Prototypenphase werden Bauteile nach deren Optimierung oftmals in einzelnen Sendungen angeliefert. Sofern keine vorausschauende Planung von Lieferungen vorliegt, besteht ein hoher Koordinationsaufwand für die Zusendung der Transponder an den Lieferanten. Es muss zu jedem Zeitpunkt im Herstellungsprozess von Bauteilen die Verfügbarkeit der mit korrekten Daten beschriebenen Transponder gewährleistet sein, da ansonsten eine fehlende Kennzeichnung die Folge ist. Vor allem in der Prototypenphase kommt es häufig zu kurzfristigen Ersatzlieferungen. Aufgrund des geringen Anteils teilintegrierter Bauteile und beobachteter Fahrzeuge kann diese Aussage durch die Ergebnisse der beiden Auswertungen nicht eindeutig nachgewiesen werden. Unter Berücksichtigung der Ergebnisse des Prototypenaufbaus für die Baureihe A und der Gefahr vertauschter Transponder ist neben weiteren Potentialen[7] die Vollintegration von Lieferanten vorzuziehen.

6.4.3 Auswertung der Fehlerursachen für die Baureihe C

Aufgrund der hohen Anzahl an Bauteilen und Fahrzeugen, dem längeren Beobachtungszeitraum sowie einem geringeren Koordinations- und Kommunikationsaufwand im Vergleich zu den anderen Integrationsmethoden, erfolgte zur Bewertung der Baureihe C für 58 (92 %) von insgesamt 63 Teilearten die volle Einbindung von Lieferanten. Die Ergebnisse dieser Baureihe sollen die vorhergehenden Aussagen bestätigen und zudem weiteren Aufschluss über Fehlerpotentiale einer RFID-gestützten Bauzustandsdokumentation geben. Die Vollintegration von Lieferanten ist aus Sicht der Automobilhersteller die bevorzugte Methode, eine Kennzeichnung von Bauteilen mit Transpondern durchzuführen. Dies ermöglicht neben der RFID-gestützten Bauzustandsdokumentation auch einen RFID-gestützten Materialflussprozess ab Auslieferung der Bauteile beim Lieferanten (vgl. Kapitel 5). Die Auswertung lässt damit eine repräsentative Aussage zur Qualität einer RFID-gestützten Bauzustandsdokumentation in der Praxis zu.

Aufbauphase

Die Analyse der Aufbauphase umfasst alle 87 betrachteten Fahrzeuge der Prototypenphase mit insgesamt 63 Teilearten. Die Aufteilung der Gesamtzahl an Bauteilen auf die Integrationsmethoden zeigt Tabelle 6.23. Aufgrund des geringen Anteils und der bereits festgestellten hohen Fehleranfälligkeit bei den vorhergehenden Baureihen, insbesondere in der Erprobungsphase, werden die nicht integrierten Bauteile im Rahmen dieser Auswertung nicht weiter betrachtet.

Von insgesamt 3621 voll integrierten Bauteilen wurden 96 % richtig identifiziert, was im Umkehrschluss auf 157 Fehler bei der Identifikation schließen lässt. Zusammen mit dem Ergebnis der Baureihe B wird eine vollständige Bauzustandsdokumentation bei der Vollintegration von Lieferanten mit Unterstützung der RFID-Technologie

---

[7]Vgl. dazu Abschnitt 5.2.

Tabelle 6.23: Soll-Ist-Vergleich und Integrationsmethode (BR C)

	Soll		**Ist**		
	abs.	%	abs.	%	dok.
KI	195	5,1	191	5,0	98%
VI	3621	94,4	3464	90,8	96%
$\sum$	3816	100	3655	96,0	

nahezu erreicht. Die 157 erfassten Fehler verteilen sich auf 48 der 63 Teilearten und werden in Tabelle 6.24 entsprechend ihrer Ursachen eingeteilt. Bei allen Integrationsmethoden wird der Kennzeichnungsprozess durch manuelle Tätigkeiten vollzogen, weshalb einzelne Fehler aufgrund der hohen Anzahl an Bauteilen jeder Teileart nicht zu vermeiden sind. Im weiteren Verlauf der Analyse wird deshalb bei genauerer Betrachtung von Fehlern nur auf die 24 Teilearten mit einer Abweichung größer oder gleich 5 % eingegangen (vgl. Tabelle A.8 im Anhang).

Tabelle 6.24 zeigt am Ende dieses Abschnitts eine nahezu ausgeglichene Aufteilung der Fehler nach integrations- und nicht integrationsbezogenen Ursachen. Bei den integrationsbezogenen Ursachen bilden falsch beschriebene Transponder mit 17 von 85 erfassten Fehlern den geringsten Anteil. Sie verteilen sich relativ gleichmäßig auf die betroffenen Teilearten. Diese Fehlerart kann durch eine direkte Übertragung der Daten ohne manuellen Schreibvorgang und damit ohne Medienbruch vermieden werden. Dies betrifft insbesondere Fehler, die z. B. durch vertauschte Ziffern beim Beschreiben der Transponder mit korrekten Teiledaten hervorgerufen werden. Dieser Lösungsansatz wurde im Rahmen der Evaluierung jedoch nicht weiter verfolgt. Die zweithäufigste Ursache einer fehlerhaften Dokumentationen sind falsch positionierte Transponder am Bauteil. Im Rahmen der Evaluierung erzeugte der „*Kältemittelverdichter*" mit sieben von insgesamt 28 gezählten Fehlern den größten Anteil. Durch die enge Verbauung im Fahrzeug und der Größe der eingesetzten RFID-Transponder sind die vorgesehenen Positionen zur Kennzeichnung von Bauteilen zwingend einzuhalten. Eine abweichende Positionierung, auch von geringem Maß, kann nicht nur zur Beeinträchtigung des Lesevorgangs, sondern auch zu Kollisionen mit benachbarten Bauteilen führen. Aufgrund der manuellen Vorgehensweise können diese Fehler unter anderem durch die Beteiligung verschiedener Mitarbeiter bei der Kennzeichnung und gleichzeitig unzureichender Aufklärung über die RFID-Technologie erzeugt werden. Die übrigen erfassten Fehler verteilten sich ohne weitere Ausreißer auf die anderen Teilearten. Die häufigste Ursache fehlerhaft identifizierter Bauteile sind nicht angebrachte Transponder, worauf ca. 50 % aller integrationsbezogenen Fehler zurückzuführen sind. Bei genauer Betrachtung der Tabelle sind insbesondere Teilearten mit einem geringen Bedarf davon betroffen wie z. B. das „*Vorderachs-*" oder „*Hinterachs-getriebe*". Im Rahmen der Evaluierung bestand durch die Einführung der neuen und noch nicht etablierten Art der Kennzeichnung die Gefahr, dass einzelne Lieferungen aufgrund des längeren Zeitraums der Aufbauphase und verschiedenen involvierten Mitarbeitern bei den Prozesspartnern „vergessen" wurden. Die Verfügbarkeit selten benötigter Teile wird in der Regel durch Einzellieferungen sichergestellt. Zusammengefasst liegen die integrationsbezogenen Fehler in der manuellen Vorgehensweise zur Kennzeichnung von Bauteilen bei den jeweiligen Prozesspartnern begründet. Etwa die Hälfte der gesamten Abweichung von 4 % zu einer vollständigen Bauzustandsdokumentation ist auf integrationsbezogene Ursachen zurückzuführen.

Ein automatisierter Dokumentationsvorgang erfolgt spätestens nach dem Leseprozess von Fahrzeugen bzw. Bauteilen. Fehler in der Dokumentation werden ab diesem Zeitpunkt den nicht integrationsbezogenen Ursachen zugeordnet. Die innerhalb der Evaluierung erfassten 72 Fehler teilen sich laut Tabelle zu ca. 45 % auf abgefallene Transponder und zu 55 % auf Lesefehler auf. Bei der Festlegung von Transponderpositionen sind viele Faktoren zu berücksichtigen, weshalb in den meisten Fällen nur wenige Stellen am Bauteil zur Kennzeichnung infrage kommen. Oftmals muss bei der Auswahl einer Position zwischen dem problemlosen Auslesen oder dem Schutz vor transport- oder einbaubedingten Kollisionen entschieden werden. Dies erklärt die erhöhte Fehleranzahl bei der Teileart „*Motor*", für die im Rahmen der Evaluierung nur eine geeignete Position zur Anbringung möglich war. Abgefallene Transponder waren aufgrund deren Größe meist die Folge von Kollisionen mit anderen Bauteilen oder Werkzeugen beim Transport bzw. beim Einbau. Weitere Fehler entstanden bei der Identifikation durch das RFID-Gate, die durch eine fehlerhafte Durchführung manueller Arbeitsschritte beim Leseprozess oder durch technische Rahmenbedingungen zu erklären sind. Das korrekte Einfahren eines Fahrzeugs in das Gate oder das Öffnen der Motorhaube sind Voraussetzungen für eine vollständige Erfassung. Die „*Hochvoltbatterie*" konnte z. B. nur bei geöffneter Heckklappe ausgelesen werden. Ähnliches galt für die Teilearten „*Sonnenblende*", für die eine sichere Erfassung aufgrund der geringeren Abschirmung durch das Metalldach nur im heruntergeklappten Zustand gewährleistet war. In diesem Fall führten Fehler im Prozess jedoch nicht zwangsläufig zu Fehlern in der Bauzustandsdokumentation. Die technischen Rahmenbedingungen werden vor allem durch die enge Verbauung von Bauteilen und das metallische Umfeld im Fahrzeug gesetzt. In Kombination mit einer zu hohen Einfahrgeschwindigkeit in das RFID-Gate traten weitere Lücken bei der Identifikation von Bauteilen auf. Nicht integrationsbezogene Fehler, bezogen auf den Lesevorgang, können durch die Einhaltung von Vorgaben zur Durchführung vermieden werden.

Tabelle 6.24: Fehlerursachen in der Aufbauphase (BR C)

Int.	Bauteil	S	I	1	2	3	4	5	$\sum_{1\text{-}3}$	$\sum_{ges}$
KI	Unterdruckl. B	87	86	1	-	-	-	-		
	Unterdruckl. BG	25	24	-	-	-	1	-	2	4
	Unterdruckl. M	35	33	-	1	-	1	-		
VI	Abdeckblech hi. li.	81	78	1	-	-	-	2		
	Abdeckblech hi. re.	81	79	-	1	-	-	1		
	Abdeckblech vo. re.	81	77	-	1	-	1	2		
	Achsschenkel vo. li.	87	85	1	-	-	1	-		
	Automatikgetriebe	81	79	-	-	-	2	-		
	Bremsgerät	86	84	1	-	-	1	-		
	Bremssattel hi. li.	87	82	1	1	-	-	3		
	Bremssattel hi. re.	86	83	-	1	-	-	2		
	Bremssattel vo. li.	87	86	-	1	-	-	-		
	Bremssattel vo. re.	87	85	-	1	-	-	1		
	Drehstab hi. (Luft)	69	68	-	-	1	-	-		
	Drehstab vo. (Luft)	67	60	3	1	1	-	2		
	Drehstabgest. vo. li.	61	60	-	-	-	-	1		
	Drehstabgest. vo. re.	61	59	1	-	-	-	1		
	el. Lenkgetr. 4x2	81	75	-	1	3	-	2		
	el. Lenkgetr. 4x4	4	1	-	3	-	-	-		
	Fahrzeug	87	86	1	-	-	-	-		
	Federb. ABC hi. li.	19	17	-	-	2	-	-		
	Federb. ABC hi. re.	19	17	-	-	2	-	-		
	Federb. ABC vo. li.	19	16	-	1	2	-	-		
	Federb. ABC vo. re.	19	17	-	-	1	-	1		
	Federb. hi. li.	68	65	-	1	1	-	1	85	157
	Federb. hi. re.	68	66	-	1	1	-	-		
	Federb. vo. li.	68	66	-	1	1	-	-		
	Federb. vo. re.	68	66	-	1	1	-	-		
	Federlenker hi. li.	85	83	-	-	1	-	1		
	Federlenker hi. re.	86	85	-	-	-	-	1		
	Federlenker vo. li.	86	85	-	-	-	1	-		
	Federlenker vo. re.	86	84	-	-	-	-	2		
	Hinterachsgetriebe	13	8	-	5	-	-	-		
	Hinterachsträger	22	19	1	1	-	-	1		
	Hochvoltbatterie	27	21	-	3	-	-	3		
	Integralträger 4x2	77	73	1	2	-	-	1		
	Kältemittelverdichter	72	61	-	-	7	-	4		
	Motor	78	67	1	1	-	9	-		
	Pedalanlage	87	85	-	-	2	-	-		
	Querlenker vo. li.	85	82	-	-	-	3	-		
	Querlenker vo. re.	87	82	-	-	-	4	1		
	Radträger hi. li.	86	82	-	1	-	3	-		
	Radträger hi. re.	87	81	-	1	-	4	1		
	Seitenwellen hi.	87	82	2	-	-	-	3		
	Seitenwellen vo.	6	5	-	-	-	-	1		
	Sonnenblende li.	62	61	-	1	-	-	-		
	Sonnenblende re.	64	60	-	2	-	-	2		
	Umrichter	33	31	-	-	2	-	-		
	Vorderachsgetriebe	9	2	-	7	-	-	-		
	Zugstrebe vo. li.	87	84	1	-	-	-	2		
	Zugstrebe vo. re.	87	84	2	-	-	1	-		
	$\sum$	3268	3107	18	41	28	32	42	87	161

Erprobungsphase

Der folgende Abschnitt beschreibt die Ursachen einer fehlerhaften Bauzustandsdokumentation infolge von Umbaumaßnahmen während der Erprobungsphase der 20 ausgewählten Versuchsträger und verifiziert die aus den vorhergehenden Analysen erhaltenen Ergebnisse. Der Fokus liegt auch hier auf den Bauteilen der Vollintegration. Tabelle 6.25 zeigt die zu den gewählten Zeitpunkten erfassten Werte, bezogen auf die beiden Integrationsmethoden der Baureihe C.

Tabelle 6.25: Bauzustandsdokumentation und Integrationsmethode (BR C)

	Soll		$I(t_0)$		$I(t_1)$		$I(t_2)$		$I(t_3)$		
	abs.	%	abs.	%	abs.	%	abs.	%	abs.	%	Ø dok.
KI	43	4,9	43	4,9	41	4,7	37	4,3	34	3,9	90%
VI	826	95,1	772	88,8	762	87,7	758	87,2	751	86,4	92%
$\sum$	869	100	815	93,8	803	92,4	795	91,5	785	90,3	

Durchschnittlich werden von 826 voll integrierten und dokumentationspflichtigen Bauteilen 92 % über den gesamten Zeitraum richtig erfasst. Mit einer Differenz von 54 Bauteilen zum Soll-Wert treten die meisten Fehler zum Zeitpunkt der Ersterfassung im Prototypenaufbau auf. Eine vollständige Bauzustandsdokumentation entspricht bei den voll integrierten Teilearten einem Anteil von 95,1 %. Zum Zeitpunkt t_0 werden demnach 88,8 % erreicht. Dieser Wert bleibt bis zum Zeitpunkt t_3 relativ konstant. Es ist nur eine leichte Abnahme zu beobachten. Unter Berücksichtigung aller betrachteten Bauteile der Baureihe C nimmt die Dokumentationsgüte ab dem Zeitpunkt der Ersterfassung um 3,5 % ab. Abbildung 6.16 veranschaulicht dieses Ergebnis in Zusammenhang mit den Integrationsmethoden.

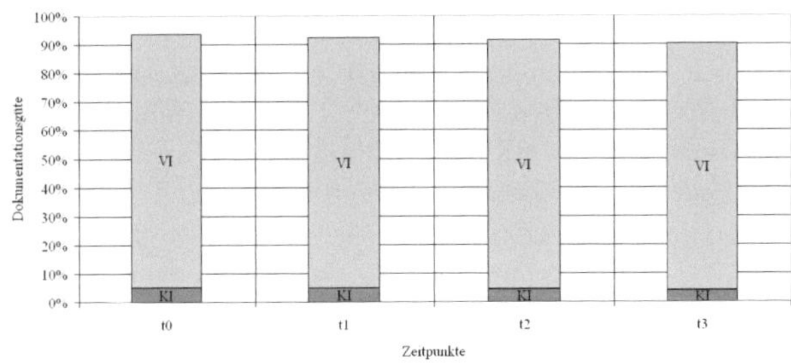

Abbildung 6.16: Integrationsmethode und Dokumentationsgüte (BR C)

Deutlich zu erkennen ist der relativ konstante Wert der Dokumentationsgüte über den Zeitraum der Erprobungsphase. Durch die vollständige Integration wird die Kennzeichnung von Bauteilen durch den Lieferanten noch vor Auslieferung der Bauteile abgesichert. Dies betrifft sowohl Einzellieferungen als auch Lieferungen in Chargen für den Auf- und Umbau. Umbaumaßnahmen werden bei einem RFID-Scan sofort erkannt und die Bauzustandsdokumentation damit automatisch aktualisiert. Durch die Vermeidung von Fehlern in der Aufbauphase, insbesondere den nicht integrationsbezogenen, könnte demnach eine nahezu vollständige Bauzustandsdokumentation erreicht werden. Die Einteilung der Fehler nach den Ursachen aller 20 betrachteten Fahrzeuge zeigt Tabelle 6.26 am Ende dieses Abschnitts.

Trotz der vollständigen Integration von Lieferanten traten insgesamt 40 von 90 Fehlern bei der Identifikation von Bauteilen auf. Davon sind, analog zur Aufbauphase aller Fahrzeuge, auch hier 50 % auf nicht angebrachte Transponder zurückzuführen und bilden damit die häufigste integrationsbezogene Ursache. Die Fehler verteilen sich gleichmäßig auf die betroffenen Teilearten. Die Begründung fehlender Transponder liegt, wie im vorherigen Abschnitt für die Aufbauphase erläutert, an der Vielzahl von Bauteilen und an der neuen Art der Kennzeichnung, die im Rahmen der Evaluierung zusätzlich zur konventionellen Methode durchgeführt wurde. Der Anteil falsch beschriebener und falsch positionierter Transponder entspricht etwa dem der Aufbauphase. Hervorzuheben ist, dass auch bei der RFID-gestützten Bauzustandsdokumentation ein Fehler bestehen bleibt, sofern er nicht manuell korrigiert oder ein Umbau durchgeführt wird. Eine Ausnahme bilden nicht gelesene Transponder aufgrund eines fehlerhaften Leseprozesses. Die Tabellen 6.26 und A.11 bis A.17 zeigen, dass Umbaumaßnahmen eine fehlerhafte Bauzustandsdokumentation korrigieren können.

Die nicht integrationsbezogenen Fehler sind insbesondere durch abgefallene Transponder aufgefallen. Die betroffenen Teilearten decken sich mit denen aus der Aufbauphase unter Einbeziehung aller Fahrzeuge wie z. B. die Achsteile *„Querlenker"* und *„Radträger"*. Den Teilen gemeinsam war eine ungeschützte Position sowie eine für die Materialbeschaffenheit ungünstige Auswahl der Befestigungsart, worauf bei Versuchsfahrten auch Umwelteinflüsse einwirken. Daneben ist auch die Temperaturentwicklung von Fahrzeugteilen zu beachten. Das ausgewählte Klebematerial zur Befestigung von Transpondern in Kombination mit der Materialbeschaffenheit der nicht integrierten Teilearten *„Unterdruckleitung"* konnte der Temperatur im Motorraum nicht über den gesamten Zeitraum standhalten. Verantwortlich für die erhöhte Fehlerrate bei *„Motor"* und *„Automatikgetriebe"* war neben der ungeschützten auch die generelle Auswahl der Transponderposition. Im Rahmen der Evaluierung konnten die Transponder für diese Teile nicht direkt am Bauteil, sondern nur an einem zugehörigen Anbauteil befestigt werden, dessen Umbau zu einem Verlust der Kennzeichnung führte.[8] Die Befestigung von Transpondern am Bauteil selbst sollte demnach zwingend eingehalten werden. Weitere Fehler ergaben sich aus der fehlerhaften Erfassung durch das RFID-Gate, was auf die bereits erwähnten technischen Rahmenbedingungen durch die enge Verbauung von Bauteilen zurückzuführen war. Zu erwähnen ist an dieser Stelle, dass eine kontinuierliche Verbesserung des RFID-Gates durch Justierung der Antennen sowie die Anpassung der Einfahrgeschwindigkeit zu einer einer höheren Leserate führen können.

---

[8]Im Rahmen der Evaluierung erfolgte die Bestimmung der Transponderposition nach vorheriger Zusage, dass die betroffenen Anbauteile keinen Umbaumaßnahmen unterzogen werden.

Tabelle 6.26: Fehlerursachen in der Erprobungsphase (BR C)

Int.	Bauteil	S	$I(t_0)$	$I(t_1)$	$I(t_2)$	$I(t_3)$	1	2	3	4	5	$\sum_{1\text{-}3}$	$\sum_{ges}$
KI	Anschlag. hi. re.	5	5	4	4	4	-	1	-	-	-		
	Anschlag. hi. li.	5	5	4	4	4	-	1	-	-	-	2	9
	Unterdruckl. B	20	20	20	17	16	-	-	-	4	-		
	Unterdruckl. M	8	8	8	7	5	-	-	-	3	-		
VI	Abdeckbl. hi. li.	20	19	19	19	19	1	-	-	-	-		
	Abdeckbl. hi. re.	20	19	19	19	19	-	1	-	-	-		
	Abdeckbl. vo. li.	20	20	20	19	19	-	-	-	1	-		
	Abdeckbl. vo. re.	20	19	19	19	19	-	-	-	1	-		
	Achssch. vo. li.	20	18	17	17	17	1	-	-	2	-		
	Automatikgetr.	20	18	16	16	16	-	-	-	4	-		
	Bremsgerät	20	19	19	19	19	-	-	-	1	-		
	Bremssat. hi. li.	20	18	18	18	18	1	2	-	-	-		
	Bremssat. hi. re.	20	20	20	19	19	-	1	-	-	-		
	Bremssat. vo. li.	20	19	18	19	18	-	1	-	1	1		
	Bremssat. vo. re.	20	19	19	19	19	-	1	-	-	-		
	Drehstab. vo. re.	13	12	11	11	11	1	-	-	1	-		
	el. Lenkgetr. 4x2	19	17	17	17	17	-	-	2	-	-		
	Fahrzeug	20	19	20	20	20	1	-	-	-	-		
	Fed. ABC hi. li.	5	4	4	5	5	-	-	1	-	-		
	Fed. ABC hi. re.	5	4	4	5	5	-	-	1	-	-		
	Fed. ABC vo. li.	5	3	2	4	4	-	2	1	-	-		
	Fed. ABC vo. re.	5	4	3	4	4	-	1	1	-	-		
	Federbein hi. li.	15	15	15	15	14	-	-	-	-	1	40	90
	Federbein vo. li.	15	15	15	14	14	-	-	-	-	1		
	Federl. hi. re.	19	19	19	19	18	-	-	-	1	-		
	Federl. vo. li.	19	18	18	18	18	-	-	-	1	-		
	Hinterachsgetr.	2	1	1	1	1	-	1	-	-	-		
	Hinterachstr.	5	3	3	3	3	1	1	-	-	-		
	Hochvoltbatt.	5	2	3	3	3	-	2	-	-	1		
	Integraltr. 4x2	18	17	17	17	17	1	-	-	-	-		
	Kältemittelver.	17	14	14	14	13	-	-	3	-	1		
	Motor	19	16	16	15	15	1	-	-	4	-		
	Pedalanlage	20	19	19	19	19	-	-	1	-	-		
	Querlenk. vo. li.	20	17	15	15	15	-	-	-	5	-		
	Querlenk. vo. re.	20	16	15	15	15	-	-	-	5	-		
	Radträger hi. li.	20	17	15	11	10	-	1	-	9	4		
	Radträger hi. re.	20	18	18	17	15	-	1	-	4	-		
	Seitenw. hi.	20	19	18	18	18	1	-	-	1	-		
	Sonnenbl. li.	17	16	16	16	16	-	1	-	-	-		
	Sonnenbl. re.	17	15	15	15	15	-	2	-	-	-		
	Umrichter	6	5	6	5	5	-	-	2	-	-		
	Vorderachsgetr.	1	0	0	0	0	-	1	-	-	-		
$\sum$		625	571	559	551	541	9	21	12	48	9	42	99

6.5 Statistische Untersuchung der Ergebnisse

Die Ergebnisse der RFID-gestützten Bauzustandsdokumentation werden im folgenden Abschnitt ebenfalls einer statistischen Untersuchung unterzogen. Ziel ist ein statistischer Vergleich der im Rahmen dieser Arbeit erfassten konventionellen und RFID-gestützten fahrzeugspezifischen Dokumentationsgüte.

6.5.1 Shapiro-Wilk-Test auf Normalverteilung

Trotz positiver Prüfung einer Normalverteilung der fahrzeugspezifischen Dokumentationsgüte in Abschnitt 4.6 erfolgt an dieser Stelle ein erneuter Test aufgrund der starken Beeinflussung der Werte durch die RFID-Technologie. Der Shapiro-Wilk-Test überprüft auch hier die Hypothese, ob die erfasste fahrzeugspezifische Dokumentationsgüte jeder Baureihe unter Einsatz von RFID normalverteilt ist. Die Berechnung der Werte erfolgte hier ebenfalls anhand der Statistiksoftware SPSS.

Normalverteilungstest der Ergebnisse aus dem Prototypenaufbau

Die Tabellen 6.6, 6.7 und 6.8 zeigen die baureihenbezogene fahrzeugspezifische Dokumentationsgüte für den RFID-gestützten Prototypenaufbau. Die Prüfung dieser Werte auf Normalverteilung erfolgt zunächst anhand einer grafischen Analyse. Abbildung 6.17 zeigt die Histogramme mit eingezeichneten Normalverteilungskurven.

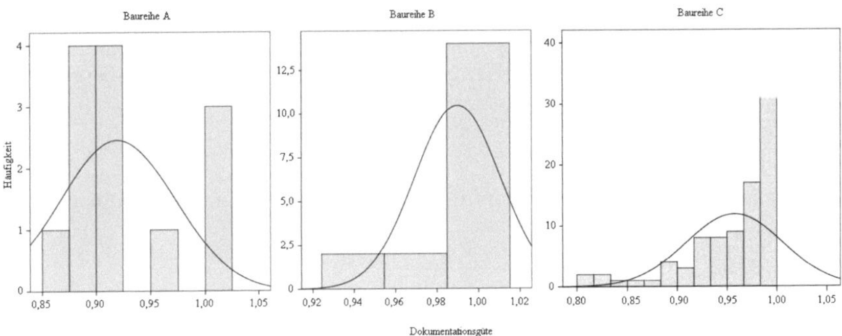

Abbildung 6.17: Histogramm mit Normalverteilungskurve

Die Histogramme lassen zunächst nicht auf eine Normalverteilung schließen. Bei den Baureihen B und C ist die Anzahl der Fahrzeuge mit einer fast vollständigen Bauzustandsdokumentation gut zu erkennen. Die beiden Diagramme lassen eher auf eine geometrische Verteilung schließen. Über eine 100%ige Dokumentationsgüte ist keine Verbesserung möglich, weshalb keine weiteren Werte vorzufinden sind. Im Normalverteilungsdiagramm der Baureihen A und B in Abbildung 6.18 weichen die einzelnen Messwerte stark von der Geraden ab. Für die Baureihe C ist ebenfalls eine stärkere und einem Muster folgende Abweichung der Punkte vom Verlauf der Geraden zu erkennen. Die Annahme eine Normalverteilung kann demnach anhand der Grafiken nicht getroffen werden.

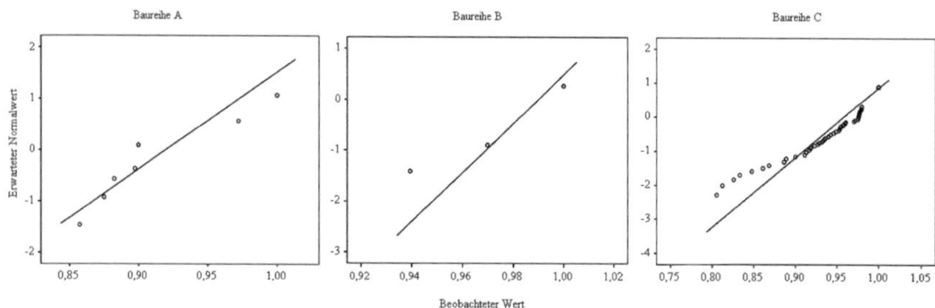

Abbildung 6.18: Normalverteilungsdiagramm

Die abschließende Anwendung des Shapiro-Wilk-Tests gibt weiteren Aufschluss über die Annahme einer Normalverteilung. Tabelle 6.27 zeigt die mit SPSS berechneten Ergebnisse. Es werden die in Abschnitt 4.6.2 aufgestellten Hypothesen und das Signifikanzniveau $\alpha = 0,05$ festgelegt.

Tabelle 6.27: Ergebnisse des Shapiro-Wilk-Tests für den Prototypenaufbau

BR	Statistik W	n	Signifikanz p
A	0,803	13	0,007
B	0,544	18	<0,0001
C	0,827	87	<0,0001

Für die gegebene Anzahl an Versuchsträgern n und $\alpha = 0,05$ erfolgt für die Baureihen A und B ein Vergleich der Werte aus der Teststatistik W mit den kritischen Werten aus der Shapiro-Wilk-Tabelle (Gibbons et al. 2009, S. 265):

- **Baureihe A:**
  Für $n = 13$ gilt $W_{0,05} = 0,866$ und damit $0,866 > 0,803$. Der errechnete Wert $W_A = 0,803$ ist kleiner als die kritische Grenze; also ist H_0 abzulehnen.

- **Baureihe B:**
  Für $n = 18$ gilt $W_{0,05} = 0,897$ und damit $0,897 > 0,827$. Der errechnete Wert $W_B = 0,827$ ist kleiner als die kritische Grenze; also ist H_0 abzulehnen.

Auch die Signifikanzwerte $p_A = 0,007$ für Baureihe A und $p_B < 0,0001$ für Baureihe B sind deutlich kleiner als $\alpha = 0,05$. Somit kann für die Stichproben der Baureihen A und B keine Normalverteilung angenommen werden. Bei der **Baureihe C** wird zum Test auf Normalverteilung die Signifikanz p überprüft, die mit $p_C < 0,0001$ ebenfalls deutlich kleiner als das festgelegte Signifikanzniveau $\alpha = 0,05$ ist. Demnach wird auch hier H_0 abgelehnt.

Bei der RFID-gestützten Bauzustandsdokumentation im Prototypenaufbau kann also nicht von einer Normalverteilung der fahrzeugspezifischen Dokumentationsgüte ausgegangen werden.

Normalverteilungstest der Ergebnisse aus der Erprobungsphase

Aufgrund der Veränderung der Bauzustandsdokumentation über den Zeitraum der Erprobungsphase unter Einsatz von RFID erfolgt an dieser Stelle ein zweiter Test der fahrzeugspezifischen Dokumentationsgüte auf Normalverteilung zum Zeitpunkt t_3. Die entsprechenden Werte jeder Baureihe zeigt Tabelle 6.28.

Tabelle 6.28: Dokumentationsgüte zum Zeitpunkt t_3

Baureihe A									
Fzg.	2	5	6	8	9	10	-	-	-	-
DG (t_3)	0,775	0,8333	0,775	0,925	0,7692	0,85				

Baureihe B									
Fzg.	6	9	11	15	16	-	-	-	-	-
DG (t_3)	0,9697	0,8485	0,8788	0,9143	0,8788					

Baureihe C									
Fzg.	11	17	23	24	28	33	34	37	46	48
DG (t_3)	0,9	0,9	0,9048	0,9583	0,9400	0,8800	0,8636	0,9556	0,9286	1,0000
Fzg.	49	51	56	67	68	71	72	80	81	87
DG (t_3)	0,9722	0,7826	0,8649	0,8889	0,8611	0,7609	0,9444	0,8684	0,9286	0,9773

Anhand dieser Zahlen zeigen die Abbildungen 6.19 und 6.20 – analog zur vorhergehenden Auswertung – die Histogramme mit Normalverteilungskurve und die Normalverteilungsdiagramme jeder Baureihe. Das Histogramm der Baureihe C lässt eine Normalverteilung der fahrzeugspezifischen Dokumentationsgüte vermuten. Die Histogramme der Baureihen B und insbesondere A lassen nicht eindeutig darauf schließen.

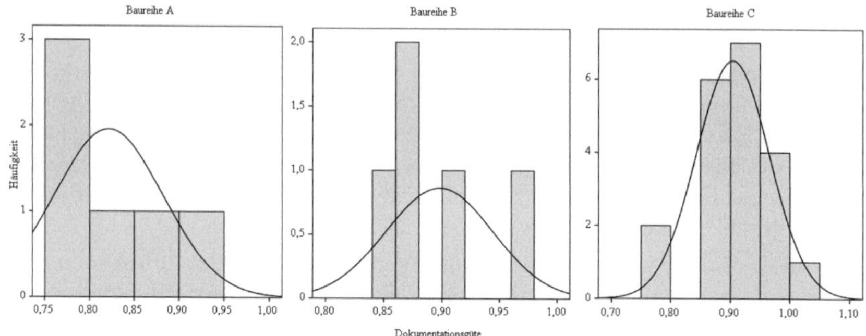

Abbildung 6.19: Histogramm mit Normalverteilungskurve

Die Messwerte im Normalverteilungsdiagramm streuen im Gegensatz zur Auswertung des Prototypenaufbaus nicht so stark um die Gerade. Auch die Punkte im Diagramm der Baureihe C verteilen sich zufällig und relativ eng darum. Zusammenfassend lässt die grafische Auswertung zunächst eine Normalverteilung insbesondere für die Baureihen B und C vermuten.

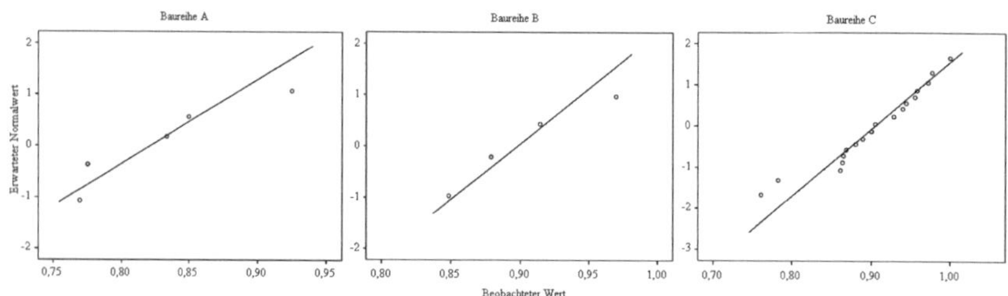

Abbildung 6.20: Normalverteilungsdiagramm

Tabelle 6.29 zeigt die mit SPSS berechneten Werte zum Shapiro-Wilk-Test. Es gelten die zuvor festgelegten Hypothesen H_0 und H_1 und das Signifikanzniveau $\alpha = 0,05$.

Tabelle 6.29: Ergebnisse des Shapiro-Wilk-Tests für die Erprobungsphase

BR	Statistik W	n	Signifikanz p
A	0,853	6	0,166
B	0,924	5	0,557
C	0,945	20	0,298

Da für alle drei Baureihen $n < 50$, gilt:

- **Baureihe A:**
  Für $n = 6$ gilt $W_{0,05} = 0,788$ und damit $0,788 < 0,853$. Der errechnete Wert $W_A = 0,853$ ist größer als die kritische Grenze; also ist H_0 nicht abzulehnen.

- **Baureihe B:**
  Für $n = 5$ gilt $W_{0,05} = 0,762$ und damit $0,762 < 0,924$. Der errechnete Wert $W_B = 0,924$ ist größer als die kritische Grenze; also ist H_0 nicht abzulehnen.

- **Baureihe C:**
  Für $n = 20$ gilt $W_{0,05} = 0,905$ und damit $0,905 < 0,945$. Der errechnete Wert $W_B = 0,945$ ist größer als die kritische Grenze; also ist H_0 nicht abzulehnen.

Auch die Signifikanzwerte $p_A = 0,166$, $p_B = 0,557$ und $p_C = 0,298$ sind für alle drei Baureihen größer als $\alpha = 0,05$. Dementsprechend ist für die Erprobungsphase die Nullhypothese nicht abzulehnen.

6.5.2 Berechnung der Konfidenzintervalle

Da im RFID-gestützten Prototypenaufbau für die betrachteten Baureihen keine Normalverteilung der fahrzeugspezifischen Dokumentationsgüte vorliegt, erfolgt die Berechnung der Konfidenzintervalle ausschließlich für die Erprobungsphase. Tabelle 6.30 zeigt die in SPSS berechneten Intervalle für $\alpha = 0,05$.

Tabelle 6.30: 95%-Konfidenzintervalle der Dokumentationsgüte bei t_3

BR		Untergrenze $\hat{\vartheta}_u$	Obergrenze $\hat{\vartheta}_o$	Mittelwert $\hat{\vartheta}$
A	t_3	0,7571	0,8855	0,8213
B	t_3	0,8405	0,9556	0,8980
C	t_3	0,8753	0,9327	0,9040

6.5.3 Statistischer Vergleich der konventionellen mit der RFID-gestützten Bauzustandsdokumentation

Die im Rahmen dieser Arbeit durchgeführten Auswertungen zur Qualität der konventionellen und RFID-gestützten Bauzustandsdokumentation haben gezeigt, dass durch den Einsatz der RFID-Technologie eine Verbesserung der Dokumentationsgüte herbeigeführt werden kann. Um diese Aussage zu festigen, beschreibt der folgende Abschnitt einen statistischen Vergleich anhand der zuvor berechneten Werte.

Prototypenaufbau

Einen zusammenfassenden Überblick der berechneten Mittelwerte der fahrzeugspezifischen Dokumentationsgüte jeder Baureihe zeigt Tabelle 6.31. Grundlage der Berechnung sind die Werte aus den Tabellen 4.8 (S. 72), 4.9 (S. 73) und 4.10 (S. 75) für die konventionelle Bauzustandsdokumentation und die Werte aus den Tabellen 6.6, 6.7 und 6.8 der RFID-gestützten Bauzustandsdokumentation. Der Wert $\hat{\vartheta}_{0,05}$ gibt den 5%-getrimmten Mittelwert an. Dabei werden 5 % der größten und kleinesten Werte der Stichprobe nicht beachtet und aus den restlichen 90 % das arithmetische Mittel berechnet. Der Vorteil dieses Werts ist die Robustheit gegenüber Ausreißern (Precht et al. 2005, S. 35).

Tabelle 6.31: Mittelwerte der fahrzeugspezifischen Dokumentationsgüte

BR	konv.		RFID	
	$\overline{x}$	$\overline{x}_{0,05}$	$\overline{x}$	$\overline{x}_{0,05}$
A	0,7680	0,7714	0,9199	0,9190
B	0,8705	0,8713	0,9899	0,9921
C	0,6823	0,6874	0,9575	0,9627

Der direkte Vergleich beider Dokumentationsmethoden zeigt die deutlich höheren Werte der RFID-gestützten Bauzustandsdokumentation. Die geringste Differenz mit knapp 12 % ist bei der Baureihe B und die größte Differenz mit knapp 28 % bei der Baureihe C zu finden. Die Vernachlässigung der Ausreißer beim 5%-getrimmten Mittelwert verändert das Ergebnis nicht. Die Schätzung der Genauigkeit anhand von Konfidenzintervallen wurde aufgrund der Ablehnung von H_0 bei der RFID-gestützten Dokumentationsmethode nur für die konventionelle Methode berechnet. Das Ergebnis zeigt Tabelle 4.20 (S. 88). Ein Vergleich beider Methoden anhand der Intervalle ist für den Prototypenaufbau folglich nicht möglich. Um weiteren Aufschluss über das

Streuungsmaß zu erhalten, erfolgt die Berechnung weiterer Parameter, die in Tabelle 6.32 aufgelistet sind.

Tabelle 6.32: Überblick über die berechneten statistischen Streuungsparameter

	A		B		C	
	konv.	**RFID**	**konv.**	**RFID**	**konv.**	**RFID**
m	0,7778	0,9000	0,8788	1,0000	0,6739	0,9762
s^2	0,0034	0,0028	0,0019	0,0004	0,0287	0,0024
s	0,0585	0,0528	0,0436	0,0208	0,1693	0,0487
min	0,6286	0,8571	0,7879	0,9394	0,1556	0,8056
max	0,8462	1,0000	0,9394	1,0000	1,0000	1,0000
R	0,2176	0,1429	0,1515	0,0606	0,8444	0,1944
Q	0,0886	0,1074	0,0831	0,0076	0,1958	0,0667

1. Spannweite R und $[min;max]$:

   Die Spannweite R ist das einfachste Streuungsmaß in der Statistik und berechnet den Unterschied zwischen dem größten und kleinsten Messwert: $R = max - min$. Sie sagt aus, wie weit die Einzelwerte um den Mittelwert streuen. Je geringer also die Spannweite, desto aussagekräftiger ist der Mittelwert.

   Über alle Baureihen hinweg ist für die RFID-gestützte Bauzustandsdokumentation ein deutlich geringerer Wert der Spannweite zu erkennen, was auf eine gute Schätzung des Mittelwerts schließen lässt.

   Im Zuge dieser Betrachtung bietet sich ein Vergleich der min- und max-Werte an. Für die Baureihe A ist der maximale Wert max der konventionellen Dokumentationsmethode kleiner als der schlechteste Wert min der RFID-gestützten Dokumentationsmethode. Demnach liegt eine eindeutige Verbesserung der Bauzustandsdokumentation unter Einsatz von RFID vor. Für die Baureihen B und C sind die maximalen Werte der konventionellen Methode gleich oder größer als die minimalen Werte der RFID-gestützten Bauzustandsdokumentation. Da mit wachsenden n die Wahrscheinlichkeit von auftretenden Ausreißern zunimmt, folgt die Betrachtung des Quartilsabstands[9].

---

[9]Für den Begriff Quartilsabstand existieren in der Literatur weitere Begriffe wie (empirischer) Quartilsabstand, Interquartilbereich oder IQR.

2. Quartilsabstand Q:

Ähnlich der Spannweite wird beim Quartilsabstand die *„Spannweite der mittleren 50 % der Werte"* berechnet. Zur Bestimmung dieses Abstands erfolgt zunächst die Berechnung der Quartile. Dabei handelt es sich um Lokalisationsmaße, bei denen die Wahrscheinlichkeit p für einen Wert $\leq p$ oder $\geq 1 - p$ ist. Der Median m bzw. das zweite Quartil trennt die unteren 50 % von den oberen 50 % der beobachteten Werte. Nach Unterteilung der beiden Hälften teilen die drei Quartile $q_{0,25}$, $q_{0,5}$ bzw. m und $q_{0,75}$ die beobachteten Werte in vier gleich große Bereiche. Der Quartilsabstand Q ist somit die Differenz aus $q_{0,75}$ und $q_{0,25}$. Nach Tabelle 6.32 ist der Quartilsabstand der RFID-gestützten Bauzustandsdokumentation im Vergleich zur konventionellen für alle Baureihen deutlich kleiner. Dies lässt auf eine geringe Streuung der Dokumentationsgüte unter Einsatz von RFID und gleichzeitig auf eine große Streuung der Dokumentationsgüte ohne den Einsatz von RFID schließen. Deutlich wird dies insbesondere bei den Baureihen B und C mit Werten von $Q = 0,0831$ bzw. $Q = 0,1958$, die besagen, dass sich 50 % aller beobachteten Werte innerhalb der Bandbreite von 8,31 % bzw. 19,58 % befinden. Im Vergleich dazu sind die Bandbreiten mit 0,7 % bzw. 6,67 % unter Einsatz von RFID deutlich geringer. Bei der maximalen Dokumentationsgüte der konventionellen Dokumentationsmethode wird also von Ausreißern ausgegangen.

3. Varianz s^2 und Standardabweichung s:

Da für die RFID-gestützte Bauzustandsdokumentation im Prototypenaufbau für keine Baureihe eine Normalverteilung vorliegt, erfolgt eine abschließende Betrachtung der Varianz als Maß dafür, wie stark sich die beobachteten Werte vom Mittelwert unterscheiden. Bei niedriger Varianz liegen sie eng um den Mittelwert und bei großer Varianz weit vom Mittelwert entfernt. Die Varianz berechnet sich wie folgt: $s^2 = \frac{\sum_{i=1}^{n}(x_i - \overline{x})^2}{(n-1)}$ mit $\overline{x} = \frac{1}{n}\sum_{i=1}^{n} x_i$. Die Standardabweichung ist definiert als die Quadratwurzel aus der Varianz und besitzt die gleiche Einheit wie die beobachteten Werte. Tabelle 6.32 zeigt für alle Baureihen die deutlich niedrigeren Varianzen der fahrzeugspezifischen Dokumentationsgüte unter Einsatz von RFID und bestätigt damit die vorhergehenden Untersuchungen.

Abschließend folgt unter Zuhilfenahme der Standardabweichung die Berechnung des einfachen Streubereichs $[\overline{x} - s; \overline{x} + s]$. Tabelle 6.33 zeigt die Intervalle und den Anteil der beobachteten Werte innerhalb dieser Intervalle. Es ist zu erkennen, dass sich die oberen und unteren Grenzen der konventionellen und

RFID-gestützten Intervalle für keine Baureihe überschneiden. Bei den Baureihen B und C liegt jeweils ein Abstand von mindestens 5 % vor.

Tabelle 6.33: Streubereich der Standardabweichung um den Mittelwert

BR	konv.			RFID		
	$\overline{x} - s$	$\overline{x} + s$	Anteil	$\overline{x} - s$	$\overline{x} + s$	Anteil
A	0,7095	0,8265	84,6%	0,8671	0,9727	69,23%
B	0,8269	0,9141	72,2%	0,9691	1,0107	88,89%
C	0,5130	0,8516	74,7%	0,9088	1,0062	87,36%

Baureihe B:
72,2 % aller beobachteten Werte der konventionellen Bauzustandsdokumentation liegen im einfachen Streubereich der Standardabweichung um den Mittelwert von 87,1 %. Dieser hält sich zudem nach dem in Abschnitt 4.6.4 berechneten Konfidenzintervall mit einer 95%igen Wahrscheinlichkeit im Bereich von 84,9 % und 89,2 % auf. Die untere Grenze des einfachen Streubereichs der RFID-gestützten Bauzustandsdokumentation liegt bei 96,9 %. Im Intervall bis 100 %[10] liegen 88,9 % aller beobachteten Werte.

Baureihe C:
74,4 % aller beobachteten Werte der konventionellen Bauzustandsdokumentation liegen im einfachen Streubereich der Standardabweichung um den Mittelwert von 68,2 %. Dieser hält sich zudem nach dem in Abschnitt 4.6.4 berechneten Konfidenzintervall mit einer 95%igen Wahrscheinlichkeit im Bereich von 64,6 % und 71,8 % auf. Die untere Grenze des einfachen Streubereichs der RFID-gestützten Bauzustandsdokumentation liegt bei 90,9 %. Im Intervall bis 100 % liegen 87,4 % aller beobachteten Werte.

Trotz fehlenden Vergleichs der Konfidenzintervalle durch die Ablehnung von H_0 bei der RFID-gestützten Bauzustandsdokumentation wird aufgrund der hier berechneten Streuungsparameter die Lageschätzung der Mittelwerte als ausreichend für den Vergleich der Dokumentationsmethoden betrachtet.

Ein Vergleich der minimalen und maximalen Werte zeigt, dass für jedes Fahrzeug der Baureihe A eine Verbesserung der Dokumentationsgüte unter Einsatz von RFID vorlag. Für die Baureihen B und C konnten starke Ausreißer identifiziert und die beobachteten Werte um diese bereinigt werden. Ein anschließender Vergleich der Streubereiche mit dem jeweiligen Anteil der beobachteten Werte verdeutlicht den

---

[10]Ein Wert von 100 % stellt die maximale Dokumentationsgüte dar und entspricht einer vollständigen Bauzustandsdokumentation.

Abstand beider Punktwolken um den jeweiligen Mittelwert. Die Punktwolken sind in Abbildung 6.21 dargestellt.[11]

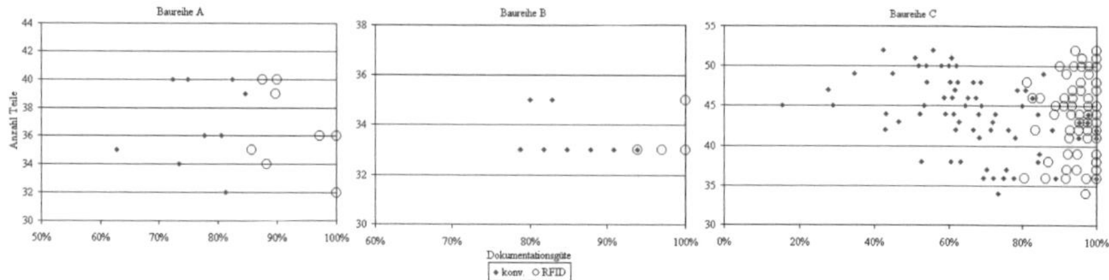

Abbildung 6.21: Punktwolken der fahrzeugspezifischen Dokumentationsgüte

Auf der Grundlage dieser Ergebnisse kann im Prototypenaufbau von einer Verbesserung der Bauzustandsdokumentation von Versuchsträgern unter Einsatz von RFID ausgegangen werden.

Erprobungsphase

Da für die Erprobungsphase zum Zeitpunkt t_3 die Annahme der Normalverteilung nicht abgelehnt wurde, erfolgt an dieser Stelle ein Vergleich der berechneten Konfidenzintervalle beider Dokumentationsmethoden. Tabelle 6.34 fasst die Intervalle und Mittelwerte der fahrzeugspezifischen Dokumentationsgüte zusammen.

Tabelle 6.34: Vergleich der 95%-Konfidenzintervalle zum Zeitpunkt t_3

BR	konv. $\hat{\vartheta}_u$	$\hat{\vartheta}_o$	$\hat{\vartheta}$	RFID $\hat{\vartheta}_u$	$\hat{\vartheta}$	$\hat{\vartheta}$
A	0,6579	0,8183	0,738	0,7571	0,8855	0,8213
B	0,6440	0,8922	0,768	0,8405	0,9556	0,8980
C	0,5438	0,6870	0,615	0,8753	0,9327	0,9040

Ein Vergleich der Konfidenzintervalle der Baureihe C zeigt den deutlichen Abstand zwischen der oberen und unteren Intervallgrenze der konventionellen und RFID-gestützten Bauzustandsdokumentation. Bei den Baureihen A und B überschneiden sich diese jeweils. Darüber hinaus ist bei letzteren für beide Dokumentationsmethoden eine große Intervallbreite zu erkennen, was auf die geringe Anzahl betrachteter

---

[11]Punkte mit demselben Wert werden in der Abbildung nur einmal dargestellt.

Fahrzeuge und eine große Streuung der Dokumentationsgüte zurückzuführen ist. Die Streuung der einzelnen Werte verdeutlicht Abbildung 6.22. Sie stellt die Verteilung der fahrzeugspezifischen Dokumentationsgüte zum Zeitpunkt t_3 dar. Es besteht demnach die Möglichkeit, dass Fahrzeuge nach der konventionellen Dokumentationsmethode im Verlauf der Erprobungsphase eine höhere Dokumentationsgüte beibehalten.

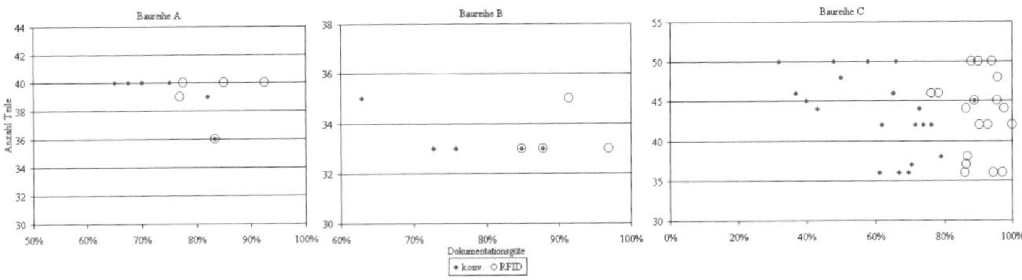

Abbildung 6.22: Punktwolken in der Erprobungsphase

Eine repräsentative Schlussfolgerung steigt mit der Anzahl beobachteter Messwerten. Darüber hinaus nehmen Ausreißer weniger Einfluss auf die Auswertung einer Stichprobe. Aus diesem Grund folgt eine abschließende Berechnung des Mittelwerts und der Konfidenzintervalle unter Einbeziehung aller beobachteten Versuchsträger innerhalb der Erprobungsphase. Die fahrzeugspezifische Dokumentationsgüte ist den Tabellen 4.18 (S. 87) und 6.28 zu entnehmen, woraus sich die Mittelwerte und die dazugehörigen Konfidenzintervalle berechnen lassen.[12] Das Ergebnis zeigt Tabelle 6.35.

Tabelle 6.35: 95%-Konfidenzintervalle aller Baureihen zum Zeitpunkt t_3

BR	konv.			RFID		
	$\hat{\vartheta}_u$	$\hat{\vartheta}_o$	$\hat{\vartheta}$	$\hat{\vartheta}_u$	$\hat{\vartheta}$	$\hat{\vartheta}$
A,B,C	0,6099	0,7177	0,6638	0,8628	0,9113	0,8870

Unter Beachtung der fahrzeugspezifischen Dokumentationsgüte aller 31 Versuchsträger ergibt sich für die obere Intervallgrenze der konventionellen Dokumentationsmethode ein Wert von 71,8 %. Demnach befindet sich der Mittelwert von 66,4 % mit einer 95%igen Wahrscheinlichkeit unter dieser Grenze. Die untere Grenze der RFID-gesützten Methode liegt bei 86,2 %. Demnach befindet sich der Mittelwert von 88,7 %

---

[12] H_0 wurde bei t_3 für keine Baureihe abgelehnt, weshalb H_0 auch hier nicht abgelehnt wird.

mit einer 95%igen Wahrscheinlichkeit über dieser Grenze. Schlussfolgernd kann auf der Grundlage dieser Ergebnisse auch in der Erprobungsphase von einer höheren Dokumentationsgüte und damit von einer verbesserten Bauzustandsdokumentation unter Einsatz von RFID ausgegangen werden.

6.5.4 Zusammenfassung der Untersuchungsergebnisse

Anhand der Berechnung und anschließenden Interpretation statistischer Streuungsparamter mit den Werten der konventionellen und RFID-gestützten Dokumentationsmethode konnte eine Verbesserung der Bauzustandsdokumentation durch den Einsatz von RFID festgestellt werden. Die Einbeziehung von Konfidenzintervallen wurde aufgrund der Ablehnung der Normalverteilungsannahme bei den RFID-gestützten Werten nicht vorgenommen. Die Ablehnung ist auf den hohen Anteil an Fahrzeugen mit einer vollständigen oder nahezu vollständigen Bauzustandsdokumentation zurückzuführen. Im Rahmen der statistischen Auswertung wurden konventionell dokumentierte Fahrzeuge mit einer vollständigen Bauzustandsdokumentation als Ausreißer identifiziert.

Für die Erprobungsphase ermöglichte ein Vergleich der Konfidenzintervalle eine Aussage zum RFID-Einsatz in der Erprobungsphase. Da für die Baureihen A und B nur eine geringe Anzahl an Fahrzeugen betrachtet wurde, erfolgte eine Zusammenfassung aller Baureihen. Die gemeinsame Betrachtung aller Werte ergab, dass sich die berechneten Mittelwerte mit einer Wahrscheinlichkeit von 95 % in zwei verschiedenen Bereichen mit einem Abstand von 15 % zugunsten der RFID-gestützten Bauzustandsdokumentation befinden. Dennoch muss an dieser Stelle erwähnt werden, dass auch in der Praxis, z. B. für Nischenmodelle, nur wenige Versuchsträger aufgebaut werden. Bei alleiniger Betrachtung der Baureihe C ist eine deutlichere Steigerung der Dokumentationsgüte unter Einsatz von RFID zu erkennen.

Um die Ergebnisse als statistisch signifikant für die Hypothese „*Der Einsatz von RFID führt zu einer Verbesserung der Bauzustandsdokumentation von Versuchsträgern in der Fahrzeugentwicklung*" zu bezeichnen, ist die Betrachtung weiterer Baureihen und Fahrzeuge, insbesondere in der Erprobungsphase, erforderlich. Dennoch konnte gezeigt werden, dass eine Verbesserung der Bauzustandsdokumentation durch den Einsatz von RFID eintritt.

7 Zusammenfassung und Fazit

Mit technischen Innovationen und der steigenden Modellvielfalt versuchen Automobilhersteller der wachsenden Konkurrenzsituation, den verschärften gesetzlichen Bestimmungen zum Umweltschutz sowie der Individualisierung von Kundenwünschen gerecht zu werden. Dies geht mit der Verkürzung des Lebenszyklus von PKW-Modellen, der steigenden Komplexität und der immer kürzeren Entwicklungszeit von Fahrzeugen einher. Zur Bewältigung dieser Faktoren werden in der Fahrzeugentwicklung verschiedene Ansätze wie die Plattform- und Gleichteilestrategie oder die effiziente Planung der Fahrzeugerprobung verfolgt. Daneben wird z. B. auch durch den Einsatz von CAD versucht, Kosteneinsparungen aufgrund eines geringeren Bedarfes an Versuchsfahrzeugen zu erzielen, deren vollständiger Verzicht jedoch nicht möglich ist. Die Notwendigkeit von Versuchsfahrten innerhalb der Prototypenphase wird durch die hohe Anzahl an Rückrufaktionen der letzten Jahre verdeutlicht, wovon fast 70 % der Ursachen auf mechanische Mängel zurückzuführen sind. Daher sind die Erprobung von Bauteilen unter Realbedingungen sowie die damit zusammenhängende Kenntnis der aktuellen Fahrzeugkonfiguration von Versuchsträgern elementare Bestandteile der Fahrzeugentwicklung.

Die Sicherstellung der aktuellen Bauzustandsdokumentation erfolgt heute meist über die Bauteilkennzeichnung mit Klebeetiketten oder Warenanhängern. Barcode-Scanner und manuelle Lesevorgänge ermöglichen anschließend die Erfassung der darauf befindlichen Teiledaten für den entsprechenden Einsatzzweck innerhalb der Prototypenphase, die innerhalb der Arbeit am Beispiel eines Automobilunternehmens anhand von sechs Teilprozessen beschrieben wurde:

1. Bedarfsermittlung von Ressourcen
2. Bestellung von Prototypenteilen
3. Bauteilproduktion mit anschließender Kennzeichnung
4. Anlieferung, Lagerung und Bereitstellung der Prototypenteile
5. Prototypenaufbau
6. Erprobung von Prototypenfahrzeugen

In jedem Teilprozess trägt mindestens ein Vorgang zur Sicherstellung der Bauzustandsdokumentation von Versuchsträgern bei. In den ersten drei Schritten erfolgt die Erzeugung und Zuordnung von Teiledaten zu Bauteilen, deren Identifikation zur

Ausführung der nächsten drei Schritte erforderlich ist. Die Vorgänge in diesen Kernprozessen gehen meist mit manuellen Tätigkeiten und Medienbrüchen einher.

Die Qualität der Bauzustandsdokumentation wurde auf der Grundlage dieser Prozesse anhand der Evaluierung verschiedener Baureihen eines Automobilunternehmens ermittelt. Die Ergebnisse zeigen, dass mit einer durchschnittlichen Dokumentationsgüte von 70,8 % über alle betrachteten Baureihen und Fahrzeuge hinweg eine starke Abweichung bereits innerhalb des Prototypenaufbaus auftrat. Bedingt durch den iterativen Entwicklungsprozess trugen zahlreiche Umbaumaßnahmen im Automobilwerk oder an unterschiedlichen Standorten weltweit auch in der Erprobungsphase zu keiner Verbesserung bei. Die Dokumentationsgüte sank ab dem Zeitpunkt der Erstdokumentation im Zeitraum von bis zu acht Monaten je nach Baureihe um durchschnittlich 3,8 % bis 7,2 %. Der Erhalt einer aktuellen und vollständigen Bauzustandsdokumentation in der Prototypenphase ist heute demnach nicht sichergestellt.

Aufgrund der zahlreichen Potentiale zur Identifikation von Objekten wurde im Rahmen dieser Arbeit der Einsatz der RFID-Technologie zur Bauzustandsdokumentation überprüft. Unter Berücksichtigung der technischen Anforderungen im metallischen Umfeld ist dadurch die Erfassung der aktuellen Fahrzeugkonfiguration unabhängig vom Standort und zu jedem Zeitpunkt realisierbar. Eine automatische Identifikation der mit einem Transponder gekennzeichneten Bauteile ermöglichen stationäre und mobile RFID-Lesegeräte. Zur Umsetzung einer RFID-gestützten und vollständigen Bauzustandsdokumentation sind folgende Anforderungen an die Kennzeichnung und den Scan-Vorgang einzuhalten:

1. Transponder wird mit den richtigen Teiledaten beschrieben.
2. Transponder wird am Bauteil angebracht.
3. Transponder wird am Bauteil korrekt positioniert.
4. Transponder verbleibt am Bauteil.
5. Transponder wird durch das RFID-Lesegerät erfasst.

Aus diesem Grund wurden verschiedene Methoden der Lieferantenintegration zur Umsetzung einer korrekten Kennzeichnung überprüft. Bei der Teil- und Vollintegration übernehmen Lieferanten teilweise oder vollständig das Beschreiben und Anbringen der Transponder. Ohne deren Einbindung verbleiben die Aufgaben vollständig beim Automobilhersteller. Unter Berücksichtigung der Integrationsmethode und nach Integration der RFID-Technologie zur Unterstützung der Kernprozesse, erfolgte im Rahmen dieser Arbeit die Evaluierung der RFID-gestützten Bauzustandsdokumentation.

Die Herausforderung einer fehlerfreien und vollständigen Bauzustandsdokumentation wurde auch unter Einsatz der RFID-Technologie nicht für alle Fahrzeuge erreicht. Mit einer durchschnittlichen Dokumentationsgüte von 95,8 % im Prototypenaufbau zeigt das Ergebnis jedoch eine starke Annäherung an die 100%-Marke und entspricht einer Steigerung von 25 % gegenüber der konventionellen Teileidentifikation. Innerhalb der Erprobungsphase ist im gewählten Betrachtungszeitraum je nach Baureihe eine durchschnittliche Abnahme der Dokumentationsgüte zwischen 3,5 % und 8,4 % zu beobachten, was ungefähr den Werten der konventionellen Bauzustandsdokumentation gleichkommt. Die unterschiedlichen Werte zwischen den Baureihen sind unter anderem auf die gewählten Integrationsmethoden von Lieferanten zurückzuführen. Die Analyse der Fehlerursachen ergab, dass die Einbindung von Lieferanten insbesondere für die Erprobungsphase von Vorteil ist, da fehlende Transponder damit nahezu ausgeschlossen werden können. Aufgrund der Ergebnisse und weiterer Vorteilen – wie dem geringeren Kommunikations- und Koordinationsaufwand – ist die Vollintegration der Teilintegration vorzuziehen. Abweichungen in der Bauzustandsdokumentation entstanden ausschließlich aufgrund der fehlerhaften Durchführung eines der fünf zuvor genannten Punkte.

Eine abschließende statistische Untersuchung verdeutlicht die geringe Streuung der fahrzeugspezifischen Dokumentationsgüte und damit eine gute Lageschätzung der berechneten Mittelwerte der RFID-gestützten Bauzustandsdokumentation. Im Gegensatz dazu sind bei der konventionellen Methode deutliche Ausreißer in beide Richtungen zu beobachten. Im Umkehrschluss bedeutet dies, dass bei korrekter Ausführung der Kernprozesse ebenfalls eine hohe Dokumentationsgüte erreicht werden kann, wofür die Wahrscheinlichkeit jedoch gering ist.

Unter Berücksichtigung der Anforderungen beim Einsatz der RFID-Technologie im metallischen Umfeld ist auf der Grundlage der Ergebnisse und der berechneten statistischen Parametern von einer Qualitätssteigerung der Bauzustandsdokumentation in der Prototypenphase auszugehen. Diese Aussage beantwortet die zu Beginn gestellte zentrale Fragestellung.

Das Ergebnis dieser Arbeit erlaubt weitergehende Überlegungen hinsichtlich positiver Auswirkungen einer höheren Transparenz der Fahrzeugkonfiguration von Versuchsträgern auf die kritischen Faktoren der Fahrzeugentwicklung. Es liegt nahe, dass eine verbesserte Bauzustandsdokumentation eine effizientere Fahrzeugerprobung auf der Grundlage richtiger Informationen ermöglicht. Zudem lässt der Einsatz der RFID-Technologie eine vereinfachte und automatisierte Erfassung der Fahrzeugkonfiguration zu jedem Zeitpunkt innerhalb der Prototypenphase zu. Durch die Realisierung einer FMEA vor dem Serieneinsatz oder durch Lerneffekte, die sich durch den Serieneinsatz der RFID-Technologie zur Bauzustandsdokumentation ergeben, ist mit einer weiteren Erhöhung der Dokumentationsqualität zu rechnen. Das Ausmaß einer Zeit- und Kostenersparnis und anderen Einsparpotentialen ist durch weitere Untersuchungen zu ermitteln.

Literatur

Abts, D. und W. Mülder (2009). *Grundkurs Wirtschaftsinformatik. Eine kompakte und praxisorientierte Einführung.* Wiesbaden: Vieweg und Teubner Verlag.

Aßmann, G. (2000). *Gestaltung von Änderungsprozessen in der Produktentwicklung.* Berlin: Herbert Utz Verlag.

Arnold, D. und K. Furmans (2009). *Materialfluss in Logistiksystemen.* Heidelberg, Dordrecht, London, New York: Springer Verlag.

Arnold, D., H. Isermann, A. Kuhn, H. Tempelmeier und K. Furmans (2008). *Handbuch Logistik.* Berlin, Heidelberg: Springer Verlag.

Bartels, J.-H. (2009). Versuchsträgerplanung in Automobilentwicklungsprojekten. In J.-H. Bartels (Hrsg.), *Anwendung von Methoden der ressourcenbeschränkten Projektplanung mit multiplen Ausführungsmodi in der betriebswirtschaftlichen Praxis. Rückbauplanung für Kernkraftwerke und Versuchsträgerplanung in Automobilentwicklungsprojekten.* Wiesbaden: Gabler Verlag.

Bartneck, N., V. Klaas und H. Schönherr (2008). *Prozesse optimieren mit RFID und Auto-ID: Grundlagen, Problemlösung und Anwendungsbeispiele.* Erlangen: Publicis Publishing.

Baumgarten, H. und J. Risse (2001). Verkürzung der Time-to-Market: Logistikbasiertes Management des Produktentstehungsprozesses. In R. Hossner (Hrsg.), *Logistik Jahrbuch 2001.* Düsseldorf: Verlagsgruppe Handelsblatt.

Becker, T. (2008). *Prozesse in Produktion und Supply Chain optimieren.* Berlin, Heidelberg: Springer Verlag.

Bühl, A. (2008). *SPSS Version 16: Einführung in die moderne Datenanalyse.* Pearson Studium.

Bichler, D. (2004). Entwicklungstrends in der Ingenieurdienstleistungsbranche. In M. Ringlstetter, B. Bürger, und S. Kaiser (Hrsgg.), *Strategien und Management für Professional Service Firms.* Weinheim: Wiley-VCH Verlag.

Bischoff, R. (2007). Anlaufmanagement: Schnittstelle zwischen Projekt und Serie. In S. Götte (Hrsg.), *Konstanzer Managementschriften,* Konstanz. Hochschule Konstanz Technik, Wirtschaft und Gestaltung. ISBN 978-3-939638-02-5.

Boppert, J. (2008). *Entwicklung eines wissensorientierten Konzepts zur adaptiven Logistikplanung.* Technische Universität München: Lehrstuhl für Fördertechnik Materialfluss Logistik (fml).

Cocca, A. und T. Schoch (2005). RFID-Anwendungen bei der Volkswagen AG - Herausforderungen einer modernen Ersatzteillogistik. In E. Fleisch und F. Mattern (Hrsgg.), *Das Internet der Dinge - Ubiquitous Computing und RFID in der Praxis - Visionen, Technologien, Anwendungen, Handlungsanleitungen.* Berlin, Heidelberg, New York: Springer Verlag.

Corsten, H. (1998). Simultaneous Engineering als Managementkonzept für Produktentwicklungsprozesse. In P. Horváth und G. Fleig (Hrsgg.), *Integrationsmanagement für neue Produkte.* Stuttgart: Schäffer-Poeschel Verlag.

D'Agostino, R. B. und M. Stephens (1986). *Goodness-Of-Fit-Techniques.* Marcel Dekker Inc.

Daimler AG Forschung und Entwicklung (2010). Gläserner Prototyp: Voller Durchblick im Entwicklungsprozess. Internet. http://www.daimler.com/dccom/0-5-658451-49-1274150-1-0-0-0-0-0-16694-0-0-0-0-0-0-0-0.html; zuletzt abgerufen: 14.02.2011.

Dannenberg, J. (2005). Herausforderungen und Handlungsfelder der Automobilindustrie entlang der automobilen Wertschöpfungskette. In B. Gottschalk, R. Kalmbach, und J. Dannenberg (Hrsgg.), *Markenmanagement in der Automobilindustrie. Die Erfolgsstrategien internationaler Top-Manager.* Wiesbaden: Gabler Verlag.

Detlefsen, J. und U. Siart (2009). *Grundlagen der Hochfrequenztechnik.* München: Oldenbourg Verlag.

Devore, J. (2011). *Probability and Statistics for Engineering and the Sciences.* Duxbury.

Diekmann, T., A. Melski und M. Schumann (2007). Data-on-Network vs. Data-on-Tag: Managing Data in Complex RFID Environments. In *Proceedings of the 40th Hawaii International Conference on System Sciences - 2007*, Waikoloa, HI. System Sciences, 2007. HICSS 2007. 40th Annual Hawaii International Conference on.

Duden (2011). *Duden - Deutsches Universalwörterbuch: Das umfassende Bedeutungswörterbuch der deutschen Gegenwartssprache.* Mannheim: Bibliographisches Institut.

Ebel, B., M. B. Hofer und J. Al-Sibai (2003). *Automotive Management: Strategie und Marketing in der Automobilwirtschaft.* Berlin, Heidelberg, New York: Springer Verlag.

Ebel, B., D. Zatta und M. Hofer (2005). Plattform- und Gleichteilestrategie: Auswirkungen auf das Kaufverhalten. In *Zeitschrift für die gesamte Wertschöpfungskette Automobilwirtschaft 04/2005.* Hochschule Konstanz Technik, Wirtschaft und Gestaltung.

Ehrlenspiel, K. (2009). *Integrierte Produktentwicklung. Denkabläufe, Methodeneinsatz, Zusammenarbeit.* München, Wien: Hanser Verlag.

Fahrmeir, L., R. Künstler, P. Iris und G. Tutz (2009). *Statistik: Der Weg zur Daten-*

analyse. Berlin, Heidelberg: Springer Verlag.

Feldbrügge, R. und B. Brecht-Hadraschek (2008). *Prozessmanagement leicht gemacht: Geschäftsprozesse analysieren und gestalten.* München: Redline Wirtschaftsverlag.

Finkenzeller, K. (2008). *RFID-Handbuch. Grundlagen und praktische Anwendungen von Transpondern, kontaktlosen Chipkarten und NFC.* München, Wien: Carl Hanser Verlag. 5. Auflage.

Fitzek, D. (2006). *Anlaufmanagement in Netzwerken. Grundlagen, Erfolgsfaktoren und Gestaltungsempfehlungen für die Automobilindustrie.* Berlin: Haupt Verlag.

Fleisch, E. und M. Kickuth (2003). Ubiquitous Computing: Auswirkungen auf die Industrie. In N. Gronau, B. Scholz-Reiter, und H. Krallman (Hrsgg.), *Industrie Management*, Berlin. Gito mbH Verlag für Industrielle Informationstechnik und Organisation.

Franke, W. und W. Dangelmaier (2006). *RFID: Leitfaden für die Logistik.* Wiesbaden: Gabler Verlag.

Gaus, W. (2005). *Dokumentations- und Ordnungslehre - Theorie und Praxis des Information Retrieval.* Berlin, Heidelberg, New York: Springer Verlag.

Georg, O. (1997). *Elektromagnetische Wellen - Grundlagen und durchgerechnete Beispiele.* Berlin, Heidelberg, New York: Springer Verlag.

Gibbons, R. D., D. Bhaumik und S. Aryal (2009). *Statistical Methods for Groundwater Monitoring (Statistics in Practice).* John Wiley & Sons.

Gillert, F. und W.-R. Hansen (2007). *RFID für die Optimierung von Geschäftsprozessen.* München, Wien: Carl Hanser Verlag.

Guner, B. und J. T. Johnson (2007). Comparison of the Shapiro-Wilk and Kurtosis Tests for the Detection of Pulsed Sinusoidal Radio Frequency Interference. Ohio State University. Department of Electrical and Computer Engineering and Electro-Science Laboratory.

Haas, S. (2010). *Modell zur Bewertung wohnwirtschaftlicher Immobilien-Portfolios unter Beachtung des Risikos.* Wiesbaden: Gabler Verlag.

Hab, G. und R. Wagner (2010). *Projektmanagement in der Automobilindustrie: Effizientes Management von Fahrzeugprojekten entlang der Wertschöpfungskette.* Wiesbaden: Gabler Verlag.

Hackel, M. (2010). *Auf dem Weg zum interdisziplinären mechatronischen Konstruktionsprozess: Entwickelnde Arbeitsforschung im Maschinen- und Anlagenbau.* Frankfurt: Peter Lang Verlag.

Harms, P. (2003). Kundenorientierte Fahrzeugentwicklung mit Methoden des QFD. In B. Ebel, M. B. Hofer, und A.-S. Jumana (Hrsgg.), *Automotive Management: Strategie und Marketing in der Automobilwirtschaft.* Berlin, Heidelberg, New York: Springer Verlag.

Heinrich, L. J. und F. Lehner (2005). *Informationsmanagement.* München: Oldenbourg Verlag.

Herten, G. (2005). *Experimentalphysik I und II.* Freiburg: Physikalisches Institut Freiburg. Vorlesungsskript.

Hilty, L., A. Köhler, H. Kelter, M. Ullmann, S. Wittmann, B. Oertel und M. Wölk (2004). *Risiken und Chancen des Einsatzes von RFID-Systemen - Trends und Entwicklungen in Technologien, Anwendungen und Sicherheit.* Bonn: SecuMedia Verlags-GmbH. Bundesamt für Sicherheit in der Informationstechnik.

Hinsch, M. (2010). *Industrielles Luftfahrtmanagement - Technik und Organisation luftfahrttechnischer Betriebe.* Heidelberg, Dordrecht, London, New York: Springer Verlag.

Hobel, B. und S. Schütte (2006). *Business-Wissen Projektmanagement von A-Z: Kompetent entscheiden. Richtig handeln.* Wiesbaden: Gabler Verlag.

Hofner, H. und H. Schrader (2005). *Mercedes-Benz Automobile.* Königswinter: Heel Verlag.

Hogrebe, F. und R. Lange (2010). Bausteine der Verwaltungsmodernisierung: Explorativer Vergleich von Methoden und Werkzeugen zur Visualisierung von Verwaltungsabläufen. In M. Nüttgens (Hrsg.), *Arbeitsberichte zur Wirtschaftsinformatik der Universität Hamburg.* Hamburg.

Hüttenrauch, M. und M. Baum (2008). *Effiziente Vielfalt: Die dritte Revolution in der Automobilindustrie.* Berlin, Heidelberg: Springer Verlag.

Ihme, J. (2006). *Logistik im Automobilbau: Logistikkomponenten und Logistiksysteme im Fahrzeugbau.* München: Hanser Fachbuchverlag.

Jansen, R. und J. Schmidt (2002). Prozessoptimierung und Transparenzsteigerung durch intelligenten Transpondereinsatz. In N. Gronau, B. Scholz-Reiter, und H. Krallman (Hrsgg.), *Industrie Management,* Berlin. Gito mbH Verlag für Industrielle Informationstechnik und Organisation.

Kaden, H. (2006). *Wirbelströme und Schirmung in der Nachrichtentechnik.* Berlin, Heidelberg, New York: Springer Verlag.

Kelm, A., L. Laußat und M.-B. Anica (2009). RFID-Technik in der Bau- und Immobilienwirtschaft. In *Tagungsband des 20. Assistententreffens der Bereiche Bauwirtschaft, Baubetrieb und Bauverfahrenstechnik,* Kaiserslautern. Institut für Bauwirtschaft Universität Kassel. ISBN 978-3-89958-652-7.

Kern, C. (2006). *Anwendung von RFID-Systemen.* Berlin, Heidelberg, New York: Springer Verlag.

Kern, P. (1999). Automatische Identifikation als Basis für die Visualisierung von Rationalisierungsreserven. In R. Jansen (Hrsg.), *Transpondereinsatz: Identifikationstechnologie mit Zukunft,* Frankfurt am Main. Deutscher Fachverlag. Forschungsberichte und Fachbeiträge, Schriftenreihe Transport- und Verpackungslogistik.

Klug, F. (2010). *Logistikmanagement in der Automobilindustrie - Grundlagen der Lo-

gistik im Automobilbau. Berlin, Heidelberg: Springer Verlag.

Kraftfahrt-Bundesamt (2011). Jahresbericht 2011. Internet. http://www.kba. de/cln_031/nn_124834/DE/Presse/Jahresberichte/jahresbericht__2011__pdf, templateId=raw,property=publicationFile.pdf/jahresbericht_2011_pdf.pdf; zuletzt abgerufen: 10.06.2012.

Krallmann, H., H. Frank und N. Gronau (2002). *Systemanalyse im Unternehmen - Partizipative Vorgehensmodelle, objekt- und prozessorientierte Analysen, flexible Organisationsarchitekturen.* München: Oldenbourg Verlag.

Krempels, E. (2010). Zahlen, Daten und Fakten zur Automobilindustrie. In Verband der deutschen Automobilindustrie e.V. (Hrsg.), *Jahresbericht 2010*, Berlin. VDA.

Kuder, M. (2005). *Kundengruppen und Produktlebenszyklus: Dynamische Zielgruppenbildung am Beispiel der Automobilindustrie.* Wiesbaden: Gabler Verlag.

Lampe, M., C. Flörkemeier und S. Haller (2005). Einführung in die RFID-Technologie. In E. Fleisch und F. Mattern (Hrsgg.), *Das Internet der Dinge - Ubiquitous Computing und RFID in der Praxis - Visionen, Technologien, Anwendungen, Handlungsanleitungen.* Berlin, Heidelberg, New York: Springer Verlag.

Lang, C. (2004). *Organisation der Software-Entwicklung.* Wiesbaden: Gabler Verlag.

Limtanyakul, K. (2009). *Scheduling of Tests on Vehicle Prototypes.* Technische Universität Dortmund: Abteilung Informationstechnik Institut für Roboterforschung.

Lockledge, J., D. Mihailidis, J. Sidelko und K. Chelst (2002). Prototype fleet optimization model. In *Jahresbericht 2010Journal of the Operational Research Society.* Operational Research Society Ltd.

Mattes, B., H. Meffert, R. Landwehr und M. Koers (2003). Trend in der Automobilindustrie: Paradigmenwechsel in der Zusammenarbeit zwischen Zulieferer, Hersteller und Händler. In B. Ebel, M. B. Hofer, und A.-S. Jumana (Hrsgg.), *Automotive Management: Strategie und Marketing in der Automobilwirtschaft.* Berlin, Heidelberg, New York: Springer Verlag.

MBTech (2012). Trend Monitor 2012. MBtech Consulting GmbH in Kooperation mit dem Institut für Technologie- und Prozessmanagement Universität Ulm. http://www.mbtech-group.com/fileadmin/media/pdf/consulting/downloads/MBtech_Trend-Monitor_2012.pdf; zuletzt abgerufen: 14.01.2013.

Mehler, N. (2012). Zahlen, Daten, Fakten. In Verband der deutschen Automobilindustrie e.V. (Hrsg.), *Jahresbericht 2012*, Berlin. VDA.

Mercedes-Benz PKW (2011). Mercedes-Benz PKW Modellübersicht. Internet. http://www.mercedes-benz.de/content/germany/mpc/mpc_germany_website/de/home_mpc/passengercars/home/new_cars/models.flash.html; zuletzt abgerufen: 10.02.2011.

Müller, P., P. Hagedorn, J. Müller und D. Henrici (2007). AutoID-Architekturen: Aufbau, Technologien und Standardisierung. In P. Müller, D. Henrici, und

J. Müller (Hrsgg.), *Beiträge zu AutoID-Systemen und Verfahren: Forschungsfragen und Anwendungsfälle*, Kaiserslautern. Technische Universität Kaiserslautern. ISSN 1863-7159.

Mößmer, H. E., M. Schedlbauer und W. A. Günthner (2007). Die automobile Welt im Umbruch. In W. A. Günthner (Hrsg.), *Neue Wege in der Automobillogistik: Die Vision der Supra-Adaptivität*. Berlin, Heidelberg, New York: Springer Verlag.

Obrist, A. (2006). *R F I D und Logistik: Innovationen - Chancen - Zukunft*. Saarbrücken: Vdm Verlag Dr. Müller.

Ostertag, R. (2008). *Supply-Chain-Koordination im Auslauf in der Automobilindustrie: Koordinationsmodell auf Basis von Fortschrittszahlen zur dezentralen Planung bei zentraler Informationsbereitstellung*. Wiesbaden: Gabler Verlag.

Pflaum, A. (2001). Transpondertechnologie und Supply Chain Management: Elektronische Etiketten- Bessere Identifiaktionstechnologie in logistischen Systemen? In K. Peter (Hrsg.), *Edition Logistik, Band 3*. Hamburg: Deutscher Verkehrs-Verlag.

Pfohl, H.-C. (2010). *Logistiksysteme: Betriebswirtschaftliche Grundlagen*. Heidelberg: Springer Verlag.

Plowman, E. G. (1962). *Elements of business logistics*. Stanford University: Graduate School of Business.

Precht, M., R. Kraft und M. Bachmaier (2005). *Angewandte Statistik 1*. München: Oldenbourg Wissenschaftsverlag.

Reuters (2010). Wertschöpfung von Autozulieferern. Focus Money, 14. Juli 2010, Seite 13. Erhebung durch Thomson Reuters Datastream von 1985 bis 2005.

Rieckmann, W. (2001). Airbus Concurrent Engineering - Virtuelle Produktentwicklung am Beispiel Airbus. In H. U. Buhl, A. Huther, und B. Reitwiesner (Hrsgg.), *Information Age Economy - 5. Internationale Tagung Wirtschaftsinformatik 2001*, Heidelberg. Physica-Verlag.

Rinza, T. und J. Boppert (2007). Logistik im Zeichen zunehmender Entropie. In W. A. Günthner (Hrsg.), *Neue Wege in der Automobillogistik: Die Vision der Supra-Adaptivität*. Berlin, Heidelberg, New York: Springer Verlag.

Risse, J. (2003). *Time-to-Market Management in der Automobilindustrie: Ein Gestaltungsrahmen für ein logistikorientiertes Anlaufmanagement*. Berlin: Haupt Verlag.

Rooks, T. (2009). *Rechnergestützte Simulationsmodellgenerierung zur dynamischen Absicherung der Montagelogistikplanung bei der Fahrzeugneutypplanung im Rahmen der Digitalen Fabrik*. Clausthal: Shaker Verlag.

Sander, M. und K. Stieler (2007). *RFID - Geschäftsprozesse mit Funktechnologie unterstützen*. Wiesbaden: HA Hessen Agentur GmbH. hessen-media Band 54. Hessisches Ministerium für Wirtschaft, Verkehr und Landesentwicklung. ISBN 3-939358-54-1.

Schöch, R. und C. Hillbrand (2006). Ein integrierter Ansatz für diskrete und ständige Sendungsverfolgung auf Stückgutebene mittels RFID und GSM. In D. C. Mattfeld und L. Suhl (Hrsgg.), *Informationssysteme in Transport und Verkehr.* Paderborn: Books on Demand Gmbh.

Schlittgen, R. (2004). *Statistische Auswertungen: Standardmethoden und Alternativen mit ihrer Durchführung in R.* Oldenbourg Wissenschaftsverlag.

Schmidt, D. (2006). *RFID im Mobile Supply Chain Event Management: Anwendungsszenarien, Verbreitung und Wirtschaftlichkeit.* Wiesbaden: Gabler Verlag.

Schöner, H.-P. (2006). Mechatronik. In H.-J. Gevatter und G. Ulrich (Hrsgg.), *Handbuch der Mess- und Automatisierungstechnik im Automobil: Fahrzeugelektronik, Fahrzeugmechatronik.* Berlin, Heidelberg, New York: Springer Verlag.

Schulte-Frankenfeld, N., M. Brass und A. Pieck (2007). Methoden und Prozesse zur Kostensenkung - Ein Status der Wandlungen im Fahrzeugentwicklungsprozess durch CAE-Methoden. In *6. LS-DYNA Anwenderforum*, Frankenthal.

Schwarze, J. (2003). *Kundenorientiertes Qualitätsmanagement in der Automobilindustrie.* Wiesbaden: Gabler Verlag.

Seidlmeier, H. (2010). *Prozessmodellierung mit ARIS®: Eine beispielorientierte Einführung für Studium und Praxis.* Wiesbaden: Vieweg und Teubner Verlag.

Sgier, S. (2002). *Projektmanagement.* Chur, Schweiz: Sgier Consulting & Coaching. Vorlesungsskript.

Shapiro, S. S. und M. B. Wilk (1965). An Analysis of Variance Test for Normality. Biometrika 52; 591.

Shepard, S. (2005). *RFID: radio frequency identification.* New York: McGraw Hill-Hill Professional.

Sörensen, D. (2006). *The Automotive Development Process: A Real Options Analysis.* Wiesbaden: Gabler Verlag.

Stahlknecht, P. und U. Hasenkamp (2005). *Einführung in die Wirtschaftsinformatik.* Berlin, Heidelberg, New York: Springer Verlag.

Staud, J. L. (2006). *Geschäftsprozessanalyse: Ereignisgesteuerte Prozessketten und objektorientierte Geschäftsprozessmodellierung für Betriebswirtschaftliche Standardsoftware.* Berlin, Heidelberg, New York: Springer Verlag.

Steland, A. (2009). *Basiswissen Statistik: Kompaktkurs für Anwender aus Wirtschaft, Informatik und Technik.* Berlin, Heidelberg: Springer Verlag.

Strassner, M. (2005). *RFID im Supply Chain Management.* Wiesbaden: Deutscher Universitäts-Verlag, GWV Fachverlage GmbH.

Strassner, M., C. Plenge und S. Stroh (2005). Potenziale der RFID-Technologie für das Supply Chain Management in der Automobilindustrie. In E. Fleisch und F. Mattern (Hrsgg.), *Das Internet der Dinge - Ubiquitous Computing und RFID in der Praxis - Visionen, Technologien, Anwendungen, Handlungsanleitungen.* Berlin, Heidelberg, New York: Springer Verlag.

Straub, K. und O. Riedel (2006). Virtuelle Absicherung im Produktprozess eines Premium-Automobilherstellers. In L. Dietrich und W. Schirra (Hrsgg.), *Innovationen durch IT. Erfolgsbeispiele aus der Praxis Produkte - Prozesse - Geschäftsmodelle.* Berlin, Heidelberg: Springer Verlag.

TBN (2011). UHF Gamma TAG. Internet. http://www.tbn.de/uhf_gamma_tag.html; zuletzt abgerufen: 08.03.2011.

Teckemeier, U. und D. Bauer (2005). Serienanlauf in der Automobilindustrie am Beispiel der Wilhelm Karmann GmbH. In ZLU Consulting und Management (Hrsg.), *Supply Chain Management*, Berlin. ZLU Consulting und Management GmbH & Co. KG.

Verband der Automobilindustrie e.V. (1996, April). *VDA-Empfehlung 4902/4 - Warenanhänger (barcode-fähig) (ODETTE-Transport Label).* Frankfurt: Verband der Automobilindustrie e.V.

Verband der Automobilindustrie e.V. (2012, Dezember). *AutoID/RFID-Einsatz und Datentransfer zur Verfolgung von Bauteilen und Komponenten in der Fahrzeugentwicklung; VDA 5509.* Berlin: Verband der Automobilindustrie e.V.

Verein Deutscher Ingenieure (2006, April). *Anforderungen an Transpondersysteme zum Einsatz in der Supply Chain - Allgemeiner Teil.* Düsseldorf: Verein Deutscher Ingenieure. VDI-Richtlinien: VDI 4472 Blatt 1.

Vilkov, L. (2007). *Prozessorientierte Wirtschaftlichkeitsanalyse von RFID-Systemen.* Berlin: Logos Verlag.

Vogler, P. (2006). *Prozess- und Systemintegration: Evolutionäre Weiterentwicklung bestehender Informationssysteme mit Hilfe von Enterprise Application Integration.* Wiesbaden: Vieweg und Teubner Verlag.

Voigt, K.-I. (2008). *Industrielles Management: Industriebetriebslehre aus prozessorientierter Sicht.* Berlin, Heidelberg: Springer Verlag.

Wagner, J. (2009). *Technische Konzepte zur RFID-gestützten Bauzustandsdokumentation in der Automobilindustrie.* Göttingen: Cuvillier Verlag.

Wallentowitz, H., A. Freialdenhoven und I. Olschewski (2009). *Strategien in der Automobilindustrie: Technologietrends und Marktentwicklungen.* Wiesbaden: Vieweg und Teubner, GWV Fachverlage GmbH.

Wallmüller, E. (2001). *Software-Qualitätsmanagement in der Praxis: Software-Qualität durch Führung und Verbesserung von Software-Prozessen.* München, Wien: Hanser Verlag.

Weber, J. (2009). *Automotive Development Processes: Processes for Successful Customer Oriented Vehicle Development.* Berlin, Heidelberg: Springer Verlag.

Weigert, S. (2006). *Radio Frequency Identification (RFID) in der Automobilindustrie - Chancen, Risiken, Nutzenpotentiale.* Wiesbaden: Gabler Verlag.

Weßner, K. (2007). Wahrnehmung und Wirkung von Rückrufaktionen beim Endkunden. In *Rückrufaktionen in der Automobilindustrie*, Stuttgart.

Westkämper, E. (2006). *Einführung in die Organisation der Produktion*. Berlin, Heidelberg, New York: Springer Verlag.

Wittmann, V. H. (1993). *Werkstoffwissenschaften und Bausanierung: 3 Bde.* Ehningen: Expert-Verlag.

A Anhang

A.1 Tabelle zu Abschnitt 4.3

Tabelle A.1 zeigt die im Rahmen dieser Arbeit betrachteten Teilearten zur Evaluierung der konventionellen und RFID-gestützten Bauzustandsdokumentation der Baureihen A, B und C.

Tabelle A.1: Warenkorb der beobachteten Baureihen

#	Teileart	A	B	C	#	Teileart	A	B	C
1	Abdeckblech hi. li.			x	38	Hinterachsgetriebe	x	x	x
2	Abdeckblech hi. re.			x	39	Hinterachsträger	x	x	x
3	Abdeckblech vo. li.			x	40	Hochvoltbatterie	x		x
4	Abdeckblech vo. re.			x	41	Integralträger 4x2			x
5	Achsschenkel vo. li.	x	x	x	42	Integralträger 4x4	x	x	x
6	Achsschenkel vo. re.	x	x	x	43	Kältemittelverdichter	x		x
7	Anschlagplatte hi. re.			x	44	Längsverteilergetriebe	x	x	
8	Anschlagplatte hi. li.			x	45	Motor	x	x	x
9	Automatikgetriebe	x	x	x	46	Pedalanlage	x		x
10	Bremsgerät	x		x	47	P-Sensor			x
11	Bremssattel hi. li.	x	x	x	48	Querlenker hi. li.	x	x	
12	Bremssattel hi. re.	x	x	x	49	Querlenker hi. re.	x	x	
13	Bremssattel vo. li.	x	x	x	50	Querlenker vo. li.	x	x	x
14	Bremssattel vo. re.	x	x	x	51	Querlenker vo. re.	x	x	x
15	Drehstab hi.	x	x		52	Radträger hi. li.	x	x	x
16	Drehstab hi. (Luft)	x	x	x	53	Radträger hi. re.	x	x	x
17	Drehstab vo.	x	x		54	Seitenschweller li.			x
18	Drehstab vo. (Luft)	x	x	x	55	Seitenschweller re.			x
19	Drehstabgestänge hi. li.			x	56	Seitenwellen hi.		x	x
20	Drehstabgestänge hi. re.			x	57	Seitenwellen vo.		x	x
21	Drehstabgestänge vo. li.			x	58	Spurtstange vo. li.	x	x	
22	Drehstabgestänge vo. re.			x	59	Spurtstange vo. re.	x	x	
23	elektr. Lenkgetriebe 4x2			x	60	Sturzstrebe li.	x	x	
24	elektr. Lenkgetriebe 4x4	x	x	x	61	Sturzstrebe re.	x	x	
25	Fahrzeug	x	x	x	62	Sonnenblende li.			x
26	Federbein ABC hi. li.			x	63	Sonnenblende re.			x
27	Federbein ABC hi. re.			x	64	Stoßfänger hi.			x
28	Federbein ABC vo. li.			x	65	Stoßfänger vo.			x
29	Federbein ABC vo. re.			x	66	Umrichter	x		x
30	Federbein hi. li.	x	x	x	67	Unterdruckleitung B			x
31	Federbein hi. re.	x	x	x	68	Unterdruckleitung BG	x	x	x
32	Federbein vo. li.	x		x	69	Unterdruckleitung M	x	x	x
33	Federbein vo. re.	x		x	70	Vorderachsgetriebe	x	x	x
34	Federlenker hi. li.			x	71	Zugstrebe hi. li.	x	x	
35	Federlenker hi. re.			x	72	Zugstrebe hi. re.	x	x	
36	Federlenker vo. li.			x	73	Zugstrebe vo. li.			x
37	Federlenker vo. re.			x	74	Zugstrebe vo. re.			x

A.2 Tabellen zu Abschnitt 4.4

Die Tabellen A.2 bis A.4 geben die Warenkörbe der einzelnen Baureihen und die bauteilspezifischen Abweichungen der Teilearten im Prototypenaufbau wieder. Den dokumentationspflichtigen (S) werden die dokumentierten (I) Bauteile gegenübergestellt und daraus in der jeweils rechten Spalte die prozentuale Abweichung berechnet.

Tabelle A.2: Bauteilspezifische Abweichung im Prototypenaufbau (BR A)

#	Teileart	S	I	Abw.	#	Teileart	S	I	Abw.
5	Achsschenkel vo. li.	13	13	0%	42	Integralträger 4x4	13	12	8%
6	Achsschenkel vo. re.	13	13	0%	43	Kältemittelverd.	10	10	0%
9	Automatikgetriebe	11	10	9%	44	Längsverteilergetr.	10	5	50%
10	Bremsgerät	13	0	100%	45	Motor	11	11	0%
11	Bremssattel hi. li.	13	10	23%	46	Pedalanlage	13	0	100%
12	Bremssattel hi. re.	13	11	15%	48	Querlenker hi. li.	13	13	0%
13	Bremssattel vo. li.	13	11	15%	49	Querlenker hi. re.	13	13	0%
14	Bremssattel vo. re.	13	11	15%	50	Querlenker vo. li.	13	13	0%
15	Drehstab hi.	9	5	44%	51	Querlenker vo. re.	13	13	0%
16	Drehstab hi. (Luft)	4	3	25%	52	Radträger hi. li.	13	11	15%
17	Drehstab vo.	9	9	0%	53	Radträger hi. re.	13	13	0%
18	Drehstab vo. (Luft)	4	3	25%	58	Spurstange vo. li.	13	13	0%
24	el. Lenkgetriebe 4x4	13	11	15%	59	Spurstange vo. re.	13	13	0%
25	Fahrzeug	13	13	0%	60	Sturzstrebe li.	13	13	0%
30	Federbein hi. li.	9	3	67%	61	Sturzstrebe re.	13	13	0%
31	Federbein hi. re.	9	3	67%	66	Umrichter	9	9	0%
32	Federbein vo. li.	9	3	67%	68	Unterdruckl. BG	11	0	100%
33	Federbein vo. re.	9	3	67%	69	Unterdruckl. M	13	0	100%
38	Hinterachsgetriebe	13	12	8%	70	Vorderachsgetr.	13	13	0%
39	Hinterachsträger	13	12	8%	71	Zugstrebe hi. li.	13	13	0%
40	Hochvoltbatterie	13	2	85%	72	Zugstrebe hi. re.	13	13	0%

Tabelle A.3: Bauteilspezifische Abweichung im Prototypenaufbau (BR B)

#	Teileart	S	I	Abw.	#	Teileart	S	I	Abw.
5	Achsschenkel vo. li.	18	18	0%	45	Motor	17	16	6%
6	Achsschenkel vo. re.	18	18	0%	48	Querlenker hi. li.	18	18	0%
9	Automatikgetriebe	18	16	11%	49	Querlenker hi. re.	18	18	0%
11	Bremssattel hi. li.	17	17	0%	50	Querlenker vo. li.	18	18	0%
12	Bremssattel hi. re.	17	17	0%	51	Querlenker vo. re.	18	18	0%
13	Bremssattel vo. li.	18	18	0%	52	Radträger hi. li.	18	18	0%
14	Bremssattel vo. re.	18	18	0%	53	Radträger hi. re.	18	18	0%
15	Drehstab hi.	10	9	10%	56	Seitenwellen hi.	18	12	33%
16	Drehstab hi. (Luft)	7	6	14%	57	Seitenwellen vo.	18	7	61%
17	Drehstab vo.	10	10	0%	58	Spurstange vo. li.	18	18	0%
18	Drehstab vo. (Luft)	7	6	14%	59	Spurstange vo. re.	18	18	0%
24	el. Lenkgetriebe 4x4	18	14	22%	60	Sturzstrebe li.	18	18	0%
25	Fahrzeug	18	18	0%	61	Sturzstrebe re.	18	18	0%
30	Federbein hi. li.	2	0	100%	68	Unterdruckl. M	18	0	100%
31	Federbein hi. re.	2	0	100%	69	Unterdruckl. BG	18	0	100%
38	Hinterachsgetriebe	18	17	6%	70	Vorderachsträger	18	18	0%
39	Hinterachsträger	18	18	0%	71	Zugstrebe hi. li.	18	18	0%
42	Integralträger 4x4	18	18	0%	72	Zugstrebe hi. re.	18	18	0%
44	Längsverteilergetr.	17	8	53%					

Tabelle A.4: Bauteilspezifische Abweichung im Prototypenaufbau (BR C)

#	Teileart	S	I	Abw.	#	Teileart	S	I	Abw.
1	Abdeckblech hi. li.	81	72	11%	35	Federlenker hi. re.	86	78	9%
2	Abdeckblech hi. re.	81	73	10%	36	Federlenker vo. li.	86	79	8%
3	Abdeckblech vo. li.	81	74	9%	37	Federlenker vo. re.	86	79	8%
4	Abdeckblech vo. re.	81	72	11%	38	Hinterachsgetriebe	13	12	8%
5	Achsschenkel vo. li.	87	79	9%	39	Hinterachsträger	22	18	18%
6	Achsschenkel vo. re.	87	80	8%	40	Hochvoltbatterie	27	4	85%
7	Anschlagpl. hi. re.	24	13	46%	41	Integralträger 4x2	77	64	17%
8	Anschlagpl. hi. li.	24	14	42%	42	Integralträger 4x4	6	5	17%
9	Automatikgetriebe	81	63	22%	43	Kältemittelverdichter	72	66	8%
10	Bremsgerät	86	39	55%	45	Motor	78	69	12%
11	Bremssattel hi. li.	87	78	10%	46	Pedalanlage	87	24	72%
12	Bremssattel hi. re.	86	77	10%	47	P-Sensor	35	4	89%
13	Bremssattel vo. li.	87	81	7%	50	Querlenker vo. li.	85	62	27%
14	Bremssattel vo. re.	87	79	9%	51	Querlenker vo. re.	87	65	25%
16	Drehstab hi. (Luft)	69	42	39%	52	Radträger hi. li.	86	74	14%
18	Drehstab vo. (Luft)	67	12	82%	53	Radträger hi. re.	87	75	14%
19	Drehstabgest. hi. li.	65	45	31%	54	Seitenschweller li.	40	0	100%
20	Drehstabgest. hi. re.	66	45	32%	55	Seitenschweller re.	40	0	100%
21	Drehstabgest. vo. li.	61	18	70%	56	Seitenwellen hi.	87	78	10%
22	Drehstabgest. vo. re.	61	14	77%	57	Seitenwellen vo.	6	3	50%
23	el. Lenkgetr. 4x2	81	50	38%	62	Sonnenblende li.	62	11	82%
24	el. Lenkgetr. 4x4	4	1	75%	63	Sonnenblende re.	64	28	56%
25	Fahrzeug	87	87	0%	64	Stoßfänger hi.	40	8	80%
26	Federb. ABC hi. li.	19	7	63%	65	Stoßfänger vo.	40	8	80%
27	Federb. ABC hi. re.	19	7	63%	66	Umrichter	33	16	52%
28	Federb. ABC vo. li.	19	7	63%	67	Unterdruckl. B	87	36	59%
29	Federb. ABC vo. re.	19	7	63%	68	Unterdruckl. BG	25	2	92%
30	Federb. hi. li.	68	28	59%	69	Unterdruckl. M	35	12	66%
31	Federb. hi. re.	68	29	57%	70	Vorderachsgetriebe	9	9	0%
32	Federb. vo. li.	68	26	62%	73	Zugstrebe vo. li.	87	81	7%
33	Federb. vo. re.	68	27	60%	74	Zugstrebe vo. re.	87	82	6%
34	Federlenker hi. li.	85	78	8%					

A.3 Tabelle zu Abschnitt 6.1

Tabelle A.5 zeigt eine Übersicht der für die Evaluierung relevanten Teile und deren Integrationsmethode.

Tabelle A.5: Integrationsmethode bezogen auf ein Bauteil für jede Baureihe

#	Bauteil	keine Int. A	B	C	Teilint. A	B	C	Vollint. A	B	C
1	Abdeckblech hi. li.									x
2	Abdeckblech hi. re.									x
3	Abdeckblech vo. li.									x
4	Abdeckblech vo. re.									x
5	Achsschenkel vo. li.	x							x	x
6	Achsschenkel vo. re.	x							x	x
7	Anschlagplatte hi. re.			x						
8	Anschlagplatte hi. li.			x						
9	Automatikgetriebe	x							x	x
10	Bremsgerät				x					x
11	Bremssattel hi. li.	x	x							x
12	Bremssattel hi. re.	x	x							x
13	Bremssattel vo. li.	x	x							x
14	Bremssattel vo. re.	x	x							x
15	Drehstab hi.	x				x				
16	Drehstab hi. (Luft)	x				x				x
17	Drehstab vo.				x	x				
18	Drehstab vo. (Luft)				x	x				x
19	Drehstabgest. hi. li.									x
20	Drehstabgest. hi. re.									x
21	Drehstabgest. vo. li.									x
22	Drehstabgest. vo. re.									x
23	elektr. Lenkgetr. 4x2									x
24	elektr. Lenkgetr. 4x4	x				x				x
25	Fahrzeug	x							x	x
26	Federbein ABC hi. li.									x
27	Federbein ABC hi. re.									x
28	Federbein ABC vo. li.									x
29	Federbein ABC vo. re.									x
30	Federbein hi. li.				x	x				x
31	Federbein hi. re.				x	x				x
32	Federbein vo. li.				x					x
33	Federbein vo. re.				x					x
34	Federlenker hi. li.									x
35	Federlenker hi. re.									x
36	Federlenker vo. li.									x
37	Federlenker vo. re.									x

#	Bauteil	keine Int. A	B	C	Teilint. A	B	C	Vollint. A	B	C
38	Hinterachsgetriebe	x				x				x
39	Hinterachsträger	x				x				x
40	Hochvoltbatterie	x								x
41	Integralträger 4x2									x
42	Integralträger 4x4	x				x				x
43	Kältemittelverdichter	x								x
44	Längsverteilergetriebe	x							x	
45	Motor	x							x	x
46	Pedalanlage				x					x
47	P-Sensor									x
48	Querlenker hi. li.	x							x	
49	Querlenker hi. re.	x							x	
50	Querlenker vo. li.	x							x	x
51	Querlenker vo. re.	x							x	x
52	Radträger hi. li.	x							x	x
53	Radträger hi. re.	x							x	x
54	Seitenschweller li.									x
55	Seitenschweller re.									x
56	Seitenwellen hi.								x	x
57	Seitenwellen vo.								x	x
58	Spurtstange vo. li.	x							x	
59	Spurtstange vo. re.	x							x	
60	Sturzstrebe li.	x							x	
61	Sturzstrebe re.	x							x	
62	Sonnenblende li.									x
63	Sonnenblende re.									x
64	Stoßfänger hi.									x
65	Stoßfänger vo.									x
66	Umrichter	x								x
67	Unterdruckleitung B			x						
68	Unterdruckleitung BG	x	x	x						
69	Unterdruckleitung M	x	x	x						
70	Vorderachsgetriebe	x				x				x
71	Zugstrebe hi. li.	x							x	
72	Zugstrebe hi. re.	x							x	
73	Zugstrebe vo. li.									x
74	Zugstrebe vo. re.									x

A.4 Tabellen zu Abschnitt 6.2

Die Tabellen zeigen die teilespezifischen Abweichungen unter Einsatz von RFID.

Tabelle A.6: Bauteilspezifische Abweichung im Prototypenaufbau (BR A)

Nr.	Bauteil	S	I	Abw.	Nr.	Bauteil	S	I	Abw.
5	Achsschenkel vo. li.	13	13	0%	42	Integralträger 4x4	13	13	0%
6	Achsschenkel vo. re.	13	13	0%	43	Kältemittelverd.	10	9	10%
9	Automatikgetriebe	11	11	0%	44	Längsverteilergetr.	10	10	0%
10	Bremsgerät	13	13	0%	45	Motor	11	11	0%
11	Bremssattel hi. li.	13	13	0%	46	Pedalanlage	13	13	0%
12	Bremssattel hi. re.	13	13	0%	48	Querlenker hi. li.	13	13	0%
13	Bremssattel vo. li.	13	13	0%	49	Querlenker hi. re.	13	13	0%
14	Bremssattel vo. re.	13	13	0%	50	Querlenker vo. li.	13	13	0%
15	Drehstab hi.	9	9	0%	51	Querlenker vo. re.	13	13	0%
16	Drehstab hi. (Luft)	4	4	0%	52	Radträger hi. li.	13	11	15%
17	Drehstab vo.	9	9	0%	53	Radträger hi. re.	13	13	0%
18	Drehstab vo. (Luft)	4	4	0%	58	Spurstange vo. li.	13	13	0%
24	el. Lenkgetriebe 4x4	13	13	0%	59	Spurstange vo. re.	13	13	0%
25	Fahrzeug	13	13	0%	60	Sturzstrebe li.	13	13	0%
30	Federbein hi. li.	9	0	100%	61	Sturzstrebe re.	13	13	0%
31	Federbein hi. re.	9	0	100%	66	Umrichter	9	9	0%
32	Federbein vo. li.	9	0	100%	68	Unterdruckl. BG	11	11	0%
33	Federbein vo. re.	9	0	100%	69	Unterdruckl. M	13	13	0%
38	Hinterachsgetriebe	13	13	0%	70	Vorderachsgetr.	13	13	0%
39	Hinterachsträger	13	12	8%	71	Zugstrebe hi. li.	13	13	0%
40	Hochvoltbatterie	13	13	0%	72	Zugstrebe hi. re.	13	13	0%

Tabelle A.7: Bauteilspezifische Abweichung im Prototypenaufbau (BR B)

#	Bauteil	S	I	Abw.	#	Bauteil	S	I	Abw.
5	Achsschenkel vo. li.	18	18	0%	45	Motor	17	17	0%
6	Achsschenkel vo. re.	18	18	0%	48	Querlenker hi. li.	18	18	0%
9	Automatikgetriebe	18	18	0%	49	Querlenker hi. re.	18	18	0%
11	Bremssattel hi. li.	17	17	0%	50	Querlenker vo. li.	18	18	0%
12	Bremssattel hi. re.	17	17	0%	51	Querlenker vo. re.	18	18	0%
13	Bremssattel vo. li.	18	17	6%	52	Radträger hi. li.	18	18	0%
14	Bremssattel vo. re.	18	17	6%	53	Radträger hi. re.	18	17	6%
15	Drehstab hi.	10	10	0%	56	Seitenwellen hi.	18	18	0%
16	Drehstab hi. (Luft)	7	7	0%	57	Seitenwellen vo.	18	18	0%
17	Drehstab vo.	10	10	0%	58	Spurstange vo. li.	18	18	0%
18	Drehstab vo. (Luft)	7	7	0%	59	Spurstange vo. re.	18	18	0%
24	el. Lenkgetriebe 4x4	18	18	0%	60	Sturzstrebe li.	18	18	0%
25	Fahrzeug	18	18	0%	61	Sturzstrebe re.	18	18	0%
30	Federbein hi. li.	2	2	0%	68	Unterdruckl. M	18	18	0%
31	Federbein hi. re.	2	2	0%	69	Unterdruckl. BG	18	17	6%
38	Hinterachsgetriebe	18	17	6%	70	Vorderachsträger	18	18	0%
39	Hinterachsträger	18	18	0%	71	Zugstrebe hi. li.	18	18	0%
42	Integralträger 4x4	18	18	0%	72	Zugstrebe hi. re.	18	18	0%
44	Längsverteilergetr.	17	16	6%					

Tabelle A.8: Bauteilspezifische Abweichung im Prototypenaufbau (BR C)

#	Bauteile	S	I	Abw.	#	Bauteile	S	I	Abw.
1	Abdeckblech hi. li.	81	78	4%	35	Federlenker hi. re.	86	85	1%
2	Abdeckblech hi. re.	81	79	2%	36	Federlenker vo. li.	86	85	1%
3	Abdeckblech vo. li.	81	81	0%	37	Federlenker vo. re.	86	84	2%
4	Abdeckblech vo. re.	81	77	5%	38	Hinterachsgetriebe	13	8	38%
5	Achsschenkel vo. li.	87	85	2%	39	Hinterachsträger	22	19	14%
6	Achsschenkel vo. re.	87	87	0%	40	Hochvoltbatterie	27	21	22%
7	Anschlagpl. hi. re.	24	24	0%	41	Integralträger 4x2	77	73	5%
8	Anschlagpl. hi. li.	24	24	0%	42	Integralträger 4x4	6	6	0%
9	Automatikgetriebe	81	79	2%	43	Kältemittelverdichter	72	61	15%
10	Bremsgerät	86	84	2%	45	Motor	78	67	14%
11	Bremssattel hi. li.	87	82	6%	46	Pedalanlage	87	85	2%
12	Bremssattel hi. re.	86	83	3%	47	P-Sensor	35	35	0%
13	Bremssattel vo. li.	87	86	1%	50	Querlenker vo. li.	85	82	4%
14	Bremssattel vo. re.	87	85	2%	51	Querlenker vo. re.	87	82	6%
16	Drehstab hi. (Luft)	69	68	1%	52	Radträger hi. li.	86	82	5%
18	Drehstab vo. (Luft)	67	60	10%	53	Radträger hi. re.	87	81	7%
19	Drehstabgest. hi. li.	65	65	0%	54	Seitenschweller li.	40	40	0%
20	Drehstabgest. hi. re.	66	66	0%	55	Seitenschweller re.	40	40	0%
21	Drehstabgest. vo. li.	61	60	2%	56	Seitenwellen hi.	87	82	6%
22	Drehstabgest. vo. re.	61	59	3%	57	Seitenwellen vo.	6	5	17%
23	el. Lenkgetr. 4x2	81	75	7%	62	Sonnenblende li.	62	61	2%
24	el. Lenkgetr. 4x4	4	1	75%	63	Sonnenblende re.	64	60	6%
25	Fahrzeug	87	86	1%	64	Stoßfänger hi.	40	40	0%
26	Federb. ABC hi. li.	19	17	11%	65	Stoßfänger vo.	40	40	0%
27	Federb. ABC hi. re.	19	17	11%	66	Umrichter	33	31	6%
28	Federb. ABC vo. li.	19	16	16%	67	Unterdruckl. B	87	86	1%
29	Federb. ABC vo. re.	19	17	11%	68	Unterdruckl. BG	25	24	4%
30	Federb. hi. li.	68	65	4%	69	Unterdruckl. M	35	33	6%
31	Federb. hi. re.	68	66	3%	70	Vorderachsgetriebe	9	2	78%
32	Federb. vo. li.	68	66	3%	73	Zugstrebe vo. li.	87	84	3%
33	Federb. vo. re.	68	66	3%	74	Zugstrebe vo. re.	87	84	3%
34	Federlenker hi. li.	85	83	2%					

A.5 Tabellen zu Abschnitt 6.3

Die Tabellen zeigen die Ergebnisse aus der Evaluierung der RFID-gestützten Bauzustandsdokumentation ausgewählter Fahrzeuge der Baureihen A, B und C in der Erprobungsphase.

Tabelle A.9: Ergebnisse der RFID-gestützten Bauzustandsdokumentation in der Erprobungsphase (BR A)

	Fahrzeug	2				5				6				8				9				10			
	Zeitpunkt	t_0	t_1	t_2	t_3	t_0	t_1	t_2	t_3	t_0	t_1	t_2	t_3	t_0	t_1	t_2	t_3	t_0	t_1	t_2	t_3	t_0	t_1	t_2	t_3
	Soll	40	40	40	40	36	36	36	36	40	40	40	40	40	40	40	40	39	39	39	39	40	40	40	40
	Ist konventionell	30	30	27	27	29	29	30	30	33	31	30	30	29	28	26	26	33	34	34	32	30	30	28	28
Nr.	**Ist RFID**	35	35	33	31	35	35	31	30	36	34	32	31	35	35	35	37	35	34	32	30	36	36	35	34
5	Achsschenkel vo. li.	x	x	x	x	x	x	x	x	x	x	x	x	x	x	x	x	x	x	x	x	x	x	x	x
6	Achsschenkel vo. re.	x	x	x	x	x	x	x	x	x	x	x	x	x	x	x	x	x	x	x	x	x	x	x	x
9	Automatikgetriebe	x	x	x	x	x	x	x	x	x	x	x	x	x	x	x	x	x	x	x	x	x	x	x	x
10	Bremsgerät	x	x	x	x	x	x	x	x	x	x	x	x	x	x	x	x	x	x	x	x	x	x	x	x
11	Bremssattel hi. li.	x	x	x	x	x	x	x	x	x	x	x	x	x	x	x	x	x	x	x	x	x	x	x	x
12	Bremssattel hi. re.	x	x	x	x	x	x	x	x	x	x	x	x	x	x	x	x	x	x	x	x	x	x	x	x
13	Bremssattel vo. li.	x	x	x	o	x	x	o	o	x	x	o	o	x	x	x	x	x	x	x	o	x	x	x	x
14	Bremssattel vo. re.	x	x	x	o	x	x	o	o	x	x	o	o	x	x	x	x	x	x	x	o	x	x	x	x
15	Drehstab hi.	x	x	x	x	-	-	-	-	x	x	x	x	x	x	x	x	x	x	x	x	x	x	x	x
16	Drehstab hi. (Luft)	-	-	-	-	x	x	x	x	-	-	-	-	-	-	-	-	-	-	-	-	-	-	-	-
17	Drehstab vo.	x	x	x	x	-	-	-	-	x	x	x	x	x	x	x	x	x	x	x	x	x	x	x	x
18	Drehstab vo. (Luft)	-	-	-	-	x	x	x	x	-	-	-	-	-	-	-	-	-	-	-	-	-	-	-	-
24	elektr. Lenkgetr. 4x4	x	x	x	x	x	x	x	x	x	x	x	x	x	x	x	x	x	o	o	o	x	x	x	x
25	Fahrzeug	x	x	x	x	x	x	x	x	x	x	x	x	x	x	x	x	x	x	x	x	x	x	x	x
30	Federbein hi. li.	o	o	o	o	-	-	-	-	o	o	o	o	o	o	o	x	o	o	o	o	o	o	o	o
31	Federbein hi. re.	o	o	o	o	-	-	-	-	o	o	o	o	o	o	o	x	o	o	o	o	o	o	o	o
32	Federbein vo. li.	o	o	o	o	-	-	-	-	o	o	o	o	o	o	o	x	o	o	o	o	o	o	o	o
33	Federbein vo. re.	o	o	o	o	-	-	-	-	o	o	o	o	o	o	o	x	o	o	o	o	o	o	o	o
38	Hinterachsgetriebe	x	x	x	x	x	x	x	x	x	x	x	x	x	x	x	x	x	x	x	x	x	x	x	x
39	Hinterachsträger	x	x	x	x	x	x	x	x	x	x	x	x	x	x	x	x	x	x	x	x	x	x	x	x
40	Hochvoltbatterie	x	x	x	x	x	x	x	x	x	o	o	o	x	x	x	x	x	x	x	x	x	x	x	x
42	Integralträger 4x4	x	x	x	x	x	x	x	x	x	x	x	x	x	x	x	x	x	x	x	x	x	x	x	x
43	Kältemittelverdichter	x	x	x	x	o	o	o	o	x	x	x	x	x	x	x	x	x	x	x	x	x	x	x	x
44	Längsverteilergetriebe	x	x	x	x	x	x	x	x	x	x	x	x	x	x	x	x	x	x	x	x	x	x	x	x
45	Motor	x	x	x	x	x	x	x	x	x	x	x	x	x	x	x	x	x	x	x	x	x	x	x	x
46	Pedalanlage	x	x	x	x	x	x	x	x	x	x	x	x	x	x	x	x	x	x	x	x	x	x	x	x
48	Querlenker hi. li.	x	x	x	x	x	x	o	o	x	x	x	x	x	x	x	x	x	x	o	o	x	x	x	x
49	Querlenker hi. re.	x	x	x	x	x	x	o	o	x	x	x	x	x	x	x	o	x	x	o	o	x	x	x	x
50	Querlenker vo. li.	x	x	x	x	x	x	x	x	x	x	x	x	x	x	x	x	x	x	x	x	x	x	x	x
51	Querlenker vo. re.	x	x	x	x	x	x	x	x	x	x	x	x	x	x	x	x	x	x	x	x	x	x	x	x
52	Radträger hi. li.	o	o	o	o	o	o	o	o	x	x	x	x	o	o	o	o	x	x	x	x	x	x	x	o
53	Radträger hi. re.	x	x	o	o	x	x	x	o	x	x	x	x	x	x	x	x	x	x	x	x	x	x	o	o
58	Spurtstange vo. li.	x	x	x	x	x	x	x	x	x	x	x	x	x	x	x	x	x	x	x	x	x	x	x	x
59	Spurtstange vo. re.	x	x	x	x	x	x	x	x	x	x	x	x	x	x	x	x	x	x	x	x	x	x	x	x
60	Sturzstrebe li.	x	x	x	x	x	x	x	x	x	x	x	x	x	x	x	x	x	x	x	x	x	x	x	x
61	Sturzstrebe re.	x	x	x	x	x	x	x	x	x	x	x	x	x	x	x	x	x	x	x	x	x	x	x	x
66	Umrichter	x	x	o	o	x	x	x	x	x	o	o	o	x	x	x	x	-	-	-	-	x	x	x	x
68	Unterdruckleitung BG	x	x	x	x	x	x	x	x	x	x	x	o	x	x	x	x	x	x	x	x	x	x	x	x
69	Unterdruckleitung M	x	x	x	x	x	x	x	x	x	x	x	x	x	x	x	x	x	x	x	x	x	x	x	x
70	Vorderachsgetriebe	x	x	x	x	x	x	x	x	x	x	x	x	x	x	x	x	x	x	x	x	x	x	x	x
71	Zugstrebe hi. li.	x	x	x	x	x	x	x	x	x	x	x	x	x	x	x	x	x	x	x	x	x	x	x	x
72	Zugstrebe hi. re.	x	x	x	x	x	x	x	x	x	x	x	x	x	x	x	x	x	x	x	x	x	x	x	x

x = dokumentiert, o = nicht dokumentiert, - = nicht fahrzeugrelevant

Tabelle A.10: Ergebnisse der RFID-gestützten Bauzustandsdokumentation in der Erprobungsphase (BR B)

	Fahrzeug	6				9				11				15				16			
	Zeitpunkt	t_0	t_1	t_2	t_3	t_0	t_1	t_2	t_3	t_0	t_1	t_2	t_3	t_0	t_1	t_2	t_3	t_0	t_1	t_2	t_3
	Soll	33	33	33	33	33	33	33	33	33	33	33	33	35	35	35	35	33	33	33	33
	Ist konventionell	26	26	25	25	28	26	26	24	27	29	29	29	28	25	25	22	31	31	31	28
Nr.	Ist RFID	33	33	33	32	33	32	28	28	32	29	29	29	35	33	32	32	31	32	31	29
5	Achsschenkel vo. li.	x	x	x	x	x	x	x	x	x	x	x	x	x	x	x	x	x	x	x	x
6	Achsschenkel vo. re.	x	x	x	x	x	x	x	x	x	x	x	x	x	x	x	x	x	x	x	x
9	Automatikgetriebe	x	x	x	x	x	x	x	x	x	x	x	x	x	x	x	x	x	x	x	x
11	Bremssattel hi. li.	x	x	x	x	x	x	o	o	x	o	o	o	x	x	x	x	x	x	x	x
12	Bremssattel hi. re.	x	x	x	x	x	x	o	o	x	o	o	o	x	x	x	x	x	x	x	o
13	Bremssattel vo. li.	x	x	x	x	x	x	o	o	x	x	x	x	x	x	x	x	o	x	x	o
14	Bremssattel vo. re.	x	x	x	x	x	x	o	o	x	x	x	x	x	x	x	x	o	o	o	o
15	Drehstab hi.	-	-	-	-	x	x	x	x	-	-	-	-	x	x	x	x	-	-	-	-
16	Drehstab hi. (Luft)	x	x	x	x	-	-	-	-	x	x	x	x	-	-	-	-	x	x	x	x
17	Drehstab vo.	-	-	-	-	x	x	x	x	-	-	-	-	x	x	x	x	-	-	-	-
18	Drehstab vo. (Luft)	x	x	x	x	-	-	-	-	x	x	x	x	-	-	-	-	x	x	x	x
24	elektr. Lenkgetr. 4x4	x	x	x	x	x	x	x	x	x	x	x	x	x	x	x	x	x	x	x	x
25	Fahrzeug	x	x	x	x	x	x	x	x	x	x	x	x	x	x	x	x	x	x	x	x
30	Federbein hi. li.	-	-	-	-	-	-	-	-	-	-	-	-	x	x	x	x	-	-	-	-
31	Federbein hi. re.	-	-	-	-	-	-	-	-	-	-	-	-	x	x	x	x	-	-	-	-
38	Hinterachsgetriebe	x	x	x	x	x	x	x	x	o	o	o	o	x	x	x	x	x	x	x	x
39	Hinterachsträger	x	x	x	x	x	x	x	x	x	x	x	x	x	x	x	x	x	x	x	x
42	Integralträger 4x4	x	x	x	x	x	x	x	x	x	x	x	x	x	x	x	x	x	x	x	x
44	Längsverteilergetriebe	x	x	x	x	x	x	x	x	x	x	x	x	x	x	x	x	x	x	x	x
45	Motor	x	x	x	x	x	x	x	x	x	x	x	x	x	x	x	x	x	x	x	x
48	Querlenker hi. li.	x	x	x	x	x	o	o	o	x	x	x	x	x	x	x	x	x	x	x	x
49	Querlenker hi. re.	x	x	x	x	x	x	x	x	x	x	x	x	x	x	x	x	x	x	x	x
50	Querlenker vo. li.	x	x	x	x	x	x	x	x	x	x	x	x	x	x	x	x	x	x	x	x
51	Querlenker vo. re.	x	x	x	x	x	x	x	x	x	x	x	x	x	x	x	x	x	x	x	x
52	Radträger hi. li.	x	x	x	x	x	x	x	x	x	x	x	x	x	x	o	o	x	x	x	x
53	Radträger hi. re.	x	x	x	o	x	x	x	x	x	x	x	x	x	x	x	x	x	x	x	x
56	Seitenwellen hi.	x	x	x	x	x	x	x	x	x	x	x	x	x	o	o	o	x	x	x	x
57	Seitenwellen vo.	x	x	x	x	x	x	x	x	x	x	x	x	x	x	x	x	x	x	x	x
58	Spurtstange vo. li.	x	x	x	x	x	x	x	x	x	x	x	x	x	x	x	x	x	x	x	x
59	Spurtstange vo. re.	x	x	x	x	x	x	x	x	x	x	x	x	x	x	x	x	x	x	x	x
60	Sturzstrebe li.	x	x	x	x	x	x	x	x	x	x	x	x	x	x	x	x	x	x	x	x
61	Sturzstrebe re.	x	x	x	x	x	x	x	x	x	x	x	x	x	x	x	x	x	x	x	x
68	Unterdruckleitung BG	x	x	x	x	x	x	x	x	x	o	o	o	x	x	x	x	x	x	x	x
69	Unterdruckleitung M	x	x	x	x	x	x	x	x	x	x	x	x	x	x	x	x	x	x	o	o
70	Vorderachsgetriebe	x	x	x	x	x	x	x	x	x	x	x	x	x	x	x	x	x	x	x	x
71	Zugstrebe hi. li.	x	x	x	x	x	x	x	x	x	x	x	x	x	x	x	x	x	x	x	x
72	Zugstrebe hi. re.	x	x	x	x	x	x	x	x	x	x	x	x	x	o	o	o	x	x	x	x

x = dokumentiert, o = nicht dokumentiert, - = nicht fahrzeugrelevant

Tabelle A.11: Ergebnisse der RFID-gestützten Bauzustandsdokumentation in der Erprobungsphase (BR C, 1/4)

	Fahrzeug	11				17				23				24				28				33			
	Zeitpunkt	t_0	t_1	t_2	t_3	t_0	t_1	t_2	t_3	t_0	t_1	t_2	t_3	t_0	t_1	t_2	t_3	t_0	t_1	t_2	t_3	t_0	t_1	t_2	t_3
	Soll	50	50	50	50	50	50	50	50	42	42	42	42	48	48	48	48	50	50	50	50	50	50	50	50
	Ist konventionell	27	26	26	24	26	16	16	16	26	26	26	26	29	29	24	24	31	31	31	29	31	31	33	33
Nr.	Ist RFID	49	48	45	45	47	45	45	45	42	39	38	38	48	47	47	46	47	47	47	47	49	46	44	44
1	Abdeckblech hi. li.	x	x	x	x	x	x	x	x	x	x	x	x	x	x	x	x	x	x	x	x	x	x	x	x
2	Abdeckblech hi. re.	x	x	x	x	x	x	x	x	x	x	x	x	x	x	x	x	x	x	x	x	x	x	x	x
3	Abdeckblech vo. li.	x	x	x	x	x	x	x	x	x	x	x	x	x	x	x	x	x	x	x	x	x	x	x	x
4	Abdeckblech vo. re.	x	x	x	x	x	x	x	x	x	x	x	x	x	x	x	x	x	x	x	x	x	x	x	x
5	Achsschenkel vo. li.	x	x	x	x	x	x	x	x	x	x	x	x	x	x	x	x	x	x	x	x	x	x	x	x
6	Achsschenkel vo. re.	x	x	x	x	x	x	x	x	x	x	x	x	x	x	x	x	x	x	x	x	x	x	x	x
7	Anschlagplatte hi. re.	x	x	x	x	x	o	o	o	-	-	-	-	-	-	-	-	x	x	x	x	x	x	x	x
8	Anschlagplatte hi. li.	x	x	x	x	x	o	o	o	-	-	-	-	-	-	-	-	x	x	x	x	x	x	x	x
9	Automatikgetriebe	x	x	x	x	x	x	x	x	x	o	o	o	x	x	x	x	x	x	x	x	x	x	x	x
10	Bremsgerät	x	x	x	x	x	x	x	x	x	x	x	x	x	x	x	x	x	x	x	x	x	x	x	x
11	Bremssattel hi. li.	x	x	x	x	x	x	x	x	x	x	x	x	x	x	x	x	x	x	x	x	x	x	x	x
12	Bremssattel hi. re.	x	x	x	x	x	x	x	x	x	x	x	x	x	x	x	x	x	x	x	x	x	x	x	x
13	Bremssattel vo. li.	x	x	x	x	x	x	x	x	x	x	x	x	x	x	x	x	x	x	x	x	x	x	x	x
14	Bremssattel vo. re.	x	x	x	x	x	x	x	x	x	x	x	x	x	x	x	x	x	x	x	x	x	x	x	x
16	Drehstab hi. (Luft)	x	x	x	x	x	x	x	x	-	-	-	-	x	x	x	x	x	x	x	x	x	x	x	x
18	Drehstab vo. (Luft)	x	x	x	x	x	x	x	x	-	-	-	-	x	x	x	x	x	x	x	x	x	x	x	x
19	Drehstabgest. hi. li.	x	x	x	x	x	x	x	x	-	-	-	-	x	x	x	x	x	x	x	x	x	x	x	x
20	Drehstabgest. hi. re.	x	x	x	x	x	x	x	x	-	-	-	-	x	x	x	x	x	x	x	x	x	x	x	x
21	Drehstabgest. vo. li.	-	-	-	-	x	x	x	x	-	-	-	-	-	-	-	-	x	x	x	x	x	x	x	x
22	Drehstabgest. vo. re.	o	o	o	o	x	x	x	x	-	-	-	-	-	-	-	-	x	x	x	x	x	x	x	x
23	elektr. Lenkgetr. 4x2	x	x	x	x	x	x	x	x	x	x	x	x	x	x	x	x	x	x	x	x	-	-	-	-
24	elektr. Lenkgetr. 4x4	-	-	-	-	-	-	-	-	-	-	-	-	-	-	-	-	-	-	-	-	x	x	x	x
25	Fahrzeug	x	x	x	x	x	x	x	x	x	x	x	x	x	x	x	x	x	x	x	x	x	x	x	x
26	Federbein ABC hi. li.	-	-	-	-	-	-	-	-	x	x	x	x	-	-	-	-	-	-	-	-	-	-	-	-
27	Federbein ABC hi. re.	-	-	-	-	-	-	-	-	x	x	x	x	-	-	-	-	-	-	-	-	-	-	-	-
28	Federbein ABC vo. li.	-	-	-	-	-	-	-	-	x	o	o	o	-	-	-	-	-	-	-	-	-	-	-	-
29	Federbein ABC vo. re.	-	-	-	-	-	-	-	-	x	o	o	o	-	-	-	-	-	-	-	-	-	-	-	-
30	Federbein hi. li.	x	x	x	x	x	x	x	x	-	-	-	-	x	x	x	x	x	x	x	x	x	x	x	x
31	Federbein hi. re.	x	x	x	x	x	x	x	x	-	-	-	-	x	x	x	x	x	x	x	x	x	x	x	x
32	Federbein vo. li.	x	x	x	x	x	x	x	x	-	-	-	-	x	x	x	x	x	x	x	x	x	x	x	x
33	Federbein vo. re.	x	x	x	x	x	x	x	x	-	-	-	-	x	x	x	x	x	x	x	x	x	x	x	x
34	Federlenker hi. li.	x	x	x	x	x	x	x	x	x	x	x	x	x	x	x	x	x	x	x	x	x	x	x	x
35	Federlenker hi. re.	x	x	x	x	x	x	x	x	x	x	x	x	x	x	x	x	x	x	x	x	x	x	x	x
36	Federlenker vo. li.	x	x	x	x	x	x	x	x	x	x	x	x	x	x	x	x	x	x	x	x	x	x	x	x
37	Federlenker vo. re.	x	x	x	x	x	x	x	x	x	x	x	x	x	x	x	x	x	x	x	x	x	x	x	x

Tabelle A.12: Ergebnisse der RFID-gestützten Bauzustandsdokumentation in der Erprobungsphase (BR C, 1/4)

	Fahrzeug	11				17				23				24				28				33			
	Zeitpunkt	t_0	t_1	t_2	t_3	t_0	t_1	t_2	t_3	t_0	t_1	t_2	t_3	t_0	t_1	t_2	t_3	t_0	t_1	t_2	t_3	t_0	t_1	t_2	t_3
38	Hinterachsgetriebe	-	-	-	-	-	-	-	-	-	-	-	-	-	-	-	-	-	-	-	-	-	-	-	-
39	Hinterachsträger	-	-	-	-	-	-	-	-	-	-	-	-	x	x	x	x	-	-	-	-	-	-	-	-
40	Hochvoltbatterie	x	x	x	x	-	-	-	-	-	-	-	-	-	-	-	-	-	-	-	-	-	-	-	-
41	Integralträger 4x2	x	x	x	x	o	o	o	o	x	x	x	x	x	x	x	x	x	x	x	x	-	-	-	-
42	Integralträger 4x4	-	-	-	-	-	-	-	-	-	-	-	-	-	-	-	-	-	-	-	-	x	x	x	x
43	Kältemittelverdichter	x	x	x	x	x	x	x	x	x	x	x	x	x	x	x	x	o	o	o	o	x	x	x	x
45	Motor	x	x	o	o	x	x	x	x	x	x	x	x	x	x	x	x	x	x	x	x	x	o	o	o
46	Pedalanlage	x	x	x	x	x	x	x	x	x	x	x	x	x	x	x	x	x	x	x	x	x	x	x	x
47	P-Sensor	x	x	x	x	x	x	x	x	x	x	x	x	x	x	x	x	x	x	x	x	x	x	x	x
50	Querlenker vo. li.	x	x	x	x	o	o	o	o	x	x	x	x	x	x	x	x	o	o	o	o	x	o	o	o
51	Querlenker vo. re.	x	o	o	o	o	o	o	o	x	x	x	x	x	x	x	x	x	x	x	x	x	x	x	x
52	Radträger hi. li.	x	x	o	o	x	x	x	x	x	x	o	o	x	o	o	o	x	x	x	x	x	x	o	o
53	Radträger hi. re.	x	x	x	x	x	x	x	x	x	x	x	x	x	x	x	o	o	o	o	o	x	x	x	x
54	Seitenschweller li.	x	x	x	x	x	x	x	x	x	x	x	x	x	x	x	x	x	x	x	x	x	x	x	x
55	Seitenschweller re.	x	x	x	x	x	x	x	x	x	x	x	x	x	x	x	x	x	x	x	x	x	x	x	x
56	Seitenwellen hi.	x	x	x	x	x	x	x	x	x	x	x	x	x	x	x	x	x	x	x	x	x	o	o	o
57	Seitenwellen vo.	-	-	-	-	-	-	-	-	-	-	-	-	-	-	-	-	-	-	-	-	x	x	x	x
62	Sonnenblende li.	-	-	-	-	x	x	x	x	x	x	x	x	x	x	x	x	x	x	x	x	-	-	-	-
63	Sonnenblende re.	-	-	-	-	x	x	x	x	x	x	x	x	x	x	x	x	x	x	x	x	-	-	-	-
64	Stoßfänger hi.	x	x	x	x	x	x	x	x	x	x	x	x	x	x	x	x	x	x	x	x	x	x	x	x
65	Stoßfänger vo.	x	x	x	x	x	x	x	x	x	x	x	x	x	x	x	x	x	x	x	x	x	x	x	x
66	Umrichter	x	x	o	o	-	-	-	-	-	-	-	-	x	x	x	x	-	-	-	-	-	-	-	-
67	Unterdruckleitung B	x	x	x	x	x	x	x	x	x	x	x	x	x	x	x	x	x	x	x	x	x	x	o	o
68	Unterdruckleitung BG	x	x	x	x	x	x	x	x	-	-	-	-	x	x	x	x	-	-	-	-	x	x	x	x
69	Unterdruckleitung M	x	x	x	x	-	-	-	-	x	x	x	x	-	-	-	-	x	x	x	x	-	-	-	-
70	Vorderachsgetriebe	-	-	-	-	-	-	-	-	-	-	-	-	-	-	-	-	-	-	-	-	o	o	o	o
73	Zugstrebe vo. li.	x	x	x	x	x	x	x	x	x	x	x	x	x	x	x	x	x	x	x	x	x	x	x	x
74	Zugstrebe vo. re.	x	x	x	x	x	x	x	x	x	x	x	x	x	x	x	x	x	x	x	x	x	x	x	x

x = dokumentiert, o = nicht dokumentiert, - = nicht fahrzeugrelevant

Tabelle A.13: Ergebnisse der RFID-gestützten Bauzustandsdokumentation in der Erprobungsphase (BR C, 2/4)

Nr.		34 t_0	34 t_1	34 t_2	34 t_3	37 t_0	37 t_1	37 t_2	37 t_3	46 t_0	46 t_1	46 t_2	46 t_3	48 t_0	48 t_1	48 t_2	48 t_3	49 t_0	49 t_1	49 t_2	49 t_3	51 t_0	51 t_1	51 t_2	51 t_3
	Soll	44	44	44	44	45	45	45	45	42	42	42	42	42	42	42	42	36	36	36	36	46	46	46	46
	Ist konventionell	19	19	19	19	13	18	18	18	28	31	31	31	30	30	30	30	27	27	24	24	30	30	30	30
	Ist RFID	44	42	40	38	45	45	44	43	41	41	39	39	42	42	42	42	29	29	35	35	38	38	37	36
1	Abdeckblech hi. li.	x	x	x	x	x	x	x	x	x	x	x	x	x	x	x	x	x	x	x	x	x	x	x	x
2	Abdeckblech hi. re.	x	x	x	x	x	x	x	x	x	x	x	x	x	x	x	x	x	x	x	x	o	o	o	o
3	Abdeckblech vo. li.	x	x	o	o	x	x	x	x	x	x	x	x	x	x	x	x	x	x	x	x	x	x	x	x
4	Abdeckblech vo. re.	x	x	x	x	x	x	x	x	x	x	x	x	x	x	x	x	x	x	x	x	x	x	x	x
5	Achsschenkel vo. li.	x	x	x	x	x	x	x	x	x	x	x	x	x	x	x	x	x	x	x	x	o	o	o	o
6	Achsschenkel vo. re.	x	x	x	x	x	x	x	x	x	x	x	x	x	x	x	x	x	x	x	x	x	x	x	x
7	Anschlagplatte hi. re.	x	x	x	x	-	-	-	-	-	-	-	-	-	-	-	-	-	-	-	-	-	-	-	-
8	Anschlagplatte hi. li.	x	x	x	x	-	-	-	-	-	-	-	-	-	-	-	-	-	-	-	-	-	-	-	-
9	Automatikgetriebe	x	x	x	x	x	x	x	x	x	x	x	x	x	x	x	x	x	x	x	x	x	x	x	x
10	Bremsgerät	x	x	x	x	x	x	x	x	o	o	o	o	x	x	x	x	x	x	x	x	x	x	x	x
11	Bremssattel hi. li.	x	x	x	x	x	x	x	x	x	x	o	o	x	x	x	x	o	o	x	x	x	x	x	x
12	Bremssattel hi. re.	x	x	x	x	x	x	x	x	x	x	o	o	x	x	x	x	x	x	x	x	x	x	x	x
13	Bremssattel vo. li.	x	o	o	o	x	x	x	x	x	x	x	x	x	x	x	x	o	o	x	x	x	x	x	x
14	Bremssattel vo. re.	x	x	x	x	x	x	x	x	x	x	x	x	x	x	x	x	x	x	x	x	x	x	x	x
16	Drehstab hi. (Luft)	x	x	x	x	x	x	x	x	x	x	x	x	x	x	x	x	-	-	-	-	x	x	x	x
18	Drehstab vo. (Luft)	x	x	x	x	x	x	x	x	x	x	x	x	x	x	x	x	-	-	-	-	x	x	x	x
19	Drehstabgest. hi. li.	x	x	x	x	-	-	-	-	x	x	x	x	x	x	x	x	-	-	-	-	x	x	x	x
20	Drehstabgest. hi. re.	x	x	x	x	-	-	-	-	x	x	x	x	x	x	x	x	-	-	-	-	x	x	x	x
21	Drehstabgest. vo. li.	x	x	x	x	x	x	x	x	x	x	x	x	x	x	x	x	-	-	-	-	x	x	x	x
22	Drehstabgest. vo. re.	x	o	o	o	x	x	x	x	x	x	x	x	x	x	x	x	-	-	-	-	x	x	x	x
23	elektr. Lenkgetr. 4x2	x	x	x	x	x	x	x	x	x	x	x	x	x	x	x	x	x	x	x	x	x	x	x	x
24	elektr. Lenkgetr. 4x4	-	-	-	-	-	-	-	-	-	-	-	-	-	-	-	-	-	-	-	-	-	-	-	-
25	Fahrzeug	x	x	x	x	x	x	x	x	x	x	x	x	x	x	x	x	x	x	x	x	x	x	x	x
26	Federbein ABC hi. li.	-	-	-	-	-	-	-	-	-	-	-	-	-	-	-	-	o	o	x	x	-	-	-	-
27	Federbein ABC hi. re.	-	-	-	-	-	-	-	-	-	-	-	-	-	-	-	-	o	o	x	x	-	-	-	-
28	Federbein ABC vo. li.	-	-	-	-	-	-	-	-	-	-	-	-	-	-	-	-	o	o	x	x	-	-	-	-
29	Federbein ABC vo. re.	-	-	-	-	-	-	-	-	-	-	-	-	-	-	-	-	o	o	x	x	-	-	-	-
30	Federbein hi. li.	x	x	x	x	x	x	x	x	x	x	x	x	x	x	x	x	-	-	-	-	x	x	x	x
31	Federbein hi. re.	x	x	x	x	x	x	x	x	x	x	x	x	x	x	x	x	-	-	-	-	x	x	x	x
32	Federbein vo. li.	x	x	o	o	x	x	x	x	x	x	x	x	x	x	x	x	-	-	-	-	x	x	x	x
33	Federbein vo. re.	x	x	x	x	x	x	x	x	x	x	x	x	x	x	x	x	-	-	-	-	x	x	x	x
34	Federlenker hi. li.	-	-	-	-	-	-	-	-	x	x	x	x	x	x	x	x	x	x	x	x	x	x	x	x
35	Federlenker hi. re.	-	-	-	-	x	x	x	o	x	x	x	x	x	x	x	x	x	x	x	x	x	x	x	x
36	Federlenker vo. li.	-	-	-	-	x	x	x	x	x	x	x	x	x	x	x	x	o	o	o	o	x	x	x	x
37	Federlenker vo. re.	-	-	-	-	x	x	x	x	x	x	x	x	x	x	x	x	x	x	x	x	x	x	x	x

Tabelle A.14: Ergebnisse der RFID-gestützten Bauzustandsdokumentation in der Erprobungsphase (BR C, 2/4)

	Fahrzeug	34				37				46				48				49				51			
	Zeitpunkt	t_0	t_1	t_2	t_3	t_0	t_1	t_2	t_3	t_0	t_1	t_2	t_3	t_0	t_1	t_2	t_3	t_0	t_1	t_2	t_3	t_0	t_1	t_2	t_3
38	Hinterachsgetriebe	-	-	-	-	-	-	-	-	-	-	-	-	-	-	-	-	-	-	-	-	-	-	-	-
39	Hinterachsträger	-	-	-	-	x	x	x	x	-	-	-	-	-	-	-	-	x	x	x	x	o	o	o	o
40	Hochvoltbatterie	-	-	-	-	-	-	-	-	-	-	-	-	-	-	-	-	-	-	-	-	o	o	o	o
41	Integralträger 4x2	x	x	x	x	x	x	x	x	x	x	x	x	x	x	x	x	x	x	x	x	x	x	x	x
42	Integralträger 4x4	-	-	-	-	-	-	-	-	-	-	-	-	-	-	-	-	-	-	-	-	-	-	-	-
43	Kältemittelverdichter	x	x	x	o	x	x	x	x	x	x	x	x	x	x	x	x	-	-	-	-	o	o	o	o
45	Motor	x	x	x	x	x	x	x	x	x	x	x	x	x	x	x	x	x	x	x	x	o	o	o	o
46	Pedalanlage	x	x	x	x	x	x	x	x	x	x	x	x	x	x	x	x	x	x	x	x	x	x	x	x
47	P-Sensor	x	x	x	x	-	-	-	-	-	-	-	-	-	-	-	-	-	-	-	-	-	-	-	-
50	Querlenker vo. li.	x	x	x	x	x	x	x	x	x	x	x	x	x	x	x	x	x	x	x	x	x	x	x	x
51	Querlenker vo. re.	x	x	x	x	x	x	x	x	x	x	x	x	x	x	x	x	x	x	x	x	x	x	x	x
52	Radträger hi. li.	x	x	x	x	x	x	x	x	x	x	x	x	x	x	x	x	x	x	x	x	x	x	x	o
53	Radträger hi. re.	x	x	x	x	x	x	o	o	x	x	x	x	x	x	x	x	x	x	x	x	x	x	x	x
54	Seitenschweller li.	x	x	x	x	x	x	x	x	-	-	-	-	-	-	-	-	-	-	-	-	-	-	-	-
55	Seitenschweller re.	x	x	x	x	x	x	x	x	-	-	-	-	-	-	-	-	-	-	-	-	-	-	-	-
56	Seitenwellen hi.	x	x	x	x	x	x	x	x	x	x	x	x	x	x	x	x	x	x	x	x	x	x	x	x
57	Seitenwellen vo.	-	-	-	-	-	-	-	-	-	-	-	-	-	-	-	-	-	-	-	-	-	-	-	-
62	Sonnenblende li.	-	-	-	-	x	x	x	x	x	x	x	x	x	x	x	x	x	x	x	x	o	o	o	o
63	Sonnenblende re.	-	-	-	-	x	x	x	x	x	x	x	x	x	x	x	x	x	x	x	x	o	o	o	o
64	Stoßfänger hi.	x	x	x	x	x	x	x	x	-	-	-	-	-	-	-	-	-	-	-	-	-	-	-	-
65	Stoßfänger vo.	x	x	x	x	x	x	x	x	-	-	-	-	-	-	-	-	-	-	-	-	-	-	-	-
66	Umrichter	-	-	-	-	-	-	-	-	-	-	-	-	-	-	-	-	-	-	-	-	x	x	x	x
67	Unterdruckleitung B	x	x	x	x	x	x	x	x	x	x	x	x	x	x	x	x	x	x	x	x	x	x	x	x
68	Unterdruckleitung BG	-	-	-	-	x	x	x	x	-	-	-	-	-	-	-	-	-	-	-	-	-	-	-	-
69	Unterdruckleitung M	x	x	x	o	-	-	-	-	-	-	-	-	-	-	-	-	-	-	-	-	x	x	o	o
70	Vorderachsgetriebe	-	-	-	-	-	-	-	-	-	-	-	-	-	-	-	-	-	-	-	-	-	-	-	-
73	Zugstrebe vo. li.	x	x	x	x	x	x	x	x	x	x	x	x	x	x	x	x	x	x	x	x	x	x	x	x
74	Zugstrebe vo. re.	x	x	x	x	x	x	x	x	x	x	x	x	x	x	x	x	x	x	x	x	x	x	x	x

x = dokumentiert, o = nicht dokumentiert, - = nicht fahrzeugrelevant

Tabelle A.15: Ergebnisse der RFID-gestützten Bauzustandsdokumentation in der Erprobungsphase (BR C, 3/4)

	Fahrzeug	56				67				68				71				72				80			
	Zeitpunkt	t_0	t_1	t_2	t_3	t_0	t_1	t_2	t_3	t_0	t_1	t_2	t_3	t_0	t_1	t_2	t_3	t_0	t_1	t_2	t_3	t_0	t_1	t_2	t_3
	Soll	37	37	37	37	45	45	45	45	36	36	36	36	46	46	46	46	36	36	36	36	38	38	38	38
	Ist konventionell	28	28	26	26	36	40	40	40	25	25	25	25	28	26	26	17	26	26	26	22	32	30	30	30
Nr.	**Ist RFID**	34	33	33	32	40	40	40	40	31	31	31	31	39	38	37	35	33	34	35	34	33	33	33	33
1	Abdeckblech hi. li.	x	x	x	x	o	o	o	o	x	x	x	x	x	x	x	x	x	x	x	x	x	x	x	x
2	Abdeckblech hi. re.	x	x	x	x	x	x	x	x	x	x	x	x	x	x	x	x	x	x	x	x	x	x	x	x
3	Abdeckblech vo. li.	x	x	x	x	x	x	x	x	x	x	x	x	x	x	x	x	x	x	x	x	x	x	x	x
4	Abdeckblech vo. re.	x	x	x	x	x	x	x	x	x	x	x	x	x	x	x	x	x	x	x	x	o	o	o	o
5	Achsschenkel vo. li.	x	x	x	x	x	x	x	x	o	o	o	o	x	o	o	o	x	x	x	x	x	x	x	x
6	Achsschenkel vo. re.	x	x	x	x	x	x	x	x	x	x	x	x	x	x	x	x	x	x	x	x	x	x	x	x
7	Anschlagplatte hi. re.	-	-	-	-	-	-	-	-	-	-	-	-	-	-	-	-	-	-	-	-	-	-	-	-
8	Anschlagplatte hi. li.	-	-	-	-	-	-	-	-	-	-	-	-	-	-	-	-	-	-	-	-	-	-	-	-
9	Automatikgetriebe	x	x	x	x	x	x	x	x	o	o	o	o	x	x	x	x	x	x	x	x	o	o	o	o
10	Bremsgerät	x	x	x	x	x	x	x	x	x	x	x	x	x	x	x	x	x	x	x	x	x	x	x	x
11	Bremssattel hi. li.	x	x	x	x	o	o	o	o	x	x	x	x	x	x	x	x	x	x	x	x	x	x	x	x
12	Bremssattel hi. re.	x	x	x	x	x	x	x	x	x	x	x	x	x	x	x	x	x	x	x	x	x	x	x	x
13	Bremssattel vo. li.	x	x	x	x	x	x	x	x	x	x	x	x	x	x	x	o	x	x	x	x	x	x	x	x
14	Bremssattel vo. re.	x	x	x	x	x	x	x	x	x	x	x	x	o	o	o	o	x	x	x	x	x	x	x	x
16	Drehstab hi. (Luft)	-	-	-	-	x	x	x	x	-	-	-	-	x	x	x	x	-	-	-	-	x	x	x	x
18	Drehstab vo. (Luft)	-	-	-	-	x	x	x	x	-	-	-	-	x	x	x	x	-	-	-	-	x	x	x	x
19	Drehstabgest. hi. li.	-	-	-	-	x	x	x	x	-	-	-	-	x	x	x	x	-	-	-	-	x	x	x	x
20	Drehstabgest. hi. re.	-	-	-	-	x	x	x	x	-	-	-	-	x	x	x	x	-	-	-	-	x	x	x	x
21	Drehstabgest. vo. li.	-	-	-	-	x	x	x	x	-	-	-	-	x	x	x	x	-	-	-	-	-	-	-	-
22	Drehstabgest. vo. re.	-	-	-	-	x	x	x	x	-	-	-	-	x	x	x	x	-	-	-	-	-	-	-	-
23	elektr. Lenkgetr. 4x2	x	x	x	x	x	x	x	x	x	x	x	x	x	x	x	x	o	o	o	o	o	o	o	o
24	elektr. Lenkgetr. 4x4	-	-	-	-	-	-	-	-	-	-	-	-	-	-	-	-	-	-	-	-	-	-	-	-
25	Fahrzeug	x	x	x	x	x	x	x	x	x	x	x	x	x	x	x	x	o	x	x	x	x	x	x	x
26	Federbein ABC hi. li.	x	x	x	x	-	-	-	-	x	x	x	x	-	-	-	-	x	x	x	x	-	-	-	-
27	Federbein ABC hi. re.	x	x	x	x	-	-	-	-	x	x	x	x	-	-	-	-	x	x	x	x	-	-	-	-
28	Federbein ABC vo. li.	x	x	x	x	-	-	-	-	x	x	x	x	-	-	-	-	o	o	x	x	-	-	-	-
29	Federbein ABC vo. re.	x	x	x	x	-	-	-	-	x	x	x	x	-	-	-	-	x	x	x	x	-	-	-	-
30	Federbein hi. li.	-	-	-	-	x	x	x	x	-	-	-	-	x	x	x	x	-	-	-	-	x	x	x	x
31	Federbein hi. re.	-	-	-	-	x	x	x	x	-	-	-	-	x	x	x	x	-	-	-	-	x	x	x	x
32	Federbein vo. li.	-	-	-	-	x	x	x	x	-	-	-	-	x	x	x	x	-	-	-	-	x	x	x	x
33	Federbein vo. re.	-	-	-	-	x	x	x	x	-	-	-	-	x	x	x	x	-	-	-	-	x	x	x	x
34	Federlenker hi. li.	x	x	x	x	x	x	x	x	x	x	x	x	x	x	x	x	x	x	x	x	x	x	x	x
35	Federlenker hi. re.	x	x	x	x	x	x	x	x	x	x	x	x	x	x	x	x	x	x	x	x	x	x	x	x
36	Federlenker vo. li.	x	x	x	x	x	x	x	x	x	x	x	x	x	x	x	x	x	x	x	x	x	x	x	x
37	Federlenker vo. re.	x	x	x	x	x	x	x	x	x	x	x	x	x	x	x	x	x	x	x	x	x	x	x	x

Tabelle A.16: Ergebnisse der RFID-gestützten Bauzustandsdokumentation in der Erprobungsphase (BR C, 3/4)

Nr.	Fahrzeug / Zeitpunkt	56 t_0	56 t_1	56 t_2	56 t_3	67 t_0	67 t_1	67 t_2	67 t_3	68 t_0	68 t_1	68 t_2	68 t_3	71 t_0	71 t_1	71 t_2	71 t_3	72 t_0	72 t_1	72 t_2	72 t_3	80 t_0	80 t_1	80 t_2	80 t_3
38	Hinterachsgetriebe	-	-	-	-	-	-	-	-	-	-	-	-	o	o	o	o	-	-	-	-	-	-	-	-
39	Hinterachsträger	-	-	-	-	-	-	-	-	o	o	o	o	-	-	-	-	-	-	-	-	-	-	-	-
40	Hochvoltbatterie	-	-	-	-	o	x	x	x	-	-	-	-	o	o	o	o	-	-	-	-	x	x	x	x
41	Integralträger 4x2	x	x	x	x	x	x	x	x	x	x	x	x	x	x	x	x	x	x	x	x	-	-	-	-
42	Integralträger 4x4	-	-	-	-	-	-	-	-	-	-	-	-	-	-	-	-	-	-	-	-	-	-	-	-
43	Kältemittelverdichter	x	x	x	x	o	o	o	o	-	-	-	-	x	x	x	x	x	x	x	x	-	-	-	-
45	Motor	o	o	o	o	x	x	x	x	x	x	x	x	x	x	x	x	x	x	x	x	-	-	-	-
46	Pedalanlage	x	x	x	x	x	x	x	x	x	x	x	x	o	o	o	o	x	x	x	x	x	x	x	x
47	P-Sensor	-	-	-	-	-	-	-	-	-	-	-	-	-	-	-	-	-	-	-	-	-	-	-	-
50	Querlenker vo. li.	o	o	o	o	x	o	o	o	x	x	x	x	x	x	x	x	x	x	x	x	x	x	x	x
51	Querlenker vo. re.	o	o	o	o	o	o	o	o	x	x	x	x	o	o	o	o	x	x	x	x	x	x	x	x
52	Radträger hi. li.	x	o	o	o	x	x	x	x	o	o	o	o	o	o	o	o	x	x	x	x	o	o	o	o
53	Radträger hi. re.	x	x	x	o	x	x	x	x	o	o	o	o	x	x	x	x	x	x	x	x	x	x	x	x
54	Seitenschweller li.	-	-	-	-	-	-	-	-	-	-	-	-	-	-	-	-	-	-	-	-	-	-	-	-
55	Seitenschweller re.	-	-	-	-	-	-	-	-	-	-	-	-	-	-	-	-	-	-	-	-	-	-	-	-
56	Seitenwellen hi.	x	x	x	x	x	x	x	x	x	x	x	x	x	x	x	x	x	x	x	x	o	o	o	o
57	Seitenwellen vo.	-	-	-	-	-	-	-	-	-	-	-	-	-	-	-	-	-	-	-	-	-	-	-	-
62	Sonnenblende li.	x	x	x	x	x	x	x	x	x	x	x	x	x	x	x	x	x	x	x	x	x	x	x	x
63	Sonnenblende re.	x	x	x	x	x	x	x	x	x	x	x	x	o	o	o	o	x	x	x	x	x	x	x	x
64	Stoßfänger hi.	-	-	-	-	-	-	-	-	-	-	-	-	-	-	-	-	-	-	-	-	-	-	-	-
65	Stoßfänger vo.	-	-	-	-	-	-	-	-	-	-	-	-	-	-	-	-	-	-	-	-	-	-	-	-
66	Umrichter	-	-	-	-	x	x	x	x	-	-	-	-	x	x	x	x	-	-	-	-	x	x	x	x
67	Unterdruckleitung B	x	x	x	x	x	x	x	x	x	x	x	x	x	x	o	o	x	x	x	o	x	x	x	x
68	Unterdruckleitung BG	-	-	-	-	-	-	-	-	-	-	-	-	-	-	-	-	-	-	-	-	-	-	-	-
69	Unterdruckleitung M	x	x	x	x	x	x	x	x	-	-	-	-	x	x	x	o	-	-	-	-	-	-	-	-
70	Vorderachsgetriebe	-	-	-	-	-	-	-	-	-	-	-	-	-	-	-	-	-	-	-	-	-	-	-	-
73	Zugstrebe vo. li.	x	x	x	x	x	x	x	x	x	x	x	x	x	x	x	x	x	x	x	x	x	x	x	x
74	Zugstrebe vo. re.	x	x	x	x	x	x	x	x	x	x	x	x	x	x	x	x	x	x	x	x	x	x	x	x

x = dokumentiert, o = nicht dokumentiert, - = nicht fahrzeugrelevant

Tabelle A.17: Ergebnisse der RFID-gestützten Bauzustandsdokumentation in der Erprobungsphase (BR C, 4/4)

	Fahrzeug	81				87			
	Zeitpunkt	t_0	t_1	t_2	t_3	t_0	t_1	t_2	t_3
	Soll	42	42	42	42	44	44	44	44
	Ist konventionell	37	37	32	32	32	32	32	32
Nr.	Ist RFID	42	42	40	39	42	43	43	43
1	Abdeckblech hi. li.	x	x	x	x	x	x	x	x
2	Abdeckblech hi. re.	x	x	x	x	x	x	x	x
3	Abdeckblech vo. li.	x	x	x	x	x	x	x	x
4	Abdeckblech vo. re.	x	x	x	x	x	x	x	x
5	Achsschenkel vo. li.	x	x	x	x	x	x	x	x
6	Achsschenkel vo. re.	x	x	x	x	x	x	x	x
7	Anschlagplatte hi. re.	-	-	-	-	-	-	-	-
8	Anschlagplatte hi. li.	-	-	-	-	-	-	-	-
9	Automatikgetriebe	x	x	x	x	x	o	o	o
10	Bremsgerät	x	x	x	x	x	x	x	x
11	Bremssattel hi. li.	x	x	x	x	x	x	x	x
12	Bremssattel hi. re.	x	x	x	x	x	x	x	x
13	Bremssattel vo. li.	x	x	x	x	x	x	x	x
14	Bremssattel vo. re.	x	x	x	x	x	x	x	x
16	Drehstab hi. (Luft)	x	x	x	x	x	x	x	x
18	Drehstab vo. (Luft)	x	x	x	x	x	x	x	x
19	Drehstabgest. hi. li.	x	x	x	x	x	x	x	x
20	Drehstabgest. hi. re.	x	x	x	x	x	x	x	x
21	Drehstabgest. vo. li.	x	x	x	x	x	x	x	x
22	Drehstabgest. vo. re.	x	x	x	x	x	x	x	x
23	elektr. Lenkgetr. 4x2	x	x	x	x	x	x	x	x
24	elektr. Lenkgetr. 4x4	-	-	-	-	-	-	-	-
25	Fahrzeug	x	x	x	x	x	x	x	x
26	Federbein ABC hi. li.	-	-	-	-	-	-	-	-
27	Federbein ABC hi. re.	-	-	-	-	-	-	-	-
28	Federbein ABC vo. li.	-	-	-	-	-	-	-	-
29	Federbein ABC vo. re.	-	-	-	-	-	-	-	-
30	Federbein hi. li.	x	x	x	o	x	x	x	x
31	Federbein hi. re.	x	x	x	x	x	x	x	x
32	Federbein vo. li.	x	x	x	x	x	x	x	x
33	Federbein vo. re.	x	x	x	x	x	x	x	x
34	Federlenker hi. li.	x	x	x	x	x	x	x	x
35	Federlenker hi. re.	x	x	x	x	x	x	x	x
36	Federlenker vo. li.	x	x	x	x	x	x	x	x
37	Federlenker vo. re.	x	x	x	x	x	x	x	x
38	Hinterachsgetriebe	-	-	-	-	x	x	x	x
39	Hinterachsträger	-	-	-	-	-	-	-	-
40	Hochvoltbatterie	-	-	-	-	-	-	-	-
41	Integralträger 4x2	x	x	x	x	x	x	x	x
42	Integralträger 4x4	-	-	-	-	-	-	-	-
43	Kältemittelverdichter	x	x	x	x	x	x	x	x
45	Motor	x	x	x	x	o	x	x	x
46	Pedalanlage	x	x	x	x	x	x	x	x
47	P-Sensor	-	-	-	-	-	-	-	-
50	Querlenker vo. li.	x	x	x	x	x	x	x	x
51	Querlenker vo. re.	x	x	x	x	x	x	x	x
52	Radträger hi. li.	x	x	o	o	x	x	x	x
53	Radträger hi. re.	x	x	x	x	x	x	x	x
54	Seitenschweller li.	-	-	-	-	-	-	-	-
55	Seitenschweller re.	-	-	-	-	-	-	-	-
56	Seitenwellen hi.	x	x	x	x	x	x	x	x
57	Seitenwellen vo.	-	-	-	-	-	-	-	-
62	Sonnenblende li.	x	x	x	x	x	x	x	x
63	Sonnenblende re.	x	x	x	x	x	x	x	x
64	Stoßfänger hi.	-	-	-	-	-	-	-	-
65	Stoßfänger vo.	-	-	-	-	-	-	-	-
66	Umrichter	-	-	-	-	o	x	x	x
67	Unterdruckleitung B	x	x	o	o	x	x	x	x
68	Unterdruckleitung BG	-	-	-	-	-	-	-	-
69	Unterdruckleitung M	-	-	-	-	-	-	-	-
70	Vorderachsgetriebe	-	-	-	-	-	-	-	-
73	Zugstrebe vo. li.	x	x	x	x	x	x	x	x
74	Zugstrebe vo. re.	x	x	x	x	x	x	x	x

x = dokumentiert, o = nicht dokumentiert, - = nicht fahrzeugrelevant